普通高等教育食品科学与工程类“十三五”规划教材

发酵食品工艺实验与检验技术

高文庚　郭延成　主编

中国林业出版社

内容简介

本教材为高等学校食品科学与工程类专业的实验教学用书，全书分为谷氨酸发酵、酶制剂生产、酒精发酵与酒类酿制、有机酸发酵、发酵豆制品及其他发酵品制作、发酵实验相关参数测定和综合实验设计，共7章，内容涵盖实验室菌种选育、发酵条件优化、过程控制及产物分析等内容，并有针对性地安排部分传统酿造食品的发酵实验。本教材按照食品发酵类理论教材进行章节安排，条理清晰、结构合理，可作为高等院校食品科学与工程、食品质量与安全等开设有发酵食品工艺学课程专业的参考教材，也可供从事食品发酵相关工作的教师或科技人员参考。

图书在版编目（CIP）数据

发酵食品工艺实验与检验技术/高文庚，郭延成主编．—北京：中国林业出版社，2017.1(2024.1重印)
普通高等教育食品科学与工程类“十三五”规划教材
ISBN 978-7-5038-8801-4

Ⅰ.①发… Ⅱ.①高… ②郭… Ⅲ.①发酵食品－生产工艺－实验技术－高等学校－教材
Ⅳ.①TS26-33

中国版本图书馆CIP数据核字（2016）第299600号

中国林业出版社·教育分社

策划、责任编辑：高红岩

电话：（010）83143554

传真：（010）83143516

出版发行	中国林业出版社（100009 北京市西城区德内大街刘海胡同7号） E-mail:jiaocaipublic@163.com 电话:(010)83143500 http://lycb.forestry.gov.cn
经　销	新华书店
印　刷	三河市祥达印刷包装有限公司
版　次	2017年1月第1版
印　次	2024年1月第3次印刷
开　本	850mm×1168mm 1/16
印　张	15.75
字　数	340千字
定　价	39.00元

未经许可，不得以任何方式复制或抄袭本书之部分或全部内容。

版权所有　侵权必究

《发酵食品工艺实验与检验技术》编写人员

主　编　高文庚　郭延成

编　者　(按姓氏拼音排序)

高文庚（运城学院）

郭延成（河南科技学院）

桂　萌（北京市水产科学研究所）

冉军舰（河南科技学院）

旭日花（内蒙古大学）

张　怡（运城学院）

张香美（河北经贸大学）

张增帅（运城职业技术学院）

褚盼盼（吕梁学院）

主　审　李平兰（中国农业大学）

前 言

发酵食品工艺学实验是食品科学与工程、食品质量与安全等专业的必修课程之一，是一门重要实验教学课程。通过本课程的学习，使学生能够在已经学过的食品微生物学、食品生物化学、食品化学、食品工程原理等课程的基础上，将发酵理论与实践结合起来，深入理解生产过程的工艺原理，熟悉菌种选育、发酵设备操作、产品分离纯化及检测等方法，使发酵产品研发、分析和解决生产或实验过程中的具体问题等综合能力得到提高。

为适应学科发展与社会的需求，教材编写时既注重了学科基本技能的训练，又重视发酵过程及产品检测，融工艺条件优化、产品开发、产品质量评价为一体，结合发酵工艺条件特点，突出知识性、科学性、系统性、实用性。本教材共分为 7 章 90 个实验，内容包括谷氨酸发酵、酶制剂生产、酒精发酵与酒类酿制、有机酸发酵、发酵豆制品及其他发酵品制作、发酵实验相关参数测定和综合实验设计。

教材编写过程中，力求体现几大特点：

(1) 合理安排，方便学习。发酵实验大多为综合性实验，教材编写安排发酵工艺实验、实验参数检验和综合设计三大部分 7 章内容，其中前 5 章为发酵工艺实验，内容均为先基础后综合，前后内容衔接，避免重复。每个工艺实验除了安排目的要求、基本原理、实验材料、试剂与仪器、实验方法与步骤及思考题等传统内容外，还特意加入注意事项、实验结果，以便引导学生完成发酵过程的全部操作，达到举一反三、拓宽思路的目的。第 6 章安排发酵实验中涉及的相关参数测定方法，以方便操作者参考，不作为主要实验安排，故只介绍了基本原理、实验材料、实验步骤、结果计算，一些容易出错的实验还增加了注意事项，以确保实验的准确性。第 7 章综合实验设计介绍了设计程序、方法及实验报告书写，引导学生正确设计实验，养成良好的实验习惯。

(2) 内容广泛，专业针对性强，可操作性强。教材编写时，各参编人员广泛收集实验素材，融入多年研究成果，编写内容基本涵盖了常见发酵食品的类型，并且采用二维码形式增加重点实验附加内容、视频链接及各类产品的相关标准，使教材内容更全面，重点突出，食品专业针对性强，便于各校根据实际情况灵活安排实验。所用二维码采用活码形式，方便将所链接的内容及时更新。

本书编者均来自相关高校的课程主讲或从事相关发酵课题研究人员，实验内容均为编者多年教学或者参加过的课题研究内容，所以教材实验介绍更贴近实际，易于理解，具有方便操作、切实可行的鲜明特点。

(3)补充学科最新实验内容，增加检验技术，便于学生毕业设计、大学生创新计划实验参考。利用微信公众平台“发酵微课堂”推荐视频、普及基础知识、了解学科前沿进展等，使教材服务得到延伸。

编写过程中，承蒙中国林业出版社和运城学院教务处的大力支持，得到运城学院教材建设项目、运城学院“131”领军人才工程项目经费资助，各位编者积极参与，在繁忙工作中认真收集资料、撰写文稿，山西农业大学食品科学与工程学院食品加工与安全专业研究生胡琼方对本教材的编排和校阅做了大量具体工作，编写中参考了国内外学者专家的科研成果和学术著作，在此一并表示由衷的感谢！

限于编者知识水平和实践经验，在教材取材、实验方法及内容编排等方面难免存在不妥之处，敬请广大读者批评指正。

编　者
2016 年 5 月

发酵微课堂

目　录

第1章

谷氨酸发酵

实验1　发酵培养基配制及种子制备

一、目的要求

1. 掌握液体和固体培养基的配制方法。

2. 掌握种子的制备方法。

二、基本原理

培养基是从事微生物培养的基础，良好的培养基应该营养丰富、配比合理，适合微生物的营养需要，利于产物的提取，理化性质稳定，来源丰富。谷氨酸生产菌株能利用葡萄糖、蔗糖、果糖等单双糖作为碳源，而碳氮比在100∶11以上才开始积累谷氨酸，钠、镁、钾等无机盐对微生物生长和代谢的影响很大，是培养基不可缺少的营养元素，另外，谷氨酸生产菌株均为生物素缺陷型，因此生物素是谷氨酸生产菌株的生长因子，也是培养基配方中不可缺少的物质。

种子制备必须经过菌种活化与扩大培养，以便培养出高活性、能满足大规模发酵需要的纯种。种子制备所需的培养基和其他工艺条件都要符合菌体增加、孢子发芽或菌丝繁殖。由于现代生产菌种的生产性能已经非常高，谷氨酸发酵的糖酸转化率已达到60%（理论转化率81.7%），因此，其自发突变往往以负相突变为主，致使菌种很容易退化。种子生产管理主要有两点，一是复壮，二是扩大培养。菌种扩大培养的顺序一般为斜面菌种、一级种子、二级种子。

三、实验材料、试剂与仪器

1. 菌种

谷氨酸棒杆菌（*Corynebacterium glutamicum*）S9114。

2. 培养基（料）及试剂

斜面培养基：牛肉膏10g，蛋白胨10g，葡萄糖10g，NaCl 5g，琼脂20g，加水至1 000mL，pH 7.0，0.1MPa灭菌30min。

一级种子培养基：葡萄糖25g，尿素5g，玉米浆25g，$K_2HPO_4 \cdot 3H_2O$ 1g，$MgSO_4$ 0.4g，$FeSO_4$、$MnSO_4$各0.002g，加水至1 000mL，pH 7.0，0.1MPa灭菌30min。

二级种子培养基：葡萄糖25g，尿素4g，玉米浆25g，$K_2HPO_4 \cdot 3H_2O$ 1.5g，$MgSO_4$ 0.4g，$FeSO_4$、$MnSO_4$各0.002g，加水至1 000mL，pH 6.8，0.1MPa灭菌10min。

1mol/L NaOH和盐酸等。

3. 仪器及用具

超净工作台，天平，高压灭菌锅，恒温培养箱，干燥箱，pH计，接种环，烧杯，量筒，锥形瓶，试管，培养皿，称量纸，牛角匙，记号笔，纱布等。

四、实验方法与步骤

(一)玻璃器皿的清洗和包扎

1. 清洗

玻璃器皿在使用前必须清洗。将培养皿、锥形瓶、量筒、烧杯等浸入水中，加清洁剂，用试管刷刷洗玻璃器皿内外，用自来水冲洗，再用蒸馏水冲洗干净，置于干燥箱烘干备用。

玻璃器皿的包扎

2. 包扎

用牛皮纸或报纸将8~10套培养皿包扎，试管用硅胶塞封口，包扎后灭菌备用。

(二)培养基制备

1. 液体发酵培养基的配制

(1)按照培养基配方计算出各成分的用量，然后用百分之一的天平称量培养基所需的各种药品。

(2)将称量好的药品倒入烧杯中，加少量蒸馏水，放入转子，在磁力搅拌器上加热溶解。

(3)待药品全部溶解后，倒入量筒中，加蒸馏水清洗烧杯2次倒入量筒，定容至所需体积。

(4)用pH计测定培养基的初始pH值，如果培养基偏酸或者偏碱时，用1mol/L NaOH或者HCl溶液进行调节。在进行调节时，逐滴加入NaOH或者HCl溶液，防止局部过碱或者过酸，破坏培养基中成分。边加边搅拌，直至所需pH值。

培养基制备

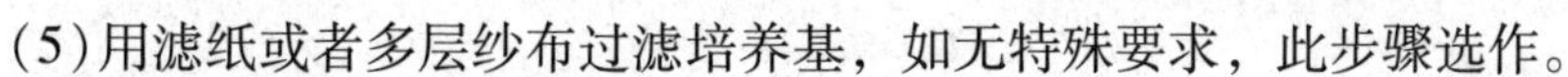

(5)用滤纸或者多层纱布过滤培养基，如无特殊要求，此步骤选作。

2. 固体发酵培养基的配制

在液体发酵培养基配制好的基础上，按照1.5%~2%的比例加入称量好的琼脂，加入搅拌充分溶解。

3. 培养基的分装

根据不同的需要，可将已经配制好的培养基分装入试管和锥形瓶中，试管按照管长1/5体积分装，锥形瓶按照其最大刻度的50%~60%进行配装。

4. 试管和锥形瓶的包扎与灭菌

为了提供优良的通气条件，并防止杂菌污染，要对试管和锥形瓶进行包扎，用硅胶塞封上试管口，用透气封口膜包在锥形瓶口，然后包上报纸。按照配制方法规定的灭菌条件进行高压蒸汽灭菌。

5. 斜面和平板的制作

(1)斜面的制作　将已灭菌的固体培养基试管趁热摆成斜面。

(2)平板的制作　将装在锥形瓶中已灭菌的固体培养基融化后，放置室温冷却至50℃左右，倒入灭过菌的培养皿中。操作过程在超净工作台中进行，左手拿培养皿，右手拿锥形瓶的底部，左手同时用小指和手掌将棉塞打开，灼烧瓶口，用左手大拇指

平板制作

将培养皿盖打开一缝，至瓶口正好伸入，倾入 10～15mL 培养基，迅速盖好皿盖，置于桌上，轻轻旋转平皿，使培养基均匀分布于整个平皿中，冷凝后即成平板。

6. 培养基的灭菌检查

灭菌后的培养基，随机取出 1～2 管(瓶)，置于 37℃恒温培养箱中培养 1～2d，培养基上没有任何微生物生长，确定无菌后方可使用。

(三)种子制备

斜面保藏菌种

1. 斜面种子制备

用接种环接取保藏的菌种到斜面培养基上，置于 37℃恒温培养 24h，制成斜面菌种，活化 2～3 次。

2. 一级种子制备

取斜面种子 1/3 菌苔接入已灭菌的一级种子培养基中，放置冲程 7.6cm、频率为 97 次/min 的往复摇床 30～32℃培养 12h，或采用旋转式摇床转速 170～190r/min。

一级种子液质量标准：种龄 12h，ΔA_{560}(560nm 吸光度净增值)>0.5，RG(残糖)0.5 以下，pH 6.4 ±0.1。

3. 二级种子制备

二级种子培养基中接入一级种子量 10%，摇床培养 7～8h。

二级种子液质量标准：种龄 7～8h，pH 7.2，ΔA_{560} >0.6，无菌检查为阴性，噬菌体检测阴性。

4. 合并菌种

在无菌条件下将每 5 瓶二级种子合并在 1 000mL 的抽滤瓶中(抽滤瓶预先经 0.1MPa，30min 空消)，放入冰箱待用。

五、实验结果

比较不同种子培养基组分差异，观察记录种子制备过程中微生物生长情况，检测种子质量。

【思考题】

1. 发酵培养基和种子培养基有什么不同？为什么一级种子的 pH 值控制在 6.4 ±0.1，而二级种子 pH 值控制在 7.2 左右？

2. 合并菌种操作的工艺目的是什么？

实验 2　理化因子对微生物灭菌效果比较

一、目的要求

了解物理、化学因子对微生物灭菌效果的影响，熟悉理化因素抑制或杀死微生物的实验方法。

二、基本原理

环境因素对微生物的影响总体可分为物理、化学、生物和营养等类别。其中，发酵工业上常用的杀菌理化因子有紫外线、高温、苯酚、漂白粉等。

温度是影响微生物生长的重要因素之一，通过影响蛋白质、核酸等生物大分子的结构与功能以及细胞结构来影响微生物的生长、繁殖和新陈代谢。过高的温度会导致蛋白质或核酸失活，过低的温度会使酶活力受到抑制；紫外线在波长为265～266nm下杀菌能力最强，当紫外线辐射于核酸时，会破坏分子结构，使DNA形成胸腺嘧啶二聚体，妨碍蛋白质和酶的合成，引起细胞死亡。影响微生物生长的化学因素种类很多，有酚、醇、醛、盐等有机化合物及重金属、染料和表面活性剂等，其杀菌或抑菌作用主要是使菌体蛋白变性或与某些酶蛋白的巯基结合使酶失活。

本实验分别采用温度、紫外线、杀菌剂处理，考察对实验菌株生长的影响，比较单一杀菌因子对不同菌体的杀菌效果。

三、实验材料、试剂与仪器

1. 菌种

枯草芽孢杆菌、大肠埃希氏杆菌。

2. 培养基(料)及试剂

牛肉膏蛋白胨培养基(附录Ⅳ培养基1)，100mg/mL氨苄青霉素，50mg/mL卡那霉素，2.5%碘液，0.85%生理盐水，1mol/L NaOH和盐酸等。

3. 仪器及用具

恒温培养箱，紫外照射箱，pH计，摇床，水浴锅，高压灭菌锅，超净工作台，玻璃涂布棒，直径1.6cm无菌圆形滤纸片，培养皿，带硅胶塞试管，枪头，黑布(以上物品均需灭菌)，酒精灯，移液枪，试管架，游标卡尺。

四、实验方法与步骤

(一)高温对微生物的影响

以枯草芽孢杆菌、大肠埃希氏杆菌为实验菌株，研究其对高温的耐受力。

1. 制备细菌悬液

取37℃培养48h的菌种斜面，分别用4mL无菌生理盐水刮洗下斜面菌苔，并制备成均匀的菌悬液，标注备用。

2. 准备供试管

取16支灭菌试管，分成两组，一组8支用于接种枯草芽孢杆菌，另一组接种大肠埃希氏杆菌。标注类别、序号，无菌操作加入5mL液体培养基备用。

3. 滴加供试菌

采用无菌操作技术，分别用移液枪接种菌液0.1mL，混匀。

4. 耐温实验

将上述两组各 8 支试管同时放入 100℃水浴中，充分振荡，使其受热均匀，10min 后各取出 4 管，立即用自来水冷却至室温。另外 4 只继续沸水浴 10min 后用水冷却。

5. 培养

将两批供试管 37℃振荡培养 24h，确定两株菌的耐热性。

6. 结果记录

根据菌液的浑浊程度记录枯草芽孢杆菌和大肠埃希氏杆菌的生长情况，用“－”表示不生长，“＋”表示生长较差，“＋＋”表示生长一般，“＋＋＋”表示生长良好，或用试管菌液浓度的 *OD* 值表示。

(二)紫外线照射对微生物的影响

(1)取含有琼脂培养基的平板 12 个分成 2 组，分别标注枯草芽孢杆菌和大肠埃希氏杆菌。

涂布分离

(2)用移液枪分别吸取枯草芽孢杆菌和大肠埃希氏杆菌菌液 0.1mL，加入相应的平板上，用无菌涂布棒均匀涂布。

(3)打开平板盖，置于预热 15min 的紫外灯下，距离 30cm 照射，每组 2 个平行。每种实验菌种另做一组不经紫外线照射的空白对照。

(4)分别照射 0，1，10，15min 后，取出盖上皿盖，用黑布遮盖，于 37℃恒温箱中倒置培养 48h 后，统计菌落数(cfu/mL)。

(三)杀菌剂对微生物生长的影响

(1)取含有琼脂培养基的平板 2 个，分别标注枯草芽孢杆菌和大肠埃希氏杆菌。

(2)分别用移液枪吸取培养 20h 的枯草芽孢杆菌和大肠埃希氏杆菌菌液 0.1mL，加入相应的平板上，用无菌涂布棒均匀涂布。

(3)将已经涂布好的平板划分为 4 等分，分别标明氨苄青霉素、卡那霉素、碘液、生理盐水，采用无菌操作技术，用无菌镊子将已灭菌的小圆滤纸片分别浸入装有各种杀菌剂溶液的平皿中浸透，取出贴在涂布平板的相应区域。

(4)将上述贴好滤纸片的平板放于 37℃恒温箱中倒置培养 24h 后，取出观察滤纸片周围有无抑菌圈产生，并测量抑菌圈的大小。

五、实验结果

分别记录温度、紫外线和杀菌剂的处理结果，比较分析各种处理的杀菌效果。

【思考题】

1. 做图比较各杀菌处理对芽孢菌和非芽孢菌的差异。
2. 在灭菌过程中要注意哪些因素对灭菌效果的影响？

实验3　灭菌速率常数测定

一、目的要求

学习并掌握测定某种微生物灭菌速率常数的原理和方法。

二、基本原理

高温条件下可以导致蛋白质或核酸失活、电解质浓缩而杀死微生物，而这个极限温度称为致死温度。在致死温度下杀死全部微生物所需的时间称为致死时间，在此温度以上，温度越高，致死时间越短。灭菌速率常数是指在一定条件下，杀死90%的活菌(即活菌数减少一个数量级)所需时间的倒数，单位是min^{-1}，常用k表示。不同的微生物有不同的k值，而且与灭菌温度相关，其变化遵循阿伦尼乌斯定律：$k = Ae^{-E/RT}$(A是比例常数，R是气体常数，T是绝对温度)。

三、实验材料、试剂与仪器

1. 菌种

大肠杆菌、枯草芽孢杆菌培养液(活菌数>10^7cfu/mL)。

2. 培养基(料)及试剂

牛肉膏蛋白胨液体培养基及琼脂培养基(附录Ⅳ培养基1)。

3. 仪器及用具

水浴锅，高压灭菌锅，超净工作台，温度计，吸管，培养皿，试管，玻璃涂布棒等。

四、实验方法与步骤

(1)取含有琼脂培养基的平板20个，每10个1组，分别标记大肠杆菌、枯草芽孢杆菌。

(2)将灭过菌的液体培养基分装2支试管，每支试管5mL，分别标记大肠杆菌、枯草芽孢杆菌。

(3)将水浴锅调至90℃，取装有液体培养基的试管于水浴锅中预热10min。

(4)分别取1mL新鲜培养的大肠杆菌、枯草芽孢杆菌发酵液接入上述2支试管中，摇匀，开始计时。

(5)分别在0，5，10，15，20，30，40，50，60，70min时取试管中的菌液0.1mL，迅速冷却至室温，稀释涂布，37℃培养24h，计算活菌数。

(6)记录结果，以保温时间为横坐标，残存活菌数的对数为纵坐标，做出各菌在90℃时残存活菌数曲线，求出灭菌速率常数k值。

五、实验结果

记录实验数据，绘制残存活菌数曲线，比较两种菌抗热性。

【思考题】

1. 为什么不同微生物的灭菌速率常数不同？影响灭菌速率常数的因素有什么？

2. 如果一种菌的致死温度是115℃，在灭菌的时候是选择115℃灭菌30min还是121℃灭菌20min，为什么？

实验4　培养级数、接种量对种子质量的影响

一、目的要求

了解种子级数、接种量确定原则，认识种子级数、接种量对种子质量的影响。

二、基本原理

种子级数是发酵种子扩大培养过程中车间工艺流程的重要工艺参数，种子级数多少是决定种子生产工艺优劣的主要因素。级数多少不仅由菌种生长特性、孢子发芽及菌体繁殖速度，以及采用发酵罐的容积而定，也随着工艺条件的改变做适当的调整。培养级数越少越有利于简化工艺，减少染菌的风险，便于过程控制。如果改变培养条件，加快孢子发芽及菌体繁殖，也可以减少培养级数。

接种量是指移入的种子液体积和接种后培养液体积的比例。接种量的大小取决于菌种在发酵罐中生长繁殖的速度，采用较大接种量可以缩短菌体繁殖时间，增加发酵产物。但是接种量过多会使培养液变黏稠，造成溶解氧不足，影响生长速率和产物合成速率。在一般的发酵生产中，细菌接种量在1%~5%，酵母菌5%~10%，霉菌7%~15%，有时甚至达到5%~10%。

制成种子后要对种子质量进行检测，包括菌种稳定性和杂菌的检查。

三、实验材料、试剂与仪器

1. 菌种

谷氨酸棒杆菌(*C. glutamicum*)S9114。

2. 培养基(料)及试剂

一级种子培养基，二级种子培养基，斜面培养基(参照实验1)，无菌生理盐水。

3. 仪器及用具

恒温振荡摇床，高压灭菌锅，超净工作台，生物显微镜，吸管，培养皿，试管，接种环等。

四、实验方法与步骤

1. 培养级数对种子质量的影响

(1)将保存的菌种接种到斜面活化培养基上，32℃培养24h，取出后再用接种环接入到另一个斜面活化培养基上进一步活化培养，重复2~3次。

(2)将活化的菌种接种到100mL一级种子培养基，32℃、200r/min条件下培养12h，取出1mL用于种子质量检测。

(3)从一级种子发酵液中取1mL置于100mL二级种子培养基，32℃、200r/min条件下培养8h，在超净台中取出1mL用于种子质量检测。

(4)用无菌生理盐水将上述种子液逐级稀释，然后再接种至发酵固体培养基上，32℃恒温培养24h，肉眼观察菌落形态是否一致，生长状态是否稳定。

(5)用无菌生理盐水将上述种子液稀释，吸1μL滴在载玻片上，涂成薄膜，固定后滴1滴结晶紫染色30min，用蒸馏水轻轻冲掉染色液，显微镜观察有无异常菌落，有无杂菌污染。

2. 接种量对种子质量的影响

(1)将保存的菌种接种到斜面活化培养基上，置于32℃培养24h，取出后再用接种环接入到另一个斜面活化培养基上进一步活化培养，重复2~3次。

(2)将活化的菌种接种到100mL一级种子培养基，32℃、200r/min条件下培养12h，从一级种子发酵液中取0.5，1，2，4，6，8，10mL，分别置于100mL二级种子培养基，32℃、200r/min条件下培养，分别在0，0.5，1，2，4，6，8h，从各个二级种子培养基中分别取出0.1mL用于种子质量检测。

(3)用无菌生理盐水将上述种子液逐级稀释，然后再接种至发酵固体培养基上，32℃恒温培养24h，长出菌落，肉眼观察菌落形态是否一致，生长状态是否稳定。

(4)用无菌生理盐水将上述种子液稀释，吸1μL滴在载玻片上，涂成薄膜，固定后滴1滴结晶紫染色30min，用蒸馏水轻轻冲掉染色液，显微镜观察细胞形态和个数。

五、实验结果

观察比较一级种子液和二级种子液的特征、抽样培养菌落特征，分析菌种生长稳定性及杂菌情况。

【思考题】

1. 为什么培养级数和接种量会对种子质量产生影响？

2. 什么样的种子才是质量优良的种子？除了培养级数和接种量，还有什么因素会影响种子的质量，请列举说明。

实验5　种龄对代谢产物合成的影响

一、目的要求

了解种龄对代谢产物合成的影响，掌握种龄控制的原则。

二、基本原理

种子液中培养的菌体从开始移入下一级种子液的培养时间称为种龄。在种子液中菌体量随着培养时间延长逐渐增加，但菌体繁殖到一定程度时，营养物质的消耗和代谢产物的积累会使菌体量不再增加，而是趋于老化。由于菌体在不同生长阶段中其生理活性差别很大，接种种龄的控制就显得非常重要。在工业发酵生产中，一般都选择在生命力极为旺盛的对数生长期，菌体量尚未达到最高峰时移种，菌体会很快适应新环境，进入生物合成期。如果种龄过于年轻的种子接入发酵罐后，往往会出现前期生长缓慢、泡沫多、发酵周期延长以及因菌体量过多而菌丝结团，引起异常发酵等；而种龄过老的种子接入发酵罐后，则会因菌体老化而导致生产能力衰退。细菌的种龄一般为7~24h，霉菌种龄一般为16~50h，放线菌种龄一般为21~64h。在谷氨酸生产中，一级种子的种龄一般为12h，二级种子的种龄一般为8h。但是同一菌种的不同批次，培养相同的时间，得到的种子质量也不完全一致，因此要根据本批种子的质量进行实验来确定。本实验采用紫外分光光度法测定谷氨酸含量。

三、实验材料、试剂与仪器

1. 菌种

谷氨酸棒杆菌(*C. glutamicum*)S9114。

2. 培养基(料)及试剂

一级种子培养基，二级种子培养基，斜面培养基(参照实验1)，无菌生理盐水。

发酵培养基：葡萄糖 100g，糖蜜 2g，玉米浆 1.5g，Na_2HPO_4 1.7g，KCl 1.2g，$MgSO_4$ 0.4g，加水至1 000mL，pH 7.2，115℃灭菌30min。

3. 仪器及用具

恒温振荡摇床，高压灭菌锅，超净工作台，紫外－可见分光光度计，培养皿，试管，接种环，锥形瓶，移液枪等。

四、实验方法与步骤

(1)将保存的菌种接种到斜面培养基上，32℃培养24h，取出后再用接种环接入到另一个斜面活化培养基上进一步活化培养，重复2~3次。

(2)将活化的菌种接种到100mL一级种子培养基，32℃、200r/min条件下培养 12h。

(3) 从一级种子发酵液中取 1mL 置于 100mL 二级种子培养基，32℃、200r/min 条件下培养，分别在 0，2，4，6，8，10，12h 取出 1mL 接入 7 个 100mL 发酵培养基的锥形瓶中。

紫外分光光度法测定谷氨酸含量

(4)将上述 7 个锥形瓶置于摇床中，32℃、200r/min 条件下培养发酵 36h。每 2h 测一次 OD_{600} 值和谷氨酸产量，做好记录。

五、实验结果

记录实验数据填入表 1-1。

表 1-1　不同种龄接种的谷氨酸发酵

种龄/h	种子液菌体浓度（OD_{600}）	发酵液液菌体浓度（OD_{600}）					发酵液谷氨酸浓度/（mg/100mL）				
		12h	18h	24h	30h	36h	12h	18h	24h	30h	36h
0											
2											
4											
6											
8											
10											
12											

以时间为横坐标，不同种龄的发酵产物含量为纵坐标，做产物生成曲线，比较不同种龄对发酵产物的影响。

【思考题】

1. 通过以上实验，如何确定同一菌种在同一批次培养的种龄，并说明理由。
2. 发酵培养时的吸光度与发酵产物有什么关系？

实验 6　发酵罐的结构系统及使用操作规程

一、目的要求

了解气升式发酵罐的系统组成，掌握发酵罐各系统的控制操作方法。

二、基本原理

发酵罐是进行液体发酵的特殊设备。生产上使用的发酵罐容积大，均用钢板或不锈钢板制成；供实验室使用的小型发酵罐，其容积可从 1L 至数百升或稍大些。一般来说，5L 以下是用耐压玻璃制作罐体，5L 以上用不锈钢板或钢板制作罐体。发酵罐配备有控制器和各种电极，可以自动地调控实验所需要的培养条件，是微生物学、遗传工程、医药工业等科学研究所必需的设备。

发酵罐分为通风发酵罐和厌氧发酵罐，前者又分为机械搅拌和非机械搅拌两类。各厂家生产的发酵罐会有所差别，但基本原理相同，基本结构类似。现以通风发酵系统为例说明。该系统由发酵罐、空气处理系统、蒸汽净化系统、电气控制系统、温控系统及管道、阀门等组成。其工艺流程如图 1-1 所示。

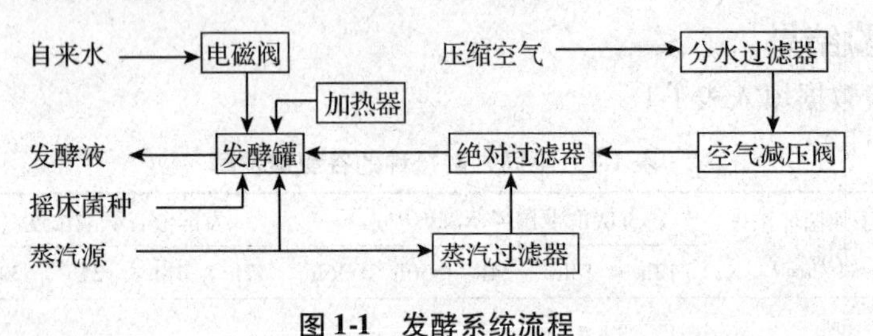

图 1-1　发酵系统流程

三、实验材料、试剂与仪器

1. 菌种

谷氨酸棒杆菌(*C. glutamicum*)S9114。

2. 培养基(料)及试剂

种子培养基(参考实验 1)，酒精。

发酵培养基：葡萄糖 130g，$MgSO_4 \cdot 7H_2O$ 0.6g，糖蜜 3mL，$MnSO_4$ 0.002g，$FeSO_4$ 0.002g，KOH 0.4g，玉米浆粉 1.25g，消泡剂 0.1mL/L，加水至 1 000mL，pH 7.0。40% 尿素溶液分消备用。

3. 仪器及用具

气升式发酵系统，锥形瓶，培养皿，扳手，镊子，石棉网手套，纱布。

四、实验方法与步骤

(一)准备工作

实验开机前必须确保系统各单件设备能正常运行时方可使用本系统。

(1)检查电源是否正常，空压机、微机系统和循环水系统是否正常工作。

(2)检查系统上的阀门、接头及紧固螺钉是否拧紧。

(3)开动空压机，用 0.15MPa 压力，检查发酵罐、过滤器、管路、阀门等密封性是否良好，有无泄漏。罐体夹套与罐内是否密封(换季时应重点检测)，确保所有阀门处于关闭状态(电磁阀前方的阀门除外)。

(4)检查水(冷却水)压、电压、气(汽)压能否正常供应。进水压维持在 0.12MPa，允许在 0.15~0.2MPa 范围变动，不能超过 0.3MPa，温度应低于发酵温度 10℃；罐体可靠接地；输入蒸汽压力应维持在 0.3MPa；空压机压力值 0.8MPa，空气进入压力应控制在0.25~0.30MPa(空气初级过滤器的压力值)。

(5)对温度、溶氧电极、pH电极进行校正及标定。

(6)检查各电机能否正常运转,电磁阀能否正常吸合。

(二)灭菌操作

1. 空气管路的灭菌

(1)处理空气的粗过滤器不空消也不实消,要定期处理,所以必须关闭通向粗过滤器的阀门。

(2)除菌过滤器的滤芯不能承受高温、高压,因此,通过蒸汽减压阀调整0.13MPa,不得超过0.15MPa,严禁用过热蒸汽对除菌过滤器灭菌。

(3)空消过程中,除菌过滤器下端的排气阀应微微开启,排除冷凝水。

(4)空消时间应持续30min左右,当设备初次使用或长期不用后启动时,最好采用间歇空消,即第一次空消后,隔3~5h再空消一次,以便消除芽孢。

(5)经空消后的过滤器,应通气吹干,约20~30min,然后将气路阀门关闭。保持空气管道正压。

2. 空消

先开启蒸汽发生器,自有蒸汽产生并排掉管路中冷凝水后,按以下步骤进行:

(1)先关闭所有阀门,检查各处是否关紧密封,微开罐上方排气口。

(2)蒸汽经空气系统进入罐体,对发酵罐进行空消。

(3)罐压升至0.12MPa(此时控制系统中温度读数约为120℃)时开始计时,保温、保压30min。

(4)空消结束时,逆着蒸汽进路关闭阀门,先关近罐阀。同时准备好压缩空气确保蒸汽一停即充入无菌压缩空气以维持空气系统及罐内的正压。近罐空气阀的尾阀要一直微开启。

注意:空消前应检查夹套中是否残留了冷水、控温开关是否已经关掉,以免影响升温速度,浪费蒸汽。

3. 实消

(1)空消结束后,关闭发酵罐进气阀,调大排气阀卸去罐内压力。将校正好的pH、DO电极装好,尽快将配好的培养基从加料口加入罐内。

(2)采用夹套通蒸汽预加热。预热前必须排空夹套内水。当罐内温度升到90℃时,关闭夹套蒸汽。

(3)排尽蒸汽管冷凝水后,打开发酵罐进汽阀,将蒸汽徐徐导入,同时微开排气阀,排出罐顶冷空气。当罐压升至0.08MPa,保压、保温5min,严禁超压。到时间后,关闭进气阀,用冷却水进行冷却;

升温目的

注意在培养基配制时,应考虑实消时产生的水分。

(4)当罐内压力降至0.03MPa时,开启进气阀,使无菌空气进入罐内,保持罐压0.03~0.05MPa。

(5)加入初始尿素　发酵液冷却到40℃左右时,通过蠕动泵加第一次尿素,添加量0.6%~1.0%(添加量按菌种的脲酶活性大小和菌体同化能力大小而定)。

(三)接种

系统采用火焰封口接种，接种前检查酒精、扳手、镊子、培养皿、石棉网手套、合格的摇床菌种的准备情况。

当发酵液温度降到接种温度，调节罐上进气阀，控制罐内压力在0.01MPa以下，点燃接种口酒精棉，拧下接种口螺母，放入盛有酒精的培养皿中。采用无菌操作迅速接种，拧上接种口螺母，调节进气阀、排气阀，使发酵罐通气量达到工艺要求。

(四)数据采集、取样、放罐

数据采集：系统自动采集，每2min采集一组数据并存贮，包括温度、溶氧、pH值等，系统可自动给出有关曲线。同时，由值班者每20min记录一次，准确填表，获取数据制作过程曲线。

中间取样：每次取样前，将取样口蒸汽灭菌0.5h，弃去开始放出的样液约10mL，再用无菌空容器取样约100mL，无菌封存。取样口再灭菌30min。

放罐：调节无菌空气量放罐，方法同取样。

(五)发酵罐清洗

放罐后，加大排气，使发酵罐表压为零，取出各传感器的连线插头，盖上发酵罐盖。由进料口加入净水，关好，通入压缩空气搅拌至洁净，放罐，如此重复两次。

五、注意事项

(1)在过滤器消毒时，流经空气过滤器的蒸汽压力不得超过0.17MPa，否则过滤器滤芯会被损坏，失去过滤能力。

(2)在空消、实消升温过程中不要开温控仪开关(最好将控制器处于关机状态)，否则当温度设定值设定在培养温度时，冷却水管中会自动通冷却水，不仅会影响升温速度，浪费蒸汽，更重要的是会引起冷凝水过多，造成培养液的浪费。

(3)在空消、实消结束后冷却时，发酵罐内严禁产生负压，以免损坏设备或造成污染。

(4)在各操作过程中，必须保持空气管道中的压力大于发酵罐的罐压，否则会引起发酵罐中的液体倒流到过滤器中，堵塞过滤器滤芯或失去过滤能力。

(5)当发酵罐长期不用时，必须进行过滤器的灭菌，且将过滤器吹干，否则过滤器表面可能会引起细菌的繁殖，而导致过滤器的失效。

(6)在安装、拆卸pH、DO电极时，发酵罐内的罐压必须为零。否则电极会因罐内压力而冲出，造成电极损坏或造成人员受伤。

六、实验结果

(1)绘出气升式发酵系统的详细结构示意图，说明发酵罐的操作方法。

（2）汇总数据制作过程曲线。

【思考题】

1. 为什么要进行空消？保压过程中遇到停电应进行怎样的应急处理？
2. 如何简单判断空消时发酵罐内排气（冷空气）是否充分？
3. 实罐灭菌时为什么要先通到夹套，温度上升到90℃时才能通入罐内培养基中？

实验7　发酵过程染菌测试及判断

一、目的要求

1. 了解发酵过程杂菌污染对发酵的危害。
2. 掌握检测发酵污染的基本方法。

二、基本原理

微生物工业自从采用纯种发酵以来，产率有了很大的提高，然而防止杂菌污染的要求也更高了。发酵过程中尽管规范了管理措施，采用系列设备（如密封式发酵罐、培养基灭菌设备、无菌空气制备设备等）和管道，应用无菌室甚至无菌车间，建立了无菌操作技术等，大大降低了发酵染菌率，但某些发酵工业还遭受着染菌的威胁。染菌后轻者影响产率、产物提取得率和产品质量，重者造成“倒罐”，不但浪费了大量原材料，造成严重经济损失，而且还污染环境。

凡是在发酵液或发酵容器中侵入了非接种的微生物统称为杂菌污染。及早发现杂菌并采取相应措施，对减少由杂菌污染造成的损失至关重要。因此，检查的方法要求准确、快速。

发酵污染可发生在各个时期。种子培养期染菌的危害最大，应严格防止。一旦发现种子染菌，均应灭菌后弃去，并对种子罐及其管道进行彻底灭菌。发酵前期养分丰富，容易染菌，此时养分消耗不多，应将发酵液补足必要养分后迅速灭菌并重新接种发酵。发酵中期染菌不但严重干扰生产菌株的代谢，而且会影响产物的生成，甚至使已成形的产物分解。由于发酵中期养分已被大量消耗，代谢产物的生成又不是很多，挽救处理比较困难，可考虑加入适量的抗生素或杀菌剂（这些抗生素或杀菌剂应不影响生产菌正常生长代谢）。如果是发酵后期染菌，此时产物积累已较多，糖等养分已接近耗尽，若染菌不严重，可继续进行发酵；若污染严重，可提前放罐。

染菌程度越重，危害越大；染菌少，对发酵的影响就小。若污染菌的代时为30min，延滞期为6h，则由少量污染（1个杂菌/L发酵液）至大量污染（约10^6个杂菌/mL发酵液）约需21h。所以，应根据污染程度和发酵时期区别对待。如发酵中期少量杂菌时，若发酵时间短（至发酵结束小于21h），可不进行处理，继续发酵至放罐。

三、实验材料、试剂与仪器

1. 菌种

谷氨酸棒杆菌(*C. glutamicum*)S9114。

2. 培养基(料)及试剂

营养琼脂培养基(附录Ⅳ培养基1)。

葡萄糖酚红肉汤培养基：牛肉膏3g，蛋白胨8g，葡萄糖5g，NaCl 5g，1%酚红溶液4mL，加水至1 000mL，pH 7.2。

3. 仪器及用具

生物显微镜，高压蒸汽灭菌，超净工作台等。

四、实验方法与步骤

1. 显微镜检查法

(1)用无菌操作方式取发酵液少许，涂布在载玻片上。

革兰染色

(2)自然风干后，用番红或草酸铵结晶紫染色1~2min，水洗。

(3)干燥后在油镜下观察。

如果从视野中发现有与生产菌株不同形态的菌体则可认为是染了杂菌。

该法简便、快速，能及时检查出杂菌。但仍存在以下问题：①对固形物多的发酵液检出较困难；②对含杂菌少的样品不易得出正确结论，应多检查几个视野；③由于菌体较小，本身又处于非同步状态，应注意不同生理状态下的生产菌与杂菌之间的区别，必要时可用革兰染色、芽孢染色等辅助方法鉴别。

2. 平板检查法

(1)配制营养琼脂培养基、灭菌，倒平板。

(2)取少量待检查发酵液经稀释涂布在营养琼脂平板上，在适宜条件下培养。

(3)观察菌落形态。若出现与生产菌株形态不一的菌落，就表明可能被杂菌污染；若要进一步确证，可配合显微镜形态观察，若个体形态与菌落形态都与生产菌相异，则可确认污染了杂菌。

此法适于固形物多的发酵液，而且形象直观，肉眼可辨，不需仪器。但需严格执行无菌操作技术，所需时间较长，至少也需8h，而且无法区分形态与生产菌相似的杂菌。在污染初期，生产菌占绝大部分，污染菌数量很少，所以要做比较多的平行实验才能检出污染菌。

3. 肉汤培养检查法

(1)配制葡萄糖酚红肉汤培养基。

(2)将上述培养基装在吸气瓶中，灭菌后，置37℃培养24h，若培养液未变浑浊，表明吸气瓶中的培养液是无菌的，可用于杂菌检查。

(3)将过滤后的空气引入吸气瓶的培养液中，经培养后，若培养液变浑，表明空气中有细菌，应检查整个过滤系统，若培养液未变浑，说明空气无菌。

此法主要用于空气过滤系统的无菌检查。还可用于检查培养基灭菌是否彻底，只需取少量培养基接入肉汤中，培养后观察肉汤的浑浊情况即可。

4. 发酵参数判断法

(1)根据溶解氧的异常变化判断　在发酵过程中，以发酵时间为横坐标，以溶解氧(DO)含量为纵坐标制作耗氧曲线。

每一种生产菌都有其特定的好氧曲线，如果发酵液中的溶解氧在较短的时间内快速下降，甚至接近零，且长时间不能回升，则很可能是污染了好氧菌；如果发酵液中的溶解氧反而升高，则很可能是由厌氧菌或噬菌体的污染而使生产菌的代谢受抑制而引起的。

(2)根据排气中CO_2含量的异常变化来判断　在发酵过程中，以发酵时间为横坐标，以排气中CO_2含量为纵坐标制作曲线。

对特定的发酵而言，排气中CO_2的含量变化也是有规律的。在染菌后，糖的消耗发生变化，从而引起排气中CO_2含量的异常变化。一般说来污染杂菌后，糖耗加快，CO_2产生量增加；污染噬菌体后，糖耗减少，CO_2产生量减少。

(3)根据pH值的变化及菌体酶活力的变化来判断　在发酵过程中，以发酵时间为横坐标，以发酵液的pH值为纵坐标制作pH值变化曲线；或定时测定酶活力，以酶活为纵坐标，制作酶活力变化曲线。特定的发酵具有特定的pH值变化曲线和酶活力变化曲线。若在工艺不变的情况下这些特征性曲线发生变化，很可能是污染了杂菌。

五、注意事项

(1)在污染初期，生产菌占绝大部分，污染菌数量很少，所以无论是显微镜直接检查法，还是平板间接检查法，必须要做比较多的平行实验才能检出污染菌；而用发酵参数判断法很难检查出早期的污染菌。

(2)肉汤培养检查法只能用于空气过滤系统及液体培养基的无菌检查，不适用于发酵液的检查。

(3)显微镜检查时注意区分固形物和菌体，一般经单染色后，菌体着色均匀，且有一定形状(球状、杆状或螺旋状)；固形物无特定形状，着色或不着色。

六、实验结果

记录实验结果，比较分析实验过程中测定参数的变化，判断是否染菌。

【思考题】

1. 是否可用营养肉汤代替葡萄糖酚红肉汤培养基进行空气过滤系统及培养基的无菌检查？为什么？

2. 除了以上介绍的方法外，是否还有其他方法来判断杂菌情况？

3. 查阅资料，设计一个用分子生物学技术(如聚合酶链反应、随机扩增长度多态性、限制性片段长度多态性等)来检查是否感染杂菌的新方法。

实验8 噬菌体的检测与防治

一、目的要求

1. 检测谷氨酸二级种子液中噬菌体污染度，观察噬菌斑的形态。
2. 掌握快速检测噬菌体污染的方法。

二、基本原理

噬菌体是感染细菌和放线菌等微生物的病毒，在发酵工业中噬菌体的污染会使生产菌发生自溶，导致发酵异常，在感染初期 *OD* 值下降，镜检时菌体数量减少，pH 值上升，可达到8.0以上，残糖含量高，产生大量泡沫，发酵液呈现黏稠状。在谷氨酸生产中会造成倒灌，使生产紊乱，甚至停产。在噬菌体侵染敏感细菌后引起细菌裂解，释放出大量代噬菌体，可在细菌平板上出现肉眼可见的噬菌斑，根据这一特性可以快速检查是否污染噬菌体，这对于发酵工业有重要的作用。噬菌体污染发酵生产过程的主要方式之一是通过空气进入发酵罐，原因是空气滤膜破损或者滤膜不能完全阻止噬菌体。在主发酵前的二级种子液中污染噬菌体会严重影响生产，通过空气中和二级种子液中噬菌体检测，就能了解环境和主发酵过程噬菌体污染程度。噬菌体的防治措施包括绝对禁止活菌排放，净化生产环境，加强环境消毒，提高空气净化度，使用噬菌体抑制剂，绝对不使用可疑携带噬菌体菌种，如果可能的话轮换使用不同类型的菌种，最好使用抗噬菌体菌种。

三、实验材料、试剂与仪器

1. 菌种

谷氨酸棒杆菌(*C. glutamicum*)S9114，噬菌体来源于其异常发酵液。

2. 培养基(料)及试剂

一级种子培养基，二级种子培养基，牛肉膏蛋白胨培养基(附录Ⅳ培养基1)。

3. 仪器及用具

恒温培养箱，高压灭菌锅，生物显微镜，紫外-可见分光光度计，离心机，恒温水浴锅，超净工作台，培养皿，试管，涂布棒，锥形瓶，移液枪等。

四、实验方法与步骤

(一)噬菌体检查

1. 显微镜检查

每隔2h取样品进行涂片染色，在显微镜下检查有无异常菌体。另取正常发酵液和异常发酵液，涂片染色，在显微镜下比较菌体形态及生长情况。

2. 双层平板法

在培养皿上倒入7~8mL牛肉膏蛋白胨琼脂培养基，摇匀，冷却凝固作为下层；同样的培养基（或琼脂1%）熔解降温至40℃，接入20%的生产菌作为指示菌和待测样品混合后迅速倒在底层平板上，置于37℃培养箱培养12h以上，观察有无噬菌斑出现。

如要检测无菌空气中有无噬菌体，可将上述平皿（不加待检发酵液）暴露在排气口30min。若要定量计数，可根据样品的稀释度（液体样品）或空气流量及暴露时间（气体样）计算污染的噬菌体效价。

$$噬菌体效价(个/mL)=\frac{噬菌体数量\times 稀释倍数}{样品毫升数}$$

3. 载玻片快速法

将发酵菌种、发酵液和少量琼脂培养基（含0.8%的琼脂）混匀后涂布无菌载玻片上，培养4h以上观察有无噬菌斑出现。

4. 平板交叉划线法

在培养皿上倒入琼脂牛肉膏蛋白胨培养基制成平板，取菌液划线，再取菌液与第一次交叉划线，37℃培养箱培养12h以上，观察有无噬菌斑出现。当噬菌体较少时有噬菌斑出现，如果噬菌体较多时，交叉处出现透明状，同时可见由含噬菌体胶液线向敏感菌展开的一条亮线，称为噬菌带。

（二）污染噬菌体的处理

（1）发酵液用高压蒸汽灭菌后弃掉，严防发酵液随处乱放。

（2）停止发酵，对环境进行全面的清洗和消毒。

（3）更换抗性生产菌种，防治噬菌体的重复污染。

五、注意事项

（1）上层培养基切勿太烫，以免将噬菌体或发酵菌株烫死；

（2）如果要测定噬菌体效价，必须把发酵液进行适当稀释，最好做几个梯度。

六、实验结果

（1）观察记录空气和二级种子液中噬菌体检查结果，计算噬菌体效价。

（2）比较不同检测方法的最终结果，说明各自优缺点。

【思考题】

1. 噬菌体对发酵工业危害严重，你认为哪些地方是控制噬菌体的关键点？

2. 通过几种噬菌体检测方法的比较，你认为哪种方法在实际生产中最实用？要提高测定的准确性，应注意哪些问题？

实验9 淀粉酶解糖液制备

一、目的要求

掌握酶解糖液制备的原理和方法，熟悉粗淀粉、还原糖含量的测定。

二、基本原理

发酵生产中，大多生产菌不能直接利用淀粉，因此，当以淀粉作为原料时，必须先将淀粉水解成葡萄糖才能供发酵使用。在工业生产上将淀粉水解为葡萄的过程称为淀粉的“糖化”，所制得的糖液称为淀粉水解糖。可用来制备淀粉水解糖的原料很多，主要有薯类、玉米、小麦等含淀粉原料。水解淀粉为葡萄糖的方法有3种，即酸解法、酶酸结合法及双酶法。本实验采用双酶法将淀粉水解为葡萄糖。首先利用α-淀粉酶将淀粉液化，转化为糊精及低聚糖，使淀粉可溶性增加；接着利用糖化酶将糊精及低聚糖进一步水解，转变为葡萄糖。淀粉水解糖液的质量与生产菌的生长速度及产物的积累直接相关。

$$\text{淀粉糖化的实际收率}=\frac{\text{糖液量(L)}\times\text{糖液葡萄糖含量(\%)}}{\text{投入淀粉量}\times\text{原料中纯淀粉含量}}\times 100\%$$

$$\text{淀粉转化率}=\frac{\text{糖液量(L)}\times\text{糖液葡萄糖含量(\%)}}{\text{投入淀粉量}\times\text{原料中纯淀粉含量}\times 1.11}\times 100\%$$

食品中淀粉测定

由于糖化过程中，水参与反应，即$(C_6H_{10}O_5)_n + H_2O \longrightarrow n\ C_6H_{12}O_6$，所以淀粉糖化的理论收率为111.1%。

DE值：表示淀粉水解的程度或糖化的程度。糖化液中还原性糖以葡萄糖计，占干物质的百分比称为DE值。

$$\text{DE值}=\frac{\text{还原糖含量(\%)}}{\text{干物质含量(\%)}}\times 100\%$$

还原糖含量采用费林氏法或碘量法测定，浓度表示为葡萄糖g/100mL糖液；干物质采用阿贝折光仪测定，浓度表示为干物质g/100mL糖液。

影响DE值的因素有糖化时间、液化程度、酶制剂用量等。最初糖化时，DE值显著上升，但在糖化24h，DE值达到90%以上时，糖化速度明显放慢。前期液化程度也应该控制适当，DE值太低或太高均不利于糖化进行。液化程度低，料液黏度大，难操作，并且影响糖化速度；但液化超过一定程度，则不利于糖化酶与糊精生成络合结构，影响催化效率，造成糖化液最终DE值低，故应在碘试本色的前提下，液化DE值越低，则糖化液的最高DE值越高。一般液化DE值应控制在12%~18%。

酶制剂用量与糖液DE值的关系见表1-2。

表1-2 糖化时间与糖化酶用量的关系表

糖化时间/h	6	8	10	16	24	32	48	72
糖化酶用量/(U/g淀粉)	480	400	320	240	180	150	120	100

为加快糖化速度，可提高酶制剂用量，缩短糖化时间。但酶用量过大，反而会使复合反应严重，最终导致葡萄糖值降低。在实际生产中，应充分利用糖化罐的容量，尽量延长糖化时间，减少糖化酶的用量。

三、实验材料、试剂与仪器

1. 菌种

谷氨酸棒杆菌(*C. glutamicum*)S9114。

2. 材料及试剂

大米粉，α-淀粉酶(2 000U/g)，糖化酶(50 000U/g)，碘液(11g碘，加22g碘化钾，用蒸馏水定容至500mL)，纯碱，$CaCl_2$。

3. 仪器及用具

恒温水浴锅，摇床，生物显微镜，超净工作台，分光光度计，阿贝折光仪，真空泵，抽滤瓶及布氏漏斗，比色板，试管，锥形瓶，量筒。

四、实验方法与步骤

1. 液化

测定大米粉的粗淀粉含量，并称取30g大米粉于锥形瓶中，加水至100mL，用纯碱调节pH值至6.2~6.4，再加入适量的$CaCl_2$，使钙离子浓度达到0.01mol/L，并加入一定量的液化酶(控制5~8U/g淀粉)。搅拌均匀后加热至85~90℃，保温10min左右，用碘液检验，达到所需的液化程度后升温到100℃，加热5~10min，使酶失活。

2. 碘液检验方法

在洁净的比色板上滴入1~2滴碘液，再滴加1~2滴待检的液化液，若反应液呈橙黄色或棕红色即液化完全。

3. 糖化

将上述液化液冷却至60℃，用10%柠檬酸调节pH值至4.0~4.5，按100U/g淀粉的量加入糖化酶，并于55~60℃保温糖化，检测达到糖化终点(约糖化16h)，将糖化液pH值调至4.8~5.0，升温至100℃，加热5min，使酶失活。

4. 糖化终点的判断

在150mm×15mm试管中加入10~15mL无水乙醇，加糖化液1~2滴，摇匀后若无白色沉淀形成表明已达到糖化终点。

5. 过滤

将料液加热趁热用布氏漏斗进行抽滤，所得滤液即为水解糖液。

五、实验结果

详细记录实验数据，计算双酶法水解淀粉产生葡萄糖的收率、淀粉转化率、DE

值，分析糖化酶用量、糖化时间对糖化效果的影响及DE值在过程控制中的作用。

【思考题】

1. 试述液化时添加$CaCl_2$的作用。
2. 分析说明液化和糖化时，温度、pH值对实验效果的影响。

实验10　生产菌株发酵条件优化

一、目的要求

1. 了解发酵条件对产物形成的影响，用单因子实验找出筛选所得菌株的最佳发酵条件。

2. 掌握发酵培养基的配制原则，熟悉正交实验优化方法。

二、基本原理

发酵条件的优化在发酵生产中起着很大作用，是提高发酵指标的一项非常有用的技术手段。环境条件的确定需要建立在对菌体本身所具有的生理特征及发酵特性的认识上，而摇瓶培养条件的研究是发酵产品从研究到工业化生产过程中必然进行的工作。一般发酵过程可简单分为两个阶段：菌体生长阶段和合成产物阶段，发酵条件优化就是围绕这两个阶段如何提高菌株生产能力而进行的。

谷氨酸发酵是典型的代谢控制发酵，最适宜的环境条件是提高发酵产率的重要条件。其中，培养基pH值、培养温度和通气状况是3类最主要的发酵条件。培养基pH值一般指灭菌前的pH值，可通过酸碱调节来控制。由于发酵过程中pH值会不断变化，所以最好用缓冲溶液来调节；通气状况可用培养基装量和摇床转速来衡量。另外，瓶口布的厚薄也会影响到氧气的传递，为防止杂菌污染，瓶口布以8层纱布为好。

发酵培养基是指大生产时所用培养基。由于发酵产物中一般含有较高比例的碳元素，因此培养基中的碳源含量也应该比种子培养基中高；如果产物的含氮量高，还应增加培养基中氮源比例。但必须注意培养基的渗透压，如果渗透压太高，又会反过来抑制微生物的生长，在这种情况下可考虑用流加的方法逐步加入碳源、氮源。

培养基组分对发酵起着关键性的影响。工业发酵培养基与菌种筛选时所用的培养基不同，一般以经济节约为主要原则，因此常用廉价的农副产品为原料。选择碳源时常用山芋粉、麸皮、玉米粉等代替淀粉，而用豆饼粉、黄豆粉等作为氮源。此外，还应考虑所选原料不至于影响下游的分离提取工作，由于这些天然原料的组分复杂，不同批次的原料成分各不相同，在进行发酵前必须进行培养基的优化实验。

发酵培养基中的原料多是大分子物质，微生物一般不能直接吸收，必须通过胞外酶的作用后才能被利用，所以是一些“迟效性”营养物质。而微生物分泌的胞外酶有不少是诱导酶，为了使发酵起始阶段微生物能快速繁殖，可适当在培养基中添加一些速效营养物。

三、实验材料、试剂与仪器

1. 菌种

谷氨酸棒杆菌(*C. glutamicum*)S9114。

2. 培养基(料)及试剂

斜面活化培养基：酵母膏5.0g，蛋白胨10.0g，牛肉膏5.0g，NaCl 2.5g，琼脂20g，加水至1 000mL，pH 7.0，121℃灭菌15min。

种子培养基：葡萄糖25g，玉米浆35.0 g，$MgSO_4 \cdot 7H_2O$ 0.4g，$K_2HPO_4 \cdot 3H_2O$ 1.5g，尿素5.0g(过滤除菌，培养基灭菌冷却后加入)，加水至1 000mL，用NaOH溶液调节pH 7.0左右，115℃灭菌20min。

发酵培养基：葡萄糖140g，$MgSO_4 \cdot 7H_2O$ 0.6g，$K_2HPO_4 \cdot 3H_2O$ 1.5g，玉米浆3.0g，尿素5.0g(过滤除菌，培养基灭菌冷却后加入)，加水至1 000mL，pH 7.0，115℃灭菌5min。

3. 仪器及用具

精密pH计，恒温摇床，恒温培养箱，电子天平，超净工作台，SBA-40C型生物传感分析仪，紫外分光光度计，培养皿，锥形瓶，接种针，移液管，纱布。

四、实验方法与步骤

(一)种子培养条件优化

种子培养的目的是为了使菌体大量扩增，获得足够数量的菌体，以满足接入发酵培养基后发酵转化任务。对于种子培养来说，pH值、通风量等培养条件都应控制在最适合菌体生长的范围。因此，进行种子培养基不同初始pH值和不同装液量实验，根据种子生长状况及发酵产酸综合考察，选择最佳种子培养条件。

1. 培养基初始pH值对种子培养及发酵的影响

调节种子培养基pH值至6.4、6.7、7.0、7.3、7.6和7.9，分装至250mL锥形瓶，每瓶40mL，灭菌、冷却后接种，在30℃恒温摇床上以105r/min的转速培养7h。测定发酵液的谷氨酸含量和菌液OD_{620}，确定种子培养基最佳初始pH值。

2. 不同装液量对种子培养及发酵的影响

调节种子培养基pH值至7.0，分装至250mL锥形瓶，各瓶装液量分别为20，25，30，35，40mL，灭菌、冷却后接种，在30℃恒温摇床上以105r/min的转速培养8h。测定发酵液的谷氨酸含量和菌液OD_{620}，确定种子培养基最佳装填量。

培养基三因素选择原因

(二)最适发酵培养基配方的正交实验

(1)将葡萄糖、玉米浆、$K_2HPO_4 \cdot H_2O$浓度作为培养基对谷氨酸合成的主要影响因素，每一因素设定3个水平，按表1-3配制培养基(g/L)。其他按照发酵培养基配比添加，混匀后调节pH值，分装于500mL锥形瓶，每瓶20mL，灭菌。正交实验方案参考表1-3进行9组实验。

表1-3 因素水平表

水平	实验因素		
	葡萄糖/(g/L)	玉米浆/(g/L)	$K_2HPO_4 \cdot H_2O$/(g/L)
1	130	2.0	1.5
2	160	3.0	2.0
3	190	4.0	2.5

(2)接种、发酵　接入10%种子培养液，将锥形瓶放于摇床上，30℃、180r/min摇床培养36h。

(3)取下摇瓶，测定发酵液中谷氨酸含量，比较各实验组生产能力，确定最佳培养基配方。

五、注意事项

(1)进行单因子实验时，其他实验条件应尽可能一致。

(2)培养温度、摇床转速等对结果影响很大，因此确定最适培养基配方的正交实验最好在同一摇床中进行。

六、实验结果

将各实验结果绘图，分析种子培养最佳条件及发酵培养基最佳配方，计算谷氨酸转化率。

【思考题】

1. 如果用合适的缓冲液来调节pH值，进行培养基pH值对淀粉酶产生影响实验，是否使结果更可靠?

2. 参考种子培养条件优化，设计一个谷氨酸发酵条件优化的实验设计方案。

实验11　发酵菌株生长曲线和产物形成曲线的测定

一、目的要求

1. 了解分批培养时微生物的生长规律及各时期的主要特点。

2. 掌握学习微生物生长曲线和产物形成曲线的测定方法。

二、基本原理

将少量微生物接种到一定体积的新鲜培养基中，在适宜的条件下培养，定时测定培养液中微生物的生长量(活菌数的对数值或 *OD* 值)，以生长量为纵坐标，培养时间为横坐标绘制的曲线就是生长曲线，它反映了微生物在一定环境条件下的群体生长规律。依据生长速率的不同，一般可把生长曲线分为延滞期、对数期、稳定期和衰亡期4个阶段。这4个时期的长短因菌种的遗传特性、接种量和培养条件而异。因此，通过微生物生长曲线的测定，了解微生物的生长规律，对于科研和生产实践都具有重要的指导意义。

测定微生物的数量有很多种方法，如血球计数法、平板活菌计数法、称重法、比浊法等。由于在一定浓度范围内，菌悬液的浓度与光密度值呈线性关系，故根据菌液的 *OD* 值可以推知细菌生长繁殖的进程。

产物形成曲线就是产量对培养时间的曲线。工业发酵的目的是为了收获产物，因此必须搞清产物积累最高时所需的发酵时间。如果提前终止发酵，营养物质还没有完全被利用，发酵液中的产物量偏低；如果发酵时间过长，一方面可能会分解，另一方面也降低了设备利用率。因此，学会生长曲线和产物形成曲线的测定对工业发酵具有非常重要的指导意义。

三、实验材料、试剂与仪器

1. 菌种

谷氨酸棒杆菌(*C. glutamicum*)S9114。

2. 培养基(料)及试剂

培养基同实验10。

3. 仪器及用具

生物显微镜，高压灭菌锅，超净工作台，分光光度计，摇床，500mL锥形瓶，移液管等。

四、实验方法与步骤

1. 生长曲线的测定

(1)接种　取18个500mL无菌锥形瓶，各分装发酵培养基20mL，接种10%种子菌液。

(2)培养　将上述锥形瓶置于摇床上，30℃、180r/min摇床培养，分别于培养时间0，2，4，6，…，34，36h取出1个锥形瓶，以不接种的培养基做对照，在620nm处测吸光度。

(3)以培养时间(*h*)为横坐标，吸光度(OD_{620})为纵坐标，做生长曲线。

2. 产物形成曲线的测定

(1)同上法，每隔2h取出一瓶，测定生长量同时，测定谷氨酸生成量。以培养时间(h)为横坐标，谷氨酸生成量(g/L)为纵坐标，做产物形成曲线。

(2)镜检　在8h及24h时分别对取样一次进行镜检，经单染后观察菌体形态。

五、注意事项

(1)实验各锥形瓶的接种量、培养条件应一致。

(2)若OD值太高，可适当稀释后再测定。

(3)测定OD值前，应将待测培养液振荡摇匀，使细胞分布均匀，并立即取样测定，否则，颗粒沉淀会影响测定结果。稀释10倍后测定是可行的办法。若要精确测定，可用活菌计数法，在营养琼脂培养基上观察生长的菌落数，但应掌握好稀释倍数。

六、实验结果

将测定的OD_{620}填入表1-4中，绘制生长曲线和产物形成曲线，比较分析两曲线对生产的指导意义。

表1-4　培养时间对菌体生长量和谷氨酸生成量的影响

培养时间/h	0	2	4	6	8	10	12	14	16	18	20	22	24	26	28	30	32	34	36
OD_{620}																			
谷氨酸生成量/(g/L)																			

【思考题】

1. 如果每次从同一摇瓶取出1mL进行测定，会对结果产生怎样的影响？
2. 如何准确判断发酵时菌体是处于长菌阶段还是产酸阶段？

实验12　发酵过程中主要工艺参数控制

一、目的要求

了解自控发酵罐的操作，掌握谷氨酸发酵过程中主要工艺参数的控制方法。

二、基本原理

谷氨酸产生菌由于人为打破了其自身代谢调控机制，造成其在菌体外大量积累谷氨酸。这种代谢异常化的菌种对环境因素的变化是很敏感的。谷氨酸发酵是建立在容易变动的代谢平衡上，受多方面环境条件支配。所以即使有了好的菌种，如果没有适合的发酵条件，也不可能大量积累谷氨酸。在适宜条件下，谷氨酸产生菌能够将60%以上的糖转化为谷氨酸，只有少量的副产物，否则会造成谷氨酸产量很少，仅得到大量的菌体或乳酸、琥珀酸、α－酮戊二酸、丙氨酸、谷氨酰胺、乙酰谷氨酰胺等产物。

发酵过程中控制的工艺参数主要有：温度、pH值、通风和搅拌、泡沫、尿素或高糖液的流加速度等。

三、实验材料、试剂与仪器

1. 菌种

谷氨酸棒杆菌（*C. glutamicum*）S9114。

2. 培养基（料）及试剂

培养基同实验6，40%尿素溶液过滤除菌，50%葡萄糖溶液0.1MPa灭菌备用。

3. 仪器及用具

发酵罐系统，蠕动泵，恒温水浴锅，分光光度计，离心机，摇床等。

四、实验方法与步骤

1. 培养基入罐实消

将配制好的发酵培养基加入发酵罐后，控制罐压0.08MPa灭菌5min。

2. 接种

先缓慢将罐内压力降低到0.01MPa以下，然后采用火焰封口接入种子液10%。

3. 发酵过程控制

（1）发酵过程温度的控制　谷氨酸发酵0～12h为长菌期，最适温度30～32℃；发酵12h后进入产酸期，控制温度34～36℃。通过调节温控仪控制各阶段温度。由于发酵期代谢活跃，发酵罐要注意冷却，防止温度过高引起发酵迟缓。

（2）发酵过程pH值控制　发酵过程中产物的积累会导致pH值下降，而氮源的流加（氨水、尿素）导致pH值升高。发酵中，当pH值降到7.0～7.1时，应及时流加氮源。

长菌期控制pH≤8.2；产酸期控制pH值在7.1～7.2。控制措施主要有氮源流加量、风量。发酵过程中，密切注意pH值变化，发酵后期当pH值开始上升时，说明菌的活力开始下降，应及时减小氨阀流量，直至逐步停止。

（3）发酵过程中糖的流加　发酵中流加糖可分为间歇式和连续式两种。间歇式流加是在发酵液的残糖每降到5.5%时（6～8h），用蠕动泵加1kg的糖液，反复流加。当菌种活力降低时，即糖耗减慢、pH值不易下降时停止流加，待残糖降至0.2%以下时，即可放罐。连续式流加是在降到5.5%时，开启蠕动泵，调整流加速度缓慢将糖液泵入发酵罐（流速约1 000mL/h），使糖的流加和同化基本同步，直至发酵结束。

（4）放罐　发酵液残糖1%以下且糖耗缓慢（<0.15%/h）或残糖<0.5%，应及时放罐。

五、注意事项

（1）实消时冷凝水的数量与蒸汽压力、环境温度密切相关，因此，配料时的实际定容量需要做预备实验确定(预计预留25%发酵液体积作为蒸汽冷凝水和种子液体积)。

(2)流加糖的浓度不得超过50%，否则可能出现葡萄糖在低温下结晶，严重影响流加作业。流加时，必须控制流加速度，避免局部高渗透压影响菌体生长。

六、实验结果

发酵过程中，按照1次/h测定、记录以下指标：pH值、风量、还原糖、OD_{620}、温度；谷氨酸1次/h，发酵12h起，对发酵过程进行分析(结合实验11)(表1-5)。

表1-5 谷氨酸发酵实验记录表

时间/h	0	1	2	3	4	5	6	7	8	9	10	11	12	13	14	15	16	17	18
残糖																			
尿素流加																			
pH值																			
加糖																			
时间/h	19	20	21	22	23	24	25	26	27	28	29	30	31	32	33	34	35	36	
残糖																			
尿素流加																			
pH值																			
加糖																			

【思考题】

为什么以尿素为氮源的发酵控制中，增加风量、提高溶氧会造成发酵液pH值的上升?

实验13 发酵液菌体去除及谷氨酸离子交换回收

一、目的要求

1. 了解利用膜材料除发酵液菌体的方法。

2. 了解用离子交换法从发酵液中回收谷氨酸的方法，初步掌握离子交换的单元操作。

二、基本原理

膜材料是具有一定孔径的高分子材料，合成方法不同，膜的孔径不同。选择合适的膜材料能有效地进行物料的固液分离。

氨基酸具有两性解离性。以谷氨酸为例，当pH≤3.22时，谷氨酸以阳离子状态存在，因此可以用阳离子交换树脂来提取。本实验所用树脂为732型苯乙烯强酸型阳离子交换树脂。732型树脂的理论交换容量为4.5mmol/g，最高工作温度为90℃，使用的pH值范围为1~14，对水的溶胀率为22.5%，湿视密度为0.75~0.85g/mL。

发酵液是成分复杂的混合物，阳离子种类繁多，按其对732树脂的亲和力大小，依次为$Ca^{2+}>Mg^{2+}>K^{+}>NH_4^{+}>Na^{+}>$碱性氨基酸>中性氨基酸>谷氨酸>天冬氨酸。洗脱时正相反，因此，可按洗脱峰来分离谷氨酸。

三、实验材料、试剂与仪器

1. 实验材料、试剂

737树脂，发酵液，盐酸，NaOH。

2. 仪器及用具

超滤膜组件，隔膜泵，离子交换柱(可用层析柱代替)，2 000mL烧杯，pH试纸等。

四、实验方法与步骤

(一)超滤膜除菌体

1. 膜组件安装

按照图1-2连接好设备，关闭F_3、F_5阀，打开其他阀门，储罐内加入清水，启动隔膜泵，将膜组件用清水循环清洗，观察组件是否正常工作。

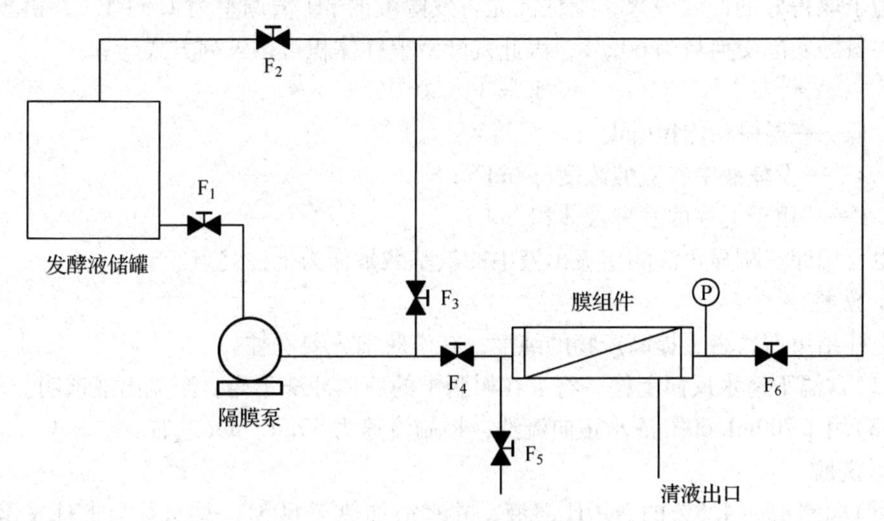

图1-2 膜组件安装图

2. 除菌

排空系统内清水，将发酵液加入储罐，按1操作，调整F_6大小，使压力表P的指示压力为0.2MPa，此时，从清液出口收集除菌体发酵液。

3. 发酵液收集

前期收集液为原液，约为原样品量的80%体积，可采用冷冻等点法回收谷氨酸。之后在储罐中加入原样品体积相等的清水，继续分离，此时收集液为一次稀释液，可用离子交换法回收。为提高产物的得率，可稀释2次。当稀释液收集到原体积80%时，分离操作完成。

4. 膜组件清洗及后期处理

关闭F2、F4，打开其他阀门，储罐内加入清水，开始对膜组件反冲清洗。清洗量为2倍的样品体积。拆除实验装置，膜组件内用70%酒精充填，或浸泡在70%的酒精中，防止菌体生长造成膜材料堵塞。

（二）回收

1. 树脂的预处理及活化

（1）取150g新购干树脂，用40~45℃清水浸泡2~3h。

（2）带水装柱，排水，用600mL 2mol/L盐酸溶液正向流洗，流量5~10mL/min。

（3）清水正向流洗，至流出液pH 7.0~7.1，除水。

（4）用600mL 2mol/L NaOH正向流洗，清水正向流洗至中性，此时为钠型树脂，可短期保存。

（5）以5.69%的盐酸溶液正向流洗，至流出液pH值为0.5时，停酸，改用清水正向流洗，至流出液pH值为1.5~2.0时即可停止备用。

2. 上柱

为了取得好的回收效果，上柱前先将发酵液的pH值调整为1.5~1.7，由于湿树脂的谷氨酸实际交换量为60g/L，因此发酵液上柱体积可按下列方式计算：

$$V = V_0 \times 0.06/A$$

式中 V_0——湿树脂体积（mL）；

A——发酵液中谷氨酸浓度（g/mL）；

V——用于上柱的发酵液体积（mL）。

也可用茚三酮显色法测定流出液中的氨基酸量作为上柱终点。

3. 洗柱

上柱结束后，为了提高产物的纯度，在洗脱前先要洗柱。

（1）常温下清水反向上柱，将混在树脂中的菌体冲洗干净，至流出液透明。

（2）用1 200mL 60℃清水正向流洗，控制流速为50mL/min左右。

4. 洗脱

（1）配制4%~4.5%的NaOH溶液，并水浴加热至60℃，总量约与上柱发酵液体积相当。

（2）正向上柱洗脱，控制流出液速度约每秒1滴，每10mL做一样本，分别测定pH值、谷氨酸浓度、NH_4^+浓度，并以洗脱样本序列为横坐标，以测定值为纵坐标，作出洗脱曲线。

（3）将pH值在2.5~9的洗脱液合并，冷水浴冷却到30℃以下，按等电回收法回收谷氨酸。

五、注意事项

(1)膜组件使用后必须彻底清洗，并浸泡在消毒液中，以免微生物菌体将膜的滤孔堵死。

(2)树脂必须进行活化。及时判断交换终点，防止谷氨酸溢出造成损失。

六、实验结果

分别测定 pH 值、谷氨酸浓度、NH_4^+ 浓度，制作洗脱曲线。

【思考题】

1. 压力表 P 的指示压力对分离效果有何影响？膜组件是否可用来进行发酵产物的浓缩？
2. 上柱前为什么要调整发酵液的浓度和 pH 值？

实验 14　谷氨酸等电回收及精制

一、目的要求

1. 了解等电点法从发酵液中回收谷氨酸的方法。
2. 了解由谷氨酸制备谷氨酸一钠的方法，掌握脱色、浓缩、结晶等单元操作。

二、基本原理

利用两性氨基酸在等电点时溶解度最小的原理，通过添加盐酸将发酵液调至谷氨酸等电点 pH 3.22，使谷氨酸呈过饱和状态结晶析出。不论是否去除菌体、是否浓缩处理、常温或低温等均可采用等电点法提取谷氨酸。在常温下等电点母液含谷氨酸 1.5%~2%，一次提取收率较低，仅 60%~70%。由于低温能显著降低谷氨酸在等电点的溶解度，故现代工业中普遍采用冷冻等电点法，一般收率可达 78%~82%，母液谷氨酸含量 1.2% 左右。

等电回收的谷氨酸并没有鲜味，必须将其中和精制。用碳酸钠中和至 pH 7.0，得到谷氨酸一钠，若 pH 值升至 9~10，得到的将是谷氨酸二钠。因此，中和时应严格控制反应液的 pH 值。

谷氨酸钠的精制流程如下：

水、活性炭、碳酸钠　　　　　活性炭　　　活性炭
↓　　　　　　　　　　　　↓　　　　　　↓
谷氨酸→中和→脱色→过滤→二次脱色→过滤→三次脱色→过滤→浓缩→结晶→干燥

三、实验材料、试剂与仪器

1. 实验材料、试剂

发酵液，盐酸，NaOH，纯碱(Na_2CO_3)，活性炭。

2. 仪器及用具

无级调速搅拌机，旋转蒸发器，恒温水浴锅，水环式真空泵，不锈钢配料桶，2 000mL烧杯，pH 试纸等。

四、实验方法与步骤

(一)等电回收

(1)将放罐的发酵液先测定放罐体积、pH 值、谷氨酸含量和温度，开搅拌。若放罐的发酵液温度高，应先将发酵液冷却到 25~30℃，消除泡沫后再开始调 pH 值。用盐酸调到 pH 5.0(视发酵液的谷氨酸含量高低而定)，此时以前即使加酸速度稍快，影响也不大。

(2)当 pH 值达到 4.5 时，应放慢加酸速度，在此期间应注意观察晶核形成的情况，若观察到有晶核形成，应停止加酸，搅拌育晶 2~4h。若发酵不正常，产酸低于 4%，虽调到 pH 4.0，仍无晶核出现。遇到这种情况，可适当将 pH 值降至 3.5~3.8。

(3)搅拌 2h，以利于晶核形成，或者适当加一点晶种刺激起晶。

(4)搅拌育晶 2h 后，继续缓慢加酸，耗时 4~6h，调 pH 值至 3.0~3.2，停酸复查 pH 值，搅拌 2h 后开大冷却水降温，使温度尽可能降低。

(5)到等电点 pH 值后，继续搅拌 16h 以上，停搅拌静置沉淀 4h，关闭冷却水，吸去上层液至近谷氨酸层面时，用真空将谷氨酸表层细谷氨酸抽到另一容器里回收。取出底部谷氨酸，离心甩干。

(二)谷氨酸钠的精制

1. 谷氨酸的中和与脱色

工艺条件：湿谷氨酸:水:纯碱:活性炭 =1:2:0.32:0.01，$T=60$℃，pH =7.0(用试纸测)。

(1)称取回收得到的谷氨酸，按比例计算所需的水及纯碱、活性炭量。

(2)在不锈钢桶内加入清水及活性炭，放于水浴锅内，桶内温度上升到 65℃后开动搅拌(60r/min)。

(3)投入回收得到的谷氨酸。

(4)搅拌下缓慢加入纯碱，边加边测定 pH 值，直至中和液的 pH 值达到 7.0。

(5)调整中和液浓度至 21~23°Bé，65℃下继续搅拌 30min。

(6)取出，用水环式真空泵减压抽滤，收集滤液。

(7)若滤液不清澈(颜色偏黄)，可再加适量活性炭，重复步骤(5)和(6)。

2. 谷氨酸钠的浓缩结晶

(1)将澄清的脱色液加至旋转式蒸发器的蒸发瓶中，加料量应小于瓶容积的1/2。打开电源，在70℃以下、80kPa的真空度下减压蒸发，浓缩至34~34.5°Bé放料。搅拌冷却2~3h后开冷却水降温至室温+15℃。

(2)分离　将谷氨酸钠湿晶体抽滤(工业滤布做介质)或离心，除去多余溶液，收集晶体。

(3)烘干　晶体经鼓风干燥箱($T<60$℃)干燥，即可得到味精原粉。

五、注意事项

(1)应先将谷氨酸溶解后，再缓慢加入纯碱，边加边搅拌。如果先加纯碱再加谷氨酸，会使pH值升至9~10，得到的将是谷氨酸二钠。

(2)水环式真空泵降压抽滤时负压不能太高，否则滤纸可能会破，必要时用两层滤纸。

六、实验结果

(1)观察记录等电回收过程中育晶pH值、时间、现象变化，计算谷氨酸得率。

(2)观察脱色效果、谷氨酸钠湿晶体形成过程。

【思考题】

1. 哪些因素可影响谷氨酸的等电沉淀?
2. 谷氨酸钠精制时为什么要将温度控制在65℃?

第2章
酶制剂生产

实验15 淀粉酶产生菌株的筛选

一、目的要求

1. 巩固微生物分离、纯化等基本实验技术，学习测定淀粉酶的活性。
2. 学习并掌握从土壤中分离筛选产淀粉酶微生物的方法。

二、基本原理

土壤中微生物种类齐全，是微生物的大本营，可以从土壤中分离到几乎所有微生物，但是不同的气候条件、植被条件、土壤环境中生存的微生物优势菌种不同，因此分离目标微生物时，应采集特定的土壤、水体、自然发酵的基质或者动植物的组织。本实验将采用稀释法和平板涂布法从淀粉含量比较丰富的土壤环境采样，经过采样、增殖培养、分离纯化、检测4个阶段分离筛选可产淀粉酶的微生物。经过增殖培养，采集的样品中目标微生物的比例有所提高，增加后续分离得到目标微生物的概率。增殖培养是通过加入或者减少某种营养物质，特定温度、pH值等方法处理，促进目标微生物的生长，提高目标微生物的比例。

初筛主要是定性分析，淘汰明显不符合要求的大部分菌株，把性状类似的菌株留下，以免漏掉某些优良菌株。一般常用平板筛选法，通过一些生理效应(如变色圈、抑菌圈、透明圈等)来反应。由于测试条件与实际生产差距较大，结果不一定可靠。复筛是在初筛的基础上定量分析，要求准确，尽可能模拟生产条件，用准确可靠数据反应微生物的某项生理效应。

淀粉酶可水解菌落周围的淀粉，生成小分子的葡萄糖和糊精，滴加碘液时，淀粉呈蓝色，而糊精和葡萄糖为无色，因此可产淀粉酶的微生物菌落周围会形成一个透明圈。一般来讲，微生物的产淀粉酶的能力与透明圈的直径呈正比。可根据透明圈的直径和菌落直径的比值(R/r)大小筛选出产淀粉酶能力强的菌株。淀粉酶能将淀粉降解为糊精和少量的还原糖，使淀粉对碘呈蓝紫色的特异性反应消失，可以通过测定这种特异性显色消失的速度来定量衡量酶的活力。

三、实验材料、试剂与仪器

1. 样品

采集含有丰富淀粉的土壤样品(如面粉厂、米厂附近的土壤)。

2. 培养基(料)及试剂

筛选培养基：蛋白胨10g，NaCl 5g，牛肉膏3g，可溶性淀粉2g，琼脂20g，水1 000mL，pH 7.2。

液体发酵培养基：蛋白胨10g，NaCl 5g，牛肉膏3g，可溶性淀粉2g，K_2HPO_4 8g，

KH_2PO_4 5g，水 1 000mL，pH 7.2。

碘液：称取 0.5g 碘、5g 碘化钾，溶于少量蒸馏水中，然后定容到 100mL，为原碘液(每月更新一次)。使用时，取 1mL 原碘液稀释 100 倍(现用现配)。

0.5% 的淀粉溶液：称取 0.5g 淀粉，用少量蒸馏水调成糊状，搅拌并缓慢倒入沸水，加热煮沸 20min 直至完全透明，冷却至室温，定容至 100mL(现用现配)。

终止液：0.1mol/L H_2SO_4。

3. 仪器及用具

高压灭菌锅，涡旋振荡器，恒温摇床，高速离心机，刮铲，一次性手套，培养皿，锥形瓶，天平，酒精灯，接种环，试管，游标卡尺，吸管，涂布棒。

四、实验方法与步骤

1. 样品的制备

选取面粉厂、米厂等土壤淀粉含量比较高的地点采集土壤样品。首先，除去地表浮土，然后挖取 5~20cm 深的土壤，约 100g，装入灭菌后的塑料袋内，混匀，4℃保存。称取 5g 土样于 45mL 无菌生理盐水的锥形瓶中，振荡 20min 后静置 5min。

2. 菌株的增殖培养与梯度稀释

用无菌吸管吸取 10mL 的上清液于装有 50mL 筛选培养基的锥形瓶中，涡旋振荡器上振荡 5min，混匀后，置于 37℃、220r/min 摇床上培养 24h，做 3 份平行。取增殖后的培养液 10mL 于含有 90mL 无菌生理盐水的锥形瓶中，混匀，制成 10^{-1} 稀释菌液。混匀后用无菌吸管吸取 1mL 10^{-1} 稀释菌液于含有 9mL 无菌水的试管中，制成 10^{-2} 稀释菌液。用同样的方法制得 10^{-3}，10^{-4}，10^{-5}，10^{-6}，10^{-7} 稀释菌液。

3. 菌株的初筛

吸取 0.1mL 10^{-5}，10^{-6}，10^{-7} 的稀释菌液均匀涂布于筛选培养基平板表面，37℃培养 24h，每一个稀释度做 3 份平行，筛选培养基上长出菌落后，滴加碘液，等显色稳定后观察透明圈的大小。肉眼选出能产生透明圈的菌株。然后测定水解圈的大小(R)和菌落的直径(r)，计算比值(R/r)，挑选出产生较大水解圈的菌株。

4. 菌株的复筛

将初筛得到的菌株分离纯化，按 10% 的接种量转接至液体发酵培养基，37℃培养 48h，5 000r/min 离心 10min，取上清液测定淀粉酶的活力，筛选出淀粉酶活力最大的菌株。

5. 淀粉酶活力的测定

取 5mL 5% 的淀粉溶液 40℃预热 10min，添加适当稀释的酶液 0.5mL，充分混匀，反应 5min 后，用 5mL 0.1mol/L H_2SO_4 终止反应。取 0.5mL 的反应液与 5mL 稀释碘液显色，620nm 处测定吸光度值。以 0.5mL 的水代替反应液做空白对照；不加酶液做对照，计算酶活力。

五、注意事项

土壤中含有各种微生物，但是不同的土壤环境中生存的微生物优势菌种不同，一定要根据实验目的选择合适的采集地点。

六、实验结果

(1)将初筛时，筛选培养基上观察到透明圈的菌株编号，水解圈的直径与菌落直径的比值(R/r)列于表2-1中。

表2-1 分离菌株

菌株编号	水解圈的直径(R)	菌落直径(r)	R/r
1			
2			
3			
4			

(2)计算复筛过程中各菌株产淀粉酶的活力。

$$酶活力(U/mL) = \frac{R_0 - R}{R_0} \times 50 \times D$$

式中 R_0——对照组的光密度；

R——反应液的光密度；

D——粗酶液的稀释倍数，调整稀释倍数，使$(R_0 - R)/R$在0.2~0.7范围之内；

50——淀粉完全被降解对应的酶活(U/mL)。

酶活单位定义：在40℃、5min内水解1mg淀粉(0.5%淀粉)的酶量为一个活力单位。

【思考题】

1. 说明用透明圈直径与菌株淀粉酶产量有何关系?
2. 描述淀粉酶活力测定过程中颜色的变化。

实验16 糖化酶及耐高温α-淀粉酶发酵实验

一、目的要求

了解糖化酶及耐高温α-淀粉酶的不同发酵方法，比较不同制作方法差异。

二、基本原理

糖化酶也称葡萄糖淀粉酶或α-淀粉酶，主要来源于黑曲霉、根霉和拟内孢霉。根霉不适于深层液体培养，在一定程度上限制了大规模工业化生产，而黑曲霉和拟内孢霉可采用深层培养，我国的糖化酶大多采用黑曲霉及其突变菌株发酵法生产获得。糖化酶的热稳定性好，最适 pH 值在 4.5~6.5 之间。糖化酶有催化淀粉水解的作用，能从淀粉分子非还原性末端开始，分解 α-1,4-葡萄糖苷键生成葡萄糖，葡萄糖分子中含有醛基，可采用碘量法测定其酶活力。耐高温 α-淀粉酶是一种内切淀粉酶，主要来源于枯草芽孢杆菌、地衣芽孢杆菌、米曲霉、黑曲霉、拟内孢霉等，具有很好的热稳定性，最适 pH 值在 5.5~7.0 之间，能够随机水解淀粉、可溶性糊精及低聚糖中的 α-1,4-葡萄糖苷键，切成长短不一的短链糊精、少量麦芽糖和葡萄糖，而使淀粉对碘呈蓝紫色的特异性反应逐渐消失，呈红棕色，其颜色消失的速度与酶活有关，可通过固定反应后的吸光度计算酶活力。

三、实验材料、试剂与仪器

1. 菌种

黑曲霉、枯草芽孢杆菌。

2. 培养基(料)及试剂

斜面培养基(PDA 培养基，附录Ⅳ培养基 2)，豆粉，醋酸钠，无菌生理盐水等。

黑曲霉固体发酵培养基：麸皮∶玉米粉 = 2∶1，$(NH_4)_2SO_4$ 1%，K_2HPO_4 2%，加入少量水按比例混合。

枯草芽孢杆菌斜面培养基：胰蛋白胨 10g，酵母浸粉 5g，NaCl 10g，琼脂粉 20g，卡那霉素 0.03g，水1 000mL，pH 自然。种子培养基不添加琼脂。

枯草芽孢杆菌发酵培养基：胰蛋白胨 10g，酵母浸粉 5g，NaCl 10g，水1 000mL，pH 自然。

3. 仪器及用具

恒温振荡摇床，高压灭菌锅，超净工作台，低温高速离心机、紫外-可见分光光度计，恒温水浴锅，电子天平，试管，接种环，锥形瓶，移液枪等。

四、实验方法与步骤

(一)糖化酶发酵

1. 孢子悬浮液的制备

用接种环将黑曲霉接到斜面培养基，30℃培养至斜面长满，用无菌生理盐水将菌体孢子冲洗到装有玻璃珠的 100mL 锥形瓶中，混匀，得到孢子悬浮液，控制孢子数为 10^8个/mL。

2. 固态发酵

称取 15g 培养基放在 250mL 锥形瓶中，121℃灭菌 20min 后，接入 2mL 孢子悬浮液 30℃发酵 72h。

3. 粗酶液制备

称取发酵物5g，加入 30mL pH 4.6 的醋酸钠缓冲液，40℃水浴，每隔 15min 搅拌 1 次，共搅拌 1h，然后用干滤纸过滤，弃去最初 5mL，接收剩余澄清滤液得发酵液，测定酶活。

4. 糖化酶活力的测定

参照实验67测定发酵液糖化酶活力。酶活力定义：在40℃，pH 4.6、1h酶水解可溶性淀粉产生1mg葡萄糖为1U。

（二）耐高温α－淀粉酶

1. 种子培养

取保藏的枯草芽孢杆菌接种到斜面培养基上，37℃培养18h后，挑取单菌落接入种子培养基，37℃、200r/min培养16h，得到种子液。

2. 发酵液制备

以1%接种量接种至装液量50mL发酵培养基的锥形瓶中，37℃、180r/min培养36h得到发酵液，测定耐高温α－淀粉酶活力。

3. 耐高温α－淀粉酶活力测定

参照实验68测定耐高温α－淀粉酶活力。

五、实验结果

观察记录糖化酶及耐高温α－淀粉酶发酵过程中基料的变化现象，测定粗酶液的酶活力。

【思考题】

1. 糖化酶发酵采用的是固体发酵，耐高温α－淀粉酶发酵采用的是液体发酵，各有何优缺点？
2. 在糖化酶及耐高温α－淀粉酶活力测定中应注意哪些因素？

实验17 淀粉酶的初步纯化

一、目的要求

掌握盐析法初步纯化淀粉酶的原理和方法，了解透析脱盐的原理和意义。

二、基本原理

淀粉酶的初步纯化采用盐析沉淀法。淀粉酶的亲水基团与极性水分子形成水化层，包围在酶分子周围形成亲水胶体，从而削弱了酶分子间的作用力，因为中性盐的亲水性大于酶分子的亲水性，当水中加入少量盐时，盐离子与水分子对酶分子的极性基团的影响，使酶在水中溶解度增大，但盐浓度增加一定程度时水的活度下降，酶表面的电荷大量被中和，水化膜被破坏，于是酶相互聚集而析出。盐析中常用的是硫酸铵，优点在于其在水中溶解度大，溶解温度系数小，在低温条件下几乎能使所有的蛋白质都能盐析出来，性质温和，可以使酶稳定。经过盐析得到的蛋白质沉淀，要经过透析除去盐后才能恢复其分子原有的结构及生物活性。蛋白质的分子很大，不能透过半透膜，选用孔径合适的半透膜，能使小分子物质透过，蛋白质颗粒不能透过，从而实现脱盐的目的。

三、实验材料、试剂与仪器

1. 菌种

枯草芽孢杆菌。

2. 培养基(料)及试剂

枯草芽孢杆菌斜面培养基，种子培养基，发酵培养基，KI，$(NH_4)_2SO_4$，磷酸缓冲液，无菌生理盐水等。

3. 仪器及用具

恒温振荡摇床，高压灭菌锅，超净工作台，紫外－可见分光光度计，恒温水浴锅，低温高速离心机，电子天平，试管，接种环，锥形瓶，移液枪等。

四、实验方法与步骤

1. 种子培养

取保藏的枯草芽孢杆菌，将其接种到斜面培养基，37℃培养 18h 后，挑取单菌落接入种子培养基，37℃、200r/min 培养 16h，得到种子液。

2. 发酵液制备

以 1% 接种量接种至装液量 50mL 发酵培养基的锥形瓶中，37℃、180r/min 培养 36h 得到发酵液，测定淀粉酶活力。

3. 硫酸铵盐析

将发酵液于 4℃、8 000r/min 离心 15min 除去菌体，得到粗酶液。取粗酶液加入终浓度为 60% 的硫酸铵，冰浴中缓慢持续搅拌 30min，盐析液 4℃下静置过夜，再以 4℃、10 000r/min 离心 15min，弃去上清，收集沉淀溶于 50mmol/L 磷酸缓冲液(pH 6.8)中，再次离心弃去不溶物，上清液即为粗酶液。

4. 透析

在 4℃温度下，将硫酸铵盐析后的粗酶液在 50mmol/L 磷酸缓冲液(pH 6.8)中透析，透析袋孔径 8 000~14 000D，每隔 2h 换 1 次透析液，换 3 次后过夜透析，然后在 12000r/min 转速下离心 10min，收集上清液，过 0.22μm 微孔滤膜，收集滤液即为初步纯化酶液，测定酶活。

5. 淀粉酶活力测定

参照实验 68 测定耐高温 α－淀粉酶活力。

五、实验结果

(1)观察记录盐析过程中发生的现象。

(2)测定粗酶液酶活和初步纯化后酶液的酶活，评价纯化的效率。

【思考题】

1. 用盐析法初步纯化淀粉酶时，盐浓度怎么确定？
2. 透析脱盐时应注意哪些事项？如果脱盐不完全会产生什么影响？

实验18　蛋白酶产生菌株的分离、筛选

一、目的要求

1. 了解特定代谢特征菌株分离的基本实验原理和基本操作过程。
2. 学习并掌握目标微生物菌株分离纯化的基本操作方法。

二、基本原理

土壤中分布着可分泌蛋白酶的细菌。将待分离土样制成系列浓度梯度的稀释液，采用平板涂布法分离可获得细菌的单菌落，根据菌落形态特征确定菌株的取舍。将可疑单菌落划线接种或点接种到酪蛋白平板，具有产蛋白酶能力的细菌能水解酪蛋白平板中的酪蛋白生成酪氨酸，在菌落周围出现透明的水解圈。根据平板上水解圈直径和菌落直径的比值(R/r)大小筛选出产蛋白酶能力强的菌株。再进行摇瓶发酵培养，通过测定发酵液中蛋白酶活力，最终确定高产蛋白酶的菌株。

三、实验材料、试剂与仪器

1. 样品

蛋白质含量丰富的土壤或者其他蛋白质腐败材料。

2. 培养基(料)及试剂

增殖培养基：蛋白胨 10g，NaCl 5g，牛肉膏 3g，水 1 000mL，0.1MPa 灭菌 20min。

分离培养基：蛋白胨 10g，NaCl 0.5g，NH_4Cl 1g，牛肉膏 3g，葡萄糖 10g，琼脂 20g，水 1 000mL，0.1MPa 灭菌 20min。

液体发酵培养基：蛋白胨 10g，NaCl 5g，牛肉膏 3g，葡萄糖 10g，K_2HPO_4 8g，KH_2PO_4 5g，水 1 000mL，0.1MPa 灭菌 20min。

酪蛋白培养基：酪蛋白 10g，牛肉膏 3g，NaCl 5g，Na_2PO_4 2g，琼脂 20g，水 1 000mL，pH 7.4，0.1MPa 灭菌 20min。

3. 仪器及用具

高压灭菌锅，恒温摇床，高速离心机，酒精灯，涡旋振荡器，培养皿，500mL 锥形瓶，天平，接种环，试管，刮铲，一次性手套，游标卡尺，吸管，涂布棒。

四、实验方法与步骤

1. 样品的制备

选取采集地点植被根系周围的土壤样品。首先，除去地表浮土，然后挖取5~20cm 深的土壤，约 100g，装入灭菌后的塑料袋内，混匀，4℃保存。称取 5g 土样于45mL 无菌生理盐水的锥形瓶中，振荡 20min 后静置 5min。

2. 菌株的增殖培养与分离

参考实验 15 方法将稀释土样中菌株 30℃、220r/min 摇床上培养 36h 增殖，并将培养液梯度稀释。

3. 菌株的水解圈测定(初筛)

吸取 0.1mL 10^{-5}，10^{-6}，10^{-7}的稀释菌液均匀涂布于分离培养基表面，37℃培养36h，每一个稀释度做 3 份平行，肉眼选出能产生透明圈的菌株。将分离得到的菌株通过点接种的方式接种到酪蛋白培养平板上，30℃培养 12h、24h、36h 后分别用游标卡尺在平皿的背面测定水解圈的大小(R)和菌落的直径(r)，计算比值(R/r)，挑选出产生较大水解圈的菌株。

4. 菌株验证性培养

将初筛得到的菌株分离纯化，按 10% 的接种量转接至液体发酵培养基，30℃培养48h，5 000r/min 离心 20min，取上清液测定蛋白酶的活力，筛选出产蛋白酶活力最大的菌株。

5. 蛋白酶活力的测定

根据实验 69 的福林法测定不同菌株上清液中蛋白酶的活力。

五、注意事项

(1)在实验过程中，应注意无菌操作，防止杂菌污染。

(2)对土壤样品和粗酶液进行稀释时，准确计算稀释倍数。

六、实验结果

(1)将分离培养基上观察到的产生肉眼可见水解圈的菌株进行编号并记录筛选结果(表 2-2)。

表 2-2　蛋白酶生产菌种的筛选

培养时间	平均直径	菌株 1	菌株 2	菌株 3	菌株 4
12h	水解圈的直径(R)				
	菌落直径(r)				
	R/r				
24h	水解圈的直径(R)				
	菌落直径(r)				
	R/r				

（续）

培养时间	平均直径	菌株1	菌株2	菌株3	菌株4
36h	水解圈的直径(R)				
	菌落直径(r)				
	R/r				
平均变色速率/(mm/h)					

(2)计算筛选菌株产蛋白酶的活力(表2-3)。

表2-3 筛选蛋白酶菌株的酶活测定

菌株编号	培养液/mL	24h酶浓度/(U/mL)	36h酶浓度/(U/mL)	48h酶浓度/(U/mL)
对照菌株				
	总酶活/U			
高产菌株				
	总酶活/U			

注：总酶活(U)=培养液中酶浓度(U/mL)×培养液总体积(mL)。

【思考题】

1. 在选择平板上分离获得蛋白酶产生菌的比例如何？试结合采样地点进行分析。

2. 在选择平板上形成蛋白透明水解圈大小为什么不能作为判断菌株产蛋白酶能力的直接证据？试结合你初筛和复筛的结果分析。

实验19 蛋白酶生产菌种的诱变选育

一、目的要求

1. 学习并掌握常用的诱变育种的方法和原理。
2. 通过紫外线诱变，筛选获得高产蛋白酶的菌株。

二、基本原理

从自然环境中筛选的菌株一般产酶量低，产品混杂，达不到工业生产的要求，而微生物的自发变异频率太小，仅为10^{-10}~10^{-6}，以微生物自发变异为基础的菌种选育几率太低，因此常采用物理、化学因素等人工方法处理特定的出发菌株，促使菌株DNA发生基因突变。再通过特定的筛选方法筛选出符合要求的正向突变的菌株，从而获得具有优良性状的发酵菌株。出发菌一般选择对诱变剂敏感、变异幅度大、产量高、生命力顽强的菌株，可以是从自然界新分离出来的野生型菌株，也可以选择已经驯化筛选得到的菌株。

诱变育种是指用物理(α射线、β射线、γ射线、X射线、紫外辐射以及微波辐射等)、化学因素(烷化剂、核酸碱基类似物和抗生素等)诱导微生物的遗传特性发生变异，再从变异群体中筛选出符合某种要求的单个微生物。诱变剂含有一定的活性基团，可以作用于微生物的DNA或者蛋白质，影响细胞内的一些生化过程，如DNA合成的中止、各种酶活性的改变等，甚至引起基因突变和染色体损伤。一般可采用多种诱变剂复合处理的办法进行菌种的选育。

紫外线可以增加菌株突变的几率，是由于DNA对紫外线(220~380nm)有强的吸收作用，尤其是碱基中的嘧啶，引起DNA链的断裂，分子结构发生改变，单链或者双链间形成嘧啶二聚体，阻碍正常的配对，造成微生物大量死亡。个别细胞因菌体进行修复而存活，但是DNA碱基已经发生变化，形成突变菌株。突变菌株中有的发生了正突变，有的发生负突变，需要将突变后的菌株进行中间培养、分离、筛选，从而得到高产蛋白酶的诱变菌株。本实验以高产蛋白酶菌株为出发菌，运用紫外线照射诱变处理，筛选出现正向突变的菌株。

三、实验材料、试剂与仪器

1. 样品

前期实验分离的产蛋白酶菌株或者实验室保存的可产蛋白酶菌株。

2. 培养基(料)及试剂

分离培养基：蛋白胨10g，NaCl 5g，牛肉膏3g，葡萄糖10g，琼脂20g，水1 000mL，0.1MPa灭菌20min。

液体发酵培养基和酪蛋白培养基参照实验18。

3. 仪器及用具

高压灭菌锅，涡旋振荡器，恒温摇床，高速离心机，天平，接种环，250mL锥形瓶，酒精灯，培养皿，试管，无菌移液管，紫外灯，游标卡尺。

四、实验方法与步骤

1. 确定出发菌株

将出发菌保藏斜面接种到牛肉膏蛋白胨斜面培养基上，37℃培养16~18h。

2. 同步培养和单细胞悬液的制备

用无菌移液管吸取5mL的无菌生理盐水于活化培养基上，用接种环将培养基表面的菌落全部刮下，并用无菌吸管转移到50mL的锥形瓶中，在涡旋振荡器上振荡5min，形成菌悬液。取5mL的菌悬液于10mL的离心管中，3 000r/min离心5min，弃上清液，沉淀菌体用无菌生理盐水洗涤2次，最后用涡旋振荡器充分振荡使细胞分散。采用机械筛选法或者环境条件控制法(温度、营养物质)获得同步培养物，并用处于对数期的微生物制成单细胞悬液，浓度为10^8cfu/mL。

3. 诱变

将紫外灯打开预热10min，用无菌移液管量取10mL菌悬液于9cm的无菌培养皿中，将培养皿放置在距离紫外灯30cm处，辐照时间分别设置为10，30，60s，未照射紫外线的菌悬液作为空白对照。分别取空白和不同照射时间的菌悬液1mL，用无菌生

理盐水稀释成 10^{-5}~10^{-1} 的菌悬液，分别连续取 3 个稀释度（10^{-5}，10^{-4}，10^{-3}）0.1mL 的稀释液涂布于牛肉膏蛋白胨琼脂培养基上，每个稀释度做 3 份平行，测定突变处理以后微生物的存活率。

4. 中间培养

吸取各处理组菌悬液 0.5mL 接种到含 50mL 液体培养基的锥形瓶中，避光，30℃、220r/min 摇床上培养 12h。

5. 分离筛选

取上述培养液 10mL 于含有 90mL 无菌生理盐水的锥形瓶中，混匀，制成 10^{-1} 稀释菌液。混匀后用无菌吸管吸取 1mL 10^{-1} 稀释菌液于含有 9mL 无菌水的试管中，制成 10^{-2} 稀释菌液。用同样的方法制得 10^{-3}，10^{-4}，10^{-5}，10^{-6}，10^{-7} 稀释菌液。将诱变处理后的菌株按照实验 18 中的方法进行筛选。

6. 蛋白酶活力的测定

根据 GB/T 23527—2009 中的福林法，测定不同菌株摇瓶培养液上清液中蛋白酶的活力。

五、注意事项

（1）出发菌一般选择对诱变剂敏感、变异幅度大、产量高、生命力顽强的菌株，另外还要考虑代谢活性、营养需求以及与社会公害有关的问题。

（2）经紫外线损伤的 DNA 可被可见光修复，因此辐照处理后要用黑布或者黑纸包裹。

（3）诱变处理完的微生物必须要经过中间培养，因为突变有一个表现迟滞的过程，需 3 代以上繁殖才能将突变的性状表现出来。如直接进行平板筛选，会造成混杂菌落，使筛选结果不稳定和菌株退化。

（4）诱变剂一般对人都有一定的损害，在诱变处理时，一定要做好防护措施。

六、实验结果

（1）诱变育种过程中致死率

$$致死率\ D = \frac{C_0 - C}{C_0} \times 100\%$$

式中 D——诱变致死率（%）；

C_0——未诱变菌液中活菌体的数量（cfu/mL）；

C——紫外灯诱变处理菌液中活菌体的数量（cfu/mL）。

（2）将初筛时在分离培养基上观察到透明圈的菌株编号，并将菌株的水解圈的直径与菌落直径的比值（R/r）列于表 2-4 中。

（3）计算诱变处理前后，菌株产蛋白酶量的变化。

表 2-4 蛋白酶生产菌种的紫外线诱变结果

处理时间/s	菌落数/(cfu/mL)	致死率/%	水解圈的直径 *R*/mm	菌落直径 *r*/mm	*R*/*r*
0					
10					
30					
60					

【思考题】

结合实验结果比较出发菌与诱变菌株产酶量的差异，分析出现产酶量正向突变菌株与诱变计量、致死率的关联性。

实验 20 高产蛋白酶菌种的复筛

一、目的要求

1. 掌握高产蛋白酶菌株复筛的原理和方法。
2. 从已分离的微生物中筛选具有工业应用前途的菌株。

二、基本原理

菌种复筛是考量菌种生产性能的更为严格的标准。具备生产价值的菌种必须要在产物的产量、产量稳定性、副产物形成及其他工艺性能指标等方面经反复地筛选才能达到生产要求。初筛可以快速获得多株疑似目标菌株，但难以得到确切的产量水平。要进一步确定生产性状优良的菌株，就有必要对其进行多角度的摇瓶复筛。一般复筛时一个菌株至少要重复 3~5 个平行，培养后的发酵液必须采取精确分析方法测定，定量确定生产水平及其工艺形状水平，更精确地选定优良性状菌株。

本实验采用摇瓶培养的方式培养初筛得到的菌株，以发酵上清液中蛋白酶的量为指标进行菌株的复筛。

三、实验材料、试剂与仪器

1. 样品

前期实验选育的高产蛋白酶菌株。

2. 培养基(料)及试剂

牛肉膏蛋白胨琼脂培养基参照实验 19 分离培养基。

液体发酵培养基：豆饼粉 30g，山芋粉 40g，麸皮 40g，K_2HPO_4 8g，KH_2PO_4 5g，水 1 000mL，0.1MPa 灭菌 20min。

金属离子溶液：1g/L 的 $FeCl_3$ 溶液，1g/L 的 $CuSO_4$ 溶液，1g/L 的 $NiCl_2$ 溶液，

1g/L的 $ZnSO_4$溶液，1g/L 的 $MnSO_4$溶液，各 100mL，0. 1MPa 灭菌 20min。

3. 仪器及用具

超净工作台，高压灭菌锅，恒温摇床，高速离心机，天平，接种环，250mL 锥形瓶，酒精灯，移液枪。

四、实验方法与步骤

1. 菌种的活化

将待筛选的菌株接种到牛肉膏蛋白胨琼脂培养基上，37℃培养 24h。

2. 菌悬液的制备

活化的斜面培养基上分别加入 20mL 的无菌液体发酵培养基，用接种针刮下斜面上的菌落形成菌悬液，将菌悬液用无菌吸管转移到无菌试管中，涡旋振荡器振荡 5min。

3. 发酵培养液的配制

根据实验配比配成液体发酵培养基，分装于 250mL 的锥形瓶中，每瓶 50mL，灭菌备用。

4. 菌株的复筛

将 0. 5mL 的菌悬液接种到液体发酵培养基，并加入 5mL 的金属离子溶液，使培养基中离子浓度为 100mg/L，另一组不加金属离子作为空白对照，每种处理做 3 个平行。32℃、220r/min 摇床培养 48h，5 000r/min 离心 20min，取上清液测定蛋白酶的活力，筛选出产蛋白酶活力最大的菌株。

5. 蛋白酶活力的测定

根据实验 69 的福林法，测定不同菌株上清液中蛋白酶的活力。

五、注意事项

复筛是模拟发酵工业的生产条件，所用的培养基应尽可能地接近于实际生产。

六、实验结果

复筛时，将各菌株液体培养液中蛋白酶活力列于表 2-5。

表 2-5　高产蛋白酶菌种的复筛实验结果

菌株编号	总蛋白酶活力/U					
	对照	$FeCl_3$	$CuSO_4$	$NiCl_2$	$ZnSO_4$	$MnSO_4$
1						
2						
3						
4						
5						

【思考题】

1. 做柱形图比较不同菌株对金属离子适应性产酶能力，确定最优形状的蛋白酶生产菌株。分析菌株对金属离子的适应性在发酵生产工艺上具有的潜在意义。

2. 复筛时液体培养基为什么要接近发酵工业生产时的培养基？

实验21 营养缺陷型菌株的获得

一、目的要求

1. 了解营养缺陷型菌株形成的基本原理，掌握诱变条件对菌株变异程度的影响。

2. 掌握营养缺陷型菌株的检出和生长谱的鉴定方法。

二、基本原理

营养缺陷型菌株是野生型菌株经过人工诱变或自然突变失去合成某种营养的能力，只有在基本培养基中补充所缺乏的营养因子才能生长。一般通过诱变、淘汰野生型菌株、检出缺陷型、确定生长谱4个环节可以分离和鉴定出营养缺陷型菌株。

出发菌一般选择对诱变剂敏感、变异幅度大、产量高、生命力顽强的菌株，可以是从自然界新分离出来的野生型菌株，也可以选择已经驯化筛选得到的菌株。诱变处理同实验19。

诱变处理后，菌体大量死亡，而存活菌体中大部分为野生型细胞，营养缺陷型菌株的数量很少，一般仅占存活菌体的百分之几或千分之几，因而要采取一些措施，尽量淘汰野生型细胞，使缺陷型菌株得以富集，以利于检出。淘汰野生型菌株的方法有：抗生素法、菌丝过滤法、差别杀菌法和饥饿法等。对于不同的菌株选用不同的抗生素。细菌采用青霉素法，由于青霉素能抑制细胞壁肽聚糖链之间的交联，阻止合成完整的细胞壁，处在生长繁殖过程的细菌对青霉素十分敏感，因而被抑制或杀死，但不能抑制或杀死处休止状态的营养缺陷型细菌，被保留下来，达到富集目的。酵母菌用制霉菌素法，制霉菌素作用于真菌细胞膜上的甾醇，引起细胞膜的损伤，杀死生长繁殖过程的真菌，起到富集营养缺陷型的作用。菌丝过滤法适用于丝状真菌和放线菌的分离。在基本培养基中，野生型菌株的孢子能发芽成菌丝，而营养缺陷型的孢子则不能。通过过滤就可除去大部分野生型，保留下营养缺陷型。

检测营养缺陷型菌株一般常用的方法有逐个检出法、影印接种法、夹层培养法和限量补充培养法。影印平板法是将诱变剂处理后的细胞群涂布在一完全培养基平板上，经培养长出许多菌落。用特殊工具——“印章”把此平板上的全部菌落转印到另一基本培养基平板上。经培养后，比较前后两个平板上长出的菌落。如果发现在前一培养基平板上的某一部位长有菌落，而在后一平板上的相应部位却呈空白，说明这就是一个营养缺陷型突变株。夹层培养法先在培养皿底部倒上一薄层不含菌的基本培养基，待凝固后再添加一层含菌液的基本培养基，凝固后在其上再浇上一薄层不含菌的基本培养基进行培养，在皿底标记首次出现的菌落。然后，再加一层完全培养基培养，新出现的小菌落多数都是营养缺陷型突变株。限量补充培养法把诱变处理后的细胞接种在含有微量（$<0.01\%$）蛋白胨的基本培养基平板上，野生型细胞就迅速长成较大的菌落，而营养缺陷型则缓慢生长成小菌落。若需获得某一特定营养缺陷型，可再在基本培养基中加入微量的相应物质。逐个检出法把经诱变处理的细胞群涂布在完全培养基的琼脂平板上，待长成单个菌落后，用接种针或灭过菌的牙签把这些单个菌落逐个整齐地分别接种到基本培养基平板和另一完全培养基平板上，使两个平板上的菌落位置严格对应。经培养后，如果在完全培养基平板的某一部位上长出菌落，而在基本培养基的相应位置上却不长，说明此为营养缺陷型。

常用滤纸片法、划线法鉴定营养缺陷型菌株的生长限定因子，在混有供试菌的平板表面点加微量营养物，视某营养物的周围有无长菌来确定该供试菌的营养要求。把营养缺陷型细胞经离心和无菌水清洗后，配成适当浓度的悬液（如 $10^7 \sim 10^8$ 个/mL），取0.1mL与基本培养基均匀混合后，倾注在培养皿内，待凝固、表面干燥后，用记号笔在培养皿底部划分几个扇形区域，然后在平板上按区加上微量待鉴定缺陷型所需的营养物粉末（或采用滤纸片法），如氨基酸、维生素、嘌呤或嘧啶碱基等。经培养后，某一营养物的周围有生长圈，说明此菌就是该营养物的缺陷型突变株，用类似方法还可测定双重或多重营养缺陷型。

三、实验材料、试剂与仪器

1. 样品

前期实验筛选出的高产蛋白酶菌株。

2. 培养基（料）及试剂

无氮基本培养基：葡萄糖 20g，K_2HPO_4 7g，KH_2PO_4 3g，$MgSO_4 \cdot 7H_2O$ 0.1g，$Na_3C_6H_5O_7 \cdot 3H_2O$ 5g，水1 000mL，pH 7.0~7.2，0.1MPa 灭菌 20min。

有氮基本培养基：$(NH_4)_2SO_4$ 2g，葡萄糖 20g，K_2HPO_4 7g，KH_2PO_4 3g，$MgSO_4 \cdot 7H_2O$ 0.1g，$Na_3C_6H_5O_7 \cdot 3H_2O$ 5g，水 1 000mL，pH 7.0~7.2，0.1MPa 灭菌 20min。

完全培养基：蛋白胨 10g，NaCl 5g，牛肉膏 3g，葡萄糖 10g，琼脂 20g，水1 000mL，液体培养基不加琼脂，0.1MPa 灭菌 20min。

无菌生理盐水：0.85g NaCl 溶于 100mL 的蒸馏水中，0.1MPa 灭菌 20min。

青霉素钠盐。

混合氨基酸和混合维生素：氨基酸分7组，其中6组各含有6种不同的氨基酸或核苷酸，每种营养因子等量充分混合（表2-6）。

表 2-6 混合营养因子

编号	营养因子组合					
1	赖氨酸	精氨酸	甲硫氨酸	半胱氨酸	嘌呤	胱氨酸
2	组氨酸	精氨酸	苏氨酸	谷氨酸	天冬氨酸	嘧啶
3	丙氨酸	甲硫氨酸	苏氨酸	羟脯氨酸	甘氨酸	丝氨酸
4	亮氨酸	半胱氨酸	谷氨酸	羟脯氨酸	异亮氨酸	缬氨酸
5	苯丙氨酸	胱氨酸	天冬氨酸	甘氨酸	异亮氨酸	酪氨酸
6	色氨酸	嘌呤	嘧啶	丝氨酸	缬氨酸	酪氨酸
7	脯氨酸					
8	混合维生素（维生素 B_1、维生素 B_2、维生素 B_5、泛酸、对氨基苯甲酸、烟碱酸及生物素等量研细，充分混合）					

3. 仪器及用具

高压灭菌锅，涡旋振荡器，恒温摇床，高速离心机，培养皿，250mL 锥形瓶，天平，酒精灯，接种环，试管，移液枪，紫外灯，圆形无菌滤纸片。

四、实验方法与步骤

1. 菌种的活化

将出发菌株转接到 10mL 液体完全培养基中，37℃、220r/min 摇床培养 18h。

2. 菌悬液的制备

取 0.5mL 活化培养液接入装有 30mL 液体完全培养基的锥形瓶中，37℃、220r/min 摇床培养 18h，分装到 2 个离心管中，8 000r/min 离心 5min，弃上清液，沉淀菌体用 10mL 无菌生理盐水洗涤 2 次，最后在涡旋振荡器上振荡 5min，使细胞分散形成菌悬液，浓度为 10^4~10^5cfu/mL。

3. 诱变

将紫外灯打开预热 10min，用无菌移液管取 10mL 菌悬液于 9cm 的无菌培养皿中，将培养皿放置在距离紫外灯 30cm 处，辐照时间分别设置为 60s，加入 10mL 液体培养基，培养 12h。

4. 淘汰野生型菌株

取 3mL 的菌液，8 000r/min 离心 5min，弃上清液，沉淀菌体用 5mL 无菌生理盐水洗涤 3 次，制成菌悬液。取 0.1mL 菌悬液加入 5mL 无氮基本培养基，37℃、220r/min 摇床培养 12h，然后加入 5mL 有氮基本培养基和终浓度为 20μg/mL 的青霉素钠盐，37℃、220r/min 摇床培养 12h。

5. 营养缺陷型菌株的检出

从上述培养物中取出 0.1mL 均匀涂布到完全培养基上，37℃培养 24~48h。用“印章”把此平板上的全部菌落转印到另一基本培养基平板上，37℃培养 24h。对照 2 个培养皿，完全培养基上有菌落而基础培养基上没有菌落即为营养缺陷型菌株。

6. 确定生长谱

将营养缺陷型菌株接种到 10mL 的完全培养基中，37℃培养 24~48h，8 000r/min

离心5min，弃上清液，沉淀菌体用5mL无菌生理盐水洗涤3次，制成菌悬液。取1mL菌悬液均匀涂布于基本培养基上，在培养皿背面划分9个区域，然后在平板上按区加上浸有各组氨基酸或维生素的滤纸片，最后一个区域作为对照，放置不添加任何营养物的空白滤纸片，37℃培养2h。经培养后，某一营养物的周围有生长圈，就说明此菌就是该营养物的缺陷型突变株，用类似方法还可测定双重或多重营养缺陷型。

五、注意事项

(1)出发菌需保证使用纯种菌株，实验操作采用无菌操作。

(2)注意双重或多重营养缺陷型菌株的鉴定。

六、实验结果

(1)记录并保存在实验中所得到的菌株。

(2)营养缺陷型菌株生长谱测定结果填入表2-7。观察培养结果，根据生长情况及组合分析，确定分离的各菌株分别属于何种营养缺陷型菌株。

表2-7 诱变菌株生长谱测定

菌株编号	营养因子组合									结果
	对照	1	2	3	4	5	6	7	8	
1										
2										
3										
4										
5										

注：菌株生长情况用“+”表示生长，用“-”表示不生长。

【思考题】

1. 结合营养缺陷型突变菌株产生的规律，说明突变率与诱变时间、致死率之间的关系，推测不同突变型出现的最适诱变条件。

2. 营养缺陷型菌株在发酵工业中有什么应用?

实验22 蛋白酶菌株产酶稳定性实验

一、目的要求

1. 学习并掌握评价蛋白酶菌株产酶稳定性的方法。

2. 了解影响蛋白酶菌株产酶稳定性的因素。

二、基本原理

菌种的生产稳定性是发酵工业的前提。由于微生物个体微小，比表面积大，在生产和贮藏期间，易受周围环境的影响而发生变异或者纯化不彻底引起退化，从而改变生理生化代谢，尤其是由诱变处理得到的高产菌株。诱变处理大多是碱基转换型突变，在生产中容易发生回复突变，造成生产产量的不稳定性，了解和掌握菌株的生产稳定性也是菌种选育的一项重要工作。本实验将实验 21 得到的高产蛋白酶菌株进行每周一次传代培养，连续传代 10 次，摇瓶培养，测定发酵液上清液中蛋白酶的量，反应菌株产蛋白酶能力的稳定性，保存产酶稳定性较高的菌株。

三、实验材料、试剂与仪器

1. 样品

经过诱变处理得到的高产蛋白酶菌株。

2. 培养基(料)及试剂

传代培养基：蛋白胨 10g，NaCl 5g，牛肉膏 3g，葡萄糖 10g，$K_2HPO_4$8g，KH_2PO_4 5g，水 1 000mL，0. 1MPa 灭菌 20min。

液体发酵培养基：豆饼粉 30g，山芋粉 40g，麸皮 40g，$K_2HPO_4$8g，$KH_2PO_4$5g，水 1 000mL，0. 1MPa 灭菌 20min。

3. 仪器及用具

超净工作台，高压灭菌锅，恒温摇床，高速离心机，紫外－可见分光光度计，天平，接种环，250mL 锥形瓶，酒精灯。

四、实验方法与步骤

1. 菌株的活化

将实验 20 得到的高产蛋白酶菌株以无菌操作的方式转接到活化培养基斜面上(参照实验 18 分离培养基)，37℃培养 18h。

2. 菌悬液的制备

用无菌移液管吸取 5mL 的无菌生理盐水于活化培养基上，用接种环将培养基表面的菌落全部刮下，并用无菌吸管转移到 50mL 的锥形瓶中，在涡旋振荡器上振荡 5min，形成菌悬液。

3. 菌株的传代培养

用无菌移液管吸取 0. 5mL 菌悬液于含有 50mL 的传代培养基的锥形瓶中，37℃、220r/min 摇床上培养 8h 为第 1 代菌体。第 1 代菌体再以 10% 的接种量接入新的含有传代培养基的锥形瓶中，37℃、220r/min 摇床上培养 8h 得到第 2 代菌体。依次培养到第 10 代菌体。

4. 菌株的液体发酵培养

将传代得到的菌株按 10% 的接种量转接至液体发酵培养基，37℃ 培养 48h，

5 000r/min离心 20min，取上清液测定蛋白酶的活力，测定菌体浓度(OD_{600})和蛋白酶活力。

5. 蛋白酶活力的测定

根据实验 69 的福林法，测定不同菌种上清液中蛋白酶的活力。

五、注意事项

(1)传代培养过程中要注意防止杂菌污染，所有的操作尽量靠近酒精灯火焰。细胞培养传代吹打需轻柔不要用力过猛，同时尽可能不要出现泡沫，这些都对细胞有损伤。

(2)温度、pH 值均会影响酶活力。本实验主要测定的是中性蛋白酶的活力，另外酶的稀释倍数对酶活力也有一定的影响，实验中一般将稀释度控制在酶反应后的 OD_{680} 在 0.2~0.4 之间。

六、实验结果

测定菌株不同传代培养物发酵液中蛋白酶活力，填入表 2-8，比较不同传代代数菌株的细胞生长和产酶稳定性。

表 2-8　高产蛋白酶菌株产酶稳定性实验结果

测定指标	传代代数									
	1	2	3	4	5	6	7	8	9	10
菌体浓度(OD_{600})										
蛋白酶浓度/(U/mL)										
蛋白酶产量/U										

【思考题】

1. 传代培养中要注意哪些问题?
2. 影响蛋白酶菌株产酶稳定性的因素有哪些?

实验 23　蛋白酶发酵培养基优化

一、目的要求

了解蛋白酶产生菌培养基的组成，掌握蛋白酶发酵培养基优化的方法。

二、基本原理

蛋白酶是在一定 pH 值和温度条件下，通过内切和外切作用使蛋白质水解为小分子肽和氨基酸的生物酶，是所有工业用酶中应用最为广泛的一种。不同发酵工艺、不同菌株或者同一菌株产生的蛋白酶活力会有较大的差异，酶活的高低直接影响其应用效果，因此发酵过程要保证蛋白酶酶活。

培养基是微生物产生蛋白酶的基质，能够提供微生物生长需要的碳水化合物、蛋白质和前体等物质。其营养物质一般包括碳源、氮源、无机盐及微量元素、生长因子、前体、产物促进和抑制剂等。对这些营养物质进行优化找到一种最适合其生长及发酵的配比，是蛋白酶发酵生产中非常重要的一步。培养基优化的方法有单因素法、正交实验法、Plackett-Burman 实验法、均匀设计法、响应面分析法等。其中，单因素实验简单明了，是常用的方法之一。

三、实验材料、试剂与仪器

1. 菌种

枯草芽孢杆菌或前期实验分离的产蛋白酶菌株。

2. 培养基(料)及试剂

斜面活化培养基：牛肉膏 10g，蛋白胨 10g，葡萄糖 10g，NaCl 5g，琼脂 20g，水 1 000mL，pH 7.0，115℃灭菌 30min。

发酵基础培养基：葡萄糖 5g，胰蛋白胨 5g，Na_2HPO_4 6g，KCl 1g，$MgSO_4$ 0.1g，水 1 000mL，pH 自然，115℃灭菌 30min。

蔗糖，淀粉，麦芽糖，牛肉膏，乳糖，Tris-HCl，$(NH_4)_2SO_4$，大豆蛋白胨，尿素，酪蛋白，酵母浸粉，三氯乙酸，福林酚试剂等。

3. 仪器及用具

恒温振荡摇床，高压灭菌锅，超净工作台，紫外－可见分光光度计，低速离心机，恒温水浴锅，电子天平，试管，接种环，锥形瓶，移液枪等。

四、实验方法与步骤

1. 碳源对酶活的影响

以接种量 5% 的菌液转接于 100mL，分别添加了 5 种不同碳源的发酵基础培养基中，碳源分别为蔗糖、淀粉、麦芽糖、牛肉膏和乳糖，均为 5g/L，其他组分不变，30℃、180r/min 摇床培养 30h，测定发酵液中蛋白酶的活力，确定蛋白酶发酵最佳碳源，然后分别添加 0.3%，0.4%，0.6%，0.7% 的最佳碳源，在相同条件下发酵，测定蛋白酶活力。

2. 氮源对酶活的影响

以接种量 5% 的菌液转接于 100mL，分别添加了 5 种不同氮源的发酵基础培养基中，氮源分别为大豆蛋白胨、$(NH_4)_2SO_4$、尿素、酪蛋白和酵母浸粉，均为 5g/L，其他组分不变，30℃、180r/min 摇床培养 30h，测定发酵液中蛋白酶的活力，确定蛋白酶发酵最佳氮源，然后分别添加 0.3%，0.4%，0.6%，0.7% 的最佳氮源，在相同条件下发酵，测定蛋白酶活力。

3. 蛋白酶酶活的测定

根据实验69的紫外分光光度法，测定不同菌种上清液中蛋白酶的活力。

五、实验结果

(1)根据测得的酶活力确定最佳碳源和氮源。

(2)以酶活力为纵坐标，不同浓度碳源和氮源为横坐标做图，观察酶活的变化趋势，确定碳源和氮源最佳浓度。

【思考题】

1. 比较不同碳源和氮源的培养基对蛋白酶活力的影响，找出培养基影响蛋白酶活力最大因素。
2. 在优化培养基时，除了碳源和氮源，还有什么因素需要考虑？举例说明。

实验24 蛋白酶液体通气发酵

一、目的要求

掌握蛋白酶液体通气发酵的方法。

二、基本原理

液体通气发酵是采用液体培养基置于生化反应器中，经过灭菌冷却后，接种产酶细胞，在一定的条件下进行发酵得到酶产品的过程。液体通气发酵的机械化程度高，菌体生长快速，生产周期短，能有效降低菌种污染率，酶的产率高，质量稳定，是目前酶发酵生产的主要方式。

蛋白酶生产通常是通过微生物好氧发酵实现的。微生物菌种的代谢过程会受到营养基质、发酵温度、发酵时间、pH值、溶解氧等因素的影响，控制并调节这些因素可以提高酶产率。

三、实验材料、试剂与仪器

1. 菌种

枯草芽孢杆菌或前期实验分离的产蛋白酶菌株。

2. 培养基(料)及试剂

斜面活化培养基：参照实验21完全培养基。

种子培养基：葡萄糖10g，牛肉膏5g，酵母膏0.5g，蛋白胨0.75g，$(NH_4)SO_4$ 2g，KH_2PO_4 0.25g，$MgSO_4 \cdot 7H_2O$ 0.025g，$CaCO_3$ 0.05g，水1 000mL，pH 7.2，0.1MPa灭菌20min。

发酵培养基：玉米淀粉10g，牛肉膏5g，酵母膏0.2g，蛋白胨0.75g，

KH_2PO_4 0.25g，水 1 000mL，pH 7.2，0.1MPa 灭菌 20min。

Tris-HCl，酵母浸粉，三氯乙酸，福林酚试剂等。

3. 仪器及用具

恒温振荡摇床，高压灭菌锅，超净工作台，紫外－可见分光光度计，低速离心机，恒温水浴锅，发酵罐，电子天平，试管，接种环，锥形瓶，移液枪等。

四、实验方法与步骤

1. 种子液制备

从斜面活化的枯草芽孢杆菌接取 1～2 环接入装有 50mL 发酵种子培养基的锥形瓶中，在 30℃、180r/min 振荡培养 36 h 后，测定菌体浓度（OD_{600}），约为8.0×10^{8} cfu/mL 以上。

2. 发酵培养基入罐实消

将配制好的发酵培养基装入发酵罐，控制罐压 0.08 MPa 灭菌 5min。

3. 接种

开启冷却系统使培养基降温，并缓慢将罐内压力降低到 0.01MPa 以下，引入无菌空气，始终保持罐内压力 0.02～0.03MPa，直到达到设定的发酵温度，然后减少进气量，采用火焰封口接入种子液 5%。

4. 发酵过程分析

发酵过程中记录发酵温度、通气量等，并定时取样，分别测定 pH 值、蛋白酶浓度、菌体浓度。

5. 蛋白酶酶活的测定

根据实验 69 的福林法，测定发酵上清液中蛋白酶的活力。

五、实验结果

将发酵过程记录和检测的数据填入表 2-9，绘制变化曲线并进行分析。

表 2-9 发酵过程中参数变化

发酵时间/h	温度/℃	通气量/[$m^3/(m^3\cdot min)$]	pH 值	菌体浓度（OD_{600}）	蛋白酶浓度/(U/mL)

【思考题】

1. 为什么液体通气发酵是目前微生物发酵生产酶制剂的主要方式？如果要提取微生物胞内酶，还需要安排哪些实验过程？

2. 蛋白酶产生菌株都有哪些？是否都可以用液体通气发酵？

实验25 蛋白酶的固态发酵

一、目的要求

了解蛋白酶固态发酵的特点、影响因素及曲霉产酶特性，掌握蛋白酶固态发酵的基本方法。

二、基本原理

固态发酵是指一类利用不溶性固体基质来培养微生物的工艺过程，多数情况下是在没有或几乎没有自由水存在下，在有一定湿度的水不溶性固态基质中，用一种或多种微生物发酵的生物反应过程。固态发酵培养基简单，来源广泛，技术简单，基质含水量低，可大大减少生物反应器的体积，不需要废水处理，发酵过程一般不需要严格无菌操作。由于固态发酵广泛应用于固态废弃物的处理，可生产单细胞蛋白、抗生素、酶制剂、有机酸、食品添加剂、生物饲料和生物农药，是一种解决能源危机、治理环境污染、解决人畜争粮问题的有效途径，是绿色生产的主要工具，因此固态发酵越来越受到人们的重视，其工艺流程分为菌种扩大培养、原料预处理、接种发酵、干燥、成品包装，在发酵过程中受到物料成分、温度、物料含水量、氧气含量、发酵周期、pH 值等的影响。

固体发酵限于在低湿状态下培养微生物，其生产的流程及产物类型通常受限制，一般较适合真菌发酵。由于是在较致密的基质环境下发酵，其代谢热不易散出，大量生产时也常受此制约，并且固态发酵培养时间较长，其产量及生产效率常低于液态发酵。

三、实验材料、试剂与仪器

1. 菌种

米曲霉3042。

2. 培养基(料)及试剂

PDA 培养基(附录Ⅳ培养基2)，葡萄糖，福林酚试剂，三氯乙酸溶液，磷酸缓冲液，生理盐水，酪蛋白溶液等。

发酵培养基：麸皮 10g，豆粕 12g，水 15mL，pH 自然，0.1MPa 高压灭菌 15min。

3. 仪器及用具

恒温振荡摇床，高压灭菌锅，超净工作台，紫外－可见分光光度计(石英比色杯)，高速离心机，恒温水浴锅，电子天平，试管，接种环，锥形瓶，移液枪等。

四、实验方法与步骤

1. 操作流程

米曲霉菌种→斜面培养→种曲制备→接种发酵→麸曲(粗酶)→生理盐水浸提→过滤→酶液→酶

活测定

2. 种曲的培养和制备

将保存的米曲霉接种到PDA培养基上，30℃静置培养72h，用无菌生理盐水冲洗平板，轻轻将琼脂平面的孢子刮下，转移到已经灭菌的锥形瓶中，采用平板计数法计算种曲孢子浓度(达到10^9左右)。

3. 蛋白酶固态发酵

取500mL锥形瓶装入固态发酵培养基湿料，0.1MPa灭菌15min，当料温降至50℃时，按5%接种量接入种曲，搅拌均匀，30℃恒温培养。培养20h后，菌丝布满培养基，第一次摇瓶，使培养基松散；每隔12h检查1次，观察培养物外观变化情况，摇瓶。48h后结束发酵，测定蛋白酶活力。

4. 蛋白酶酶活的测定

准确称取蛋白酶固态发酵的湿曲2g，参照实验69福林法测定其蛋白酶的活力。

五、注意事项

(1)曲料加水量影响米曲霉生长和产酶，配料过程中要根据物料含水量适当调整加水量。

(2)培养后期注意曲料外观变化，测定酶活次数可以适当增加，以把握最佳发酵终点。

六、实验结果

观察记录发酵过程中现象，计算曲料的蛋白酶活力，分析实验结果。

【思考题】

1. 影响蛋白酶固态发酵的因素有哪些？会产生什么样的影响？
2. 为什么固态发酵过程中需要每隔一定时间，摇动三角瓶(翻曲)？

实验26　蛋白酶提取纯化

一、目的要求

了解蛋白酶常用提取纯化方法的基本原理与操作过程。

二、基本原理

酶的提取纯化是将酶从细胞或培养基中分离出来并与杂质分开而获得与使用目的的要求相适应的有一定纯度的酶产品过程。蛋白酶常用的提取纯化方法有盐析法、等电点沉淀法、有机溶剂沉淀法、离子交换色谱法、电泳法等。盐析法是利用蛋白质在不同的盐浓度条件下溶解度不同的特性，通过在酶液中添加一定浓度的中性盐使酶从溶液中析出沉淀。等电点沉淀是利用酶在等电点时溶解度最低的原理，在等电点时酶的净电荷是0，失去水化膜和分子间的排斥作用，疏水性氨基酸残基暴露，酶分子相互靠拢、聚集形成沉淀析出。有机溶剂沉淀是利用酶与其他杂质在有机溶剂中的溶解度不同，某些有机溶剂能使酶分子间极性基团的静电引力增加，与水作用能破坏酶的水化膜，而水化作用降低，促使酶聚集沉淀。离子交换色谱是以离子交换剂为固定相，根据流动相中的组分离子与交换剂上的平衡离子进行可逆交换时的结合力大小的差别而进行分离的。电泳法是根据不同物质带电性质及其颗粒大小、形状不同，在一定的电场中移动方向和移动速度不同而将它们分离。

三、实验材料、试剂与仪器

1. 菌种

枯草芽孢杆菌。

2. 培养基(料)及试剂

斜面活化培养基，发酵基础培养基(参照实验23)，磷酸缓冲液，$(NH_4)_2SO_4$，聚乙二醇-20000，三氯乙酸，Tris-HCl，福林酚试剂等。

3. 仪器及用具

恒温振荡摇床，高压灭菌锅，超净工作台，紫外-可见分光光度计，高速离心机，恒温水浴锅，电子天平，葡聚糖凝胶柱，试管，接种环，锥形瓶，移液枪等。

四、实验方法与步骤

1. 蛋白酶发酵液的制备

从斜面活化的枯草芽孢杆菌接取1环接到100mL发酵基础培养基的锥形瓶中，在30℃、pH 7.0、180r/min和通气环境下培养30h，再以接种量5%的菌液转接于100mL的发酵基础培养基中，在30℃、pH 7.0、180r/min和通气环境下培养30h后取出。

2. 硫酸铵盐析

将发酵液于4℃、8 000 r/min离心15min除去菌体，得到粗酶液，测定酶活。在冰浴中加入硫酸铵粉末，边加边缓慢搅拌，使粗酶液的硫酸铵浓度均匀增加，直到硫酸铵饱和度到60%，盐析液4℃下静置过夜，再以4℃、8 000r/min离心15min，除去上清，收集沉淀溶于50mmol/L磷酸缓冲液(pH 6.8)中。

3. 透析

在4℃温度下，将硫酸铵盐析后的粗酶液在50mmol/L磷酸缓冲液(pH 6.8)中透析，每隔2h换1次透析液，换3次后过夜透析，然后在12 000r/min转速下离心10min，收集上清液，过0.22μm微孔滤膜，收集滤液，测定酶活。

4. 浓缩

将过滤样品收集在透析袋中，两边用透析夹固定，将透析袋置于平皿中，在表面均匀撒上聚乙二醇-20000，在4℃静置过夜，直到透析袋中留有少量酶液为止。

5. 葡聚糖凝胶柱层析

取1mL浓缩样品上Sephadex G-100柱（3cm×100cm），用50mmol/L磷酸缓冲液(pH 6.8)进行洗脱，流速0.25mL/min，每管收集2mL，在OD_{280}测定吸光度值，测定酶活，收集活性组分，用去离子水透析过夜，浓缩后既得纯化酶产品。

6. 蛋白酶酶活的测定

参照实验69，操作过程略有改动。

酪蛋白底物配制成1%浓度的Tris-HCl(pH 8.0)溶液。取酶液1mL加入1mL酪蛋白底物于50℃水浴中反应10min后以2mL三氯乙酸终止，空白先加入2mL三氯乙酸再加入底物。反应结束后3 000r/min离心30min，取上清液1mL于试管中，加入5mL 0.4mol/L Na_2CO_3溶液和1mL福林酚试剂，于40℃水浴中反应15min后放至室温。测定280nm吸光度。酶活力定义：以实验组与空白组在280nm处测定的吸光度的差值表示，吸光度值每增加1所需要的酶量为1U。

五、实验结果

记录蛋白酶发酵液纯化前后酶活的变化，找出蛋白酶纯化过程中的关键点。

【思考题】

1. 蛋白酶有中性蛋白酶、酸性蛋白酶、碱性蛋白酶等，如果分离纯化不同的蛋白酶，怎样确定硫酸铵的饱和度？

2. 在蛋白酶盐析后透析的目的和作用是什么？

第3章
酒精发酵与酒类酿制

实验 27　果酒酿制用酵母菌株的初筛

一、目的要求

了解酵母菌的生长特性，掌握从自然界中分离纯化果酒酿制用酵母菌的基本方法。

二、基本原理

酵母菌大多数为腐生，生活在含糖量较高和偏酸性的环境中，目前已知的酵母菌有 1 000 多种，在蔬菜、瓜果表皮分布较多，但适于果酒酿制、具有特点的酵母菌较少。液体培养基在酸性条件下可以抑制细菌的生长，利于酵母菌的生长，因此常用酸性液体培养基富集培养酵母菌，然后在固体培养基上划线分离纯化。酵母菌的分离常采用倾注平板法和涂布平板法，但是倾注法要把培养基加热至 45℃，这样会给酵母细胞造成热压力，涂布平板法对酵母菌的恢复作用优于倾注平板法，菌落数明显较高，对酵母菌的分离更有效。

三、实验材料、试剂与仪器

1. 样品

自然发酵葡萄原浆，葡萄皮，橘子皮或果园土壤。

2. 培养基(料)及试剂

富集培养基选用麦芽汁培养基(附录Ⅳ培养基 4)，YEPD 培养基(分离培养基，附录Ⅳ培养基 8)。

3. 仪器及用具

恒温振荡摇床，生化培养箱，高压灭菌锅，超净工作台，生物显微镜，恒温水浴锅，电子天平，试管，接种环，锥形瓶，移液枪等。

四、实验方法与步骤

1. 样品采集

从各种基质或土样中采用随机原则收集样品，装入无菌纸袋，贮存于冰箱备用，

2. 富集培养

用灭菌药匙取样品 10g，加入装有 40mL 含 10% 酒精的麦芽汁培养基中，25℃恒温培养 72h 增菌，镜检，观察是否有活菌存在。

划线分离

3. 分离

吸取 1mL 的培养液接入 YEPD 固体平板中，25℃培养 24h，待长出菌落后，选择具有典型酵母菌特征的单菌落进一步划线分离 2～3 次，镜检为纯种后分别转入 YEPD

固体斜面低温保存。

4. 菌落形态观察

取已经分离纯化的酵母菌在 YEPD 固体培养基平板上划线，25℃恒温培养箱中倒置培养 48h，观察其菌落形态、颜色、边缘形状、透明度、表面是否光滑等。

5. 细胞形态观察

将上述各酵母菌菌株分别接入 YEPD 液体培养基中，25℃恒温培养 24h，镜检并记录细胞的性状、大小等。

6. 菌种保藏

接种纯化的酵母菌到 YEPD 斜面培养基上，长出菌苔后 4℃冰箱保藏。

五、实验结果

描述从不同样品中分离纯化出的酵母菌的形态、特征，列表比较各菌株差异。

【思考题】

1. 根据酵母菌的分离纯化方法设计一种可分离某种致病菌拮抗菌的方法。
2. 在初筛酵母菌时有哪些注意事项？

实验28 果酒酿制用酵母菌株的复筛

一、目的要求

掌握果酒酿酒酵母菌复筛的原理与方法。

二、基本原理

优良纯种酿酒酵母在发酵过程中，除了酿酒水果本身的果香外，也应产生良好的果香和酒香，生长速度快，能将糖分发酵完全，具有较高的耐酒精、耐 SO_2 及耐酸能力，能在低温或果酒适宜温度下发酵，以保持果香和新鲜清爽的口味。所以，对初筛出的酿酒酵母要进一步复筛，根据相应的标准选出更适合果酒发酵的酵母菌。

三、实验材料、试剂与仪器

1. 菌种

初筛酵母菌。

2. 培养基(料)及试剂

麦芽汁培养基(附录Ⅳ培养基4)，YEPD 培养基(附录Ⅳ培养基8)。

活化培养基：水果打浆取汁，调节糖度为14%。

3. 仪器及用具

恒温振荡摇床，生化培养箱，高压灭菌锅，超净工作台，生物显微镜，恒温水浴锅，电子天平，糖锤度计试管，接种环，锥形瓶，移液枪等。

四、实验方法与步骤

1. 酵母菌产气实验

采用杜氏管发酵法，将初筛得到的酵母菌8°P麦芽汁活化后，分别接种于13°P麦芽汁培养基中，28℃恒温培养48h，将不产气泡的菌株淘汰，记录产气菌株的气柱高度，作为比较各酵母菌的起酵能力和发酵能力的依据，筛选出发酵性能优良的酵母菌株。

2. 酵母菌耐酒精、耐 SO_2、耐酸实验

采用杜氏管发酵法，将上述选定的优良酵母菌株接入含有不同乙醇浓度（10%，13%，16%，19%）、不同 SO_2浓度（0.008%，0.012%，0.016%，0.02%）、不同pH值（1.0，1.5，2.0，2.5，3.0）YEPD培养基中，28℃恒温培养48h，比较各菌株对酒精、SO_2及酸的耐受程度，进一步筛选酵母菌株。

3. 酵母菌产香实验

将上述筛选的酵母菌分别接种于活化培养基中，28℃恒温培养24h，然后以10%接种量接种于YEPD培养基中28℃发酵48h，再于4℃冰箱中后发酵12h，进行感官评价，按照GB/T 15038—2006《葡萄酒、果酒通用分析方法》进行分析，选出评分最高的菌株。

4. 细胞形态观察

将上述复筛的酵母菌菌株接入YEPD液体培养基中，28℃恒温培养箱中培养24h，镜检并记录细胞的性状、大小等。

5. 菌种保藏

接种纯化的酵母菌到YEPD斜面培养基上，长出菌苔后4℃冰箱保藏。

五、实验结果

记录酵母菌的产气、耐酒精、耐 SO_2、耐酸能力、产香能力，复筛出优良的酵母菌，并记录筛选出的酵母菌的细胞特征。

【思考题】

1. 通过复筛可以找到优良的酵母菌，在复筛的过程中，为什么要对产气能力进行测定？
2. 根据观察结果，查阅酵母菌常见种检索表，对分离的酵母菌进行鉴定。

实验29　实验室干红葡萄酒酿制及葡萄酒的品评

一、目的要求

1. 了解葡萄酒的发酵原理和酿造过程中的物质变化，初步掌握葡萄酒的酿造技术。

2. 学习葡萄酒的理化分析和感官鉴定方法。

二、基本原理

葡萄酒在世界各类酒中占据着十分重要的位置，其产量在世界饮料酒中列第二位，酿制红葡萄酒一般采用皮红肉白或皮肉均红的葡萄品种，如赤霞珠、佳丽酿、蛇龙珠、黑比诺、品丽珠、巴贝拉等。采用皮渣与葡萄汁混合发酵方法，酵母菌利用其中的糖分进行酒精发酵，即葡萄糖在酵母菌作用下，经一系列反应，最后生成乙醇和CO_2并放出热量，在酒精发酵的同时，产生了各种各样发酵副产物，如乙醛、乙酸、琥珀酸、乳酸、高级醇和各种酯类，这些发酵副产物对果酒的品质和香气特征有重要作用，另外，将固体物质中的单宁、色素等多酚类物质溶解在葡萄酒中，提高了葡萄酒的品质。

三、实验材料、试剂与仪器

1. 菌种

酿酒酵母（*Saccharomyces cerevisiae*），酒类酒球菌（*Oenococcus oeni*）。

2. 原辅材料

赤霞珠葡萄，亚硫酸，蔗糖，果胶酶，硅藻土，皂土等。

3. 仪器及用具

恒温振荡摇床，生化培养箱，高压灭菌锅，超净工作台，电子天平，10L 广口玻璃发酵罐，试管，接种环，锥形瓶，比重计，温度计，移液枪，滤布等。

四、实验方法与步骤

（一）干红葡萄酒酿制工艺流程

SO_2、蔗糖┐（加入破碎装瓶步骤）

原料精选→清洗→晾干→破碎装瓶→前发酵→压榨过滤→降酸→后发酵→澄清→评定

葡萄酒加工视频

（二）操作步骤

1. 葡萄挑选除杂

除去葡萄中的青果、霉变果、干果，再除去葡萄梗。

2. 葡萄的破碎

除杂的葡萄进行人工破碎，破碎率达到30%~50%。

3. 葡萄酒主发酵

在 10L 发酵罐中倒入少量亚硫酸进行熏罐处理，把破碎的葡萄混合物倒入发酵罐中，装液量为总容量的 75%，加入 50mg/L SO_2 和 20mg/L 的果胶酶，取果汁，测糖度、酸度、密度、温度。25℃静止 12h 后接入活化的酿酒酵母启动主发酵，用水封发酵口，浸渍发酵温度控制在25℃左右，24h即可观察到瓶内有气泡出现，并逐渐增多，葡萄皮浮起。每天早晚将葡萄皮压入酒液中。发酵过程中，每天测密度、温度。

4. 加糖

加糖量计算

在主发酵启动后，依据测定的原料含糖量，按葡萄酒酒精度控制在11%~13%、17g蔗糖转化成1%乙醇计算加糖量，分次加入，搅拌至完全溶解。

5. 皮渣分离

经过5~8d，发酵逐渐转为平缓，当瓶中很少有气泡，葡萄皮和葡萄籽几乎没有颜色，葡萄籽和大部分葡萄肉的残渣沉在瓶底，酒液基本没有甜味时，测定残糖含量或浸出情况。当密度降低至1.01~1.02时，进行皮渣分离。先用虹吸管将上面的酒液吸出或自然流出，然后把残渣和酒泥用纱布过滤，使残渣中的酒液基本流净。酒液分别装入容器水封继续发酵，此时酒液很混浊。当酒中糖含量小于2.0g/L时，结束发酵。

6. 苹果酸-乳酸发酵降酸

在乙醇发酵结束后，将葡萄酒温度控制在18~20℃，加入酒酒球菌进行苹果酸-乳酸发酵，用纸层析法监控发酵过程，当苹果酸-乳酸发酵结束时，进行酒与酒脚分离，加入50mg/L SO_2。总酸控制在5.4~6.1g/L。

7. 后发酵

降酸后的葡萄酒装至桶的95%，不密封，以便产生的CO_2溢出，在20~22℃后发酵20~30d，当酒液已经澄清，不再升起气泡时，发酵结束。

8. 过滤、澄清

用虹吸管先把酒液吸到干净葡萄酒瓶中，然后对残渣和酒泥过滤。尽量装满，盖紧盖子，静置2周。也可采用添加澄清剂促进沉淀。

（三）干红葡萄酒品质评价

1. 感官评价

葡萄酒国标

干红葡萄酒感官评价包括对葡萄酒的颜色、澄清度、香味、风格个性的评价。

干红葡萄酒最佳品评温度为16~18℃，评价前将各组酒杯标号。外观评定时，用手指夹住杯子的杯柱，举杯在适宜光线下（不影响酒色的光线）直观或侧观，检验酒业的颜色、光泽、浑浊、流动度、起泡性的有无及程度，做出视觉评语、计分。

嗅香气时，置酒杯于鼻下约7cm处，头略低，轻嗅其味，并立即记录下其香气情况。嗅完一个轮次后再做第二次嗅香。记录不同酒的独特性、香味的柔和协调程度、香气组成平衡程度等。

口味评定包括入口时的感受、余味、回味的感觉等。举杯的先后按照已定的顺序，从味淡的开始，逐次至最浓郁。尝酒入口时，要注意慢而稳，使酒液先接触舌尖，再两侧、再舌根，然后鼓动舌头打卷，使酒液铺展到舌的全面，进行味觉的全面判断。除了体验味的基本情况外，还要注意味的协调、刺激的强烈、柔和、有无杂味、是否有愉快的感觉等。然后将酒咽下少许，以辨别后味。注意每次饮酒量要基本相等，最后为了品评回味长短，饮量可以适量增大。酒在口中停留时间约为2~3s。

品评酒的风格主要靠平时广泛接触各种酒积累下的丰富经验，通过与记忆中的名酒典型比较，做出对被评酒综合感受的判断。葡萄酒的风格大都以葡萄品种为准，少部分随工艺而变，因此在品酒之前要了解葡萄原料品种及独特工艺，才易判断准确。表3-1为干红葡萄酒的参考评分标准。

表3-1 干红葡萄酒的评分标准

项目	评分标准
澄清度	有光泽2；澄清，非常轻度的雾浊1；浑0；明显的云浊 –1
颜色	代表年限和葡萄酒的品种2；丢失少许1；明显不能代表0
香气	有典型的葡萄品种香气4；明显但不典型2；没有1；缺乏0
香味	代表葡萄品种和年限的典型性2；有些模糊1；有醋味0；其他味道 –1
酸度	协调2；少许高或低0
单宁	柔软平和，无尖涩和苦味2；少许尖涩和苦味1；明显尖涩或苦0
酒体	正常1；太重或太轻0
糖	协调1；少许高或低0
总体口味	极协调柔和2；有些余味1；强烈的余味0
综合	非常愉快2；一般愉快1；明显令人不愉快0

注：摘自美国葡萄酒协会。

2. 理化指标

测定可溶性固形物、酒精度、还原糖、总酸、总酚。

五、注意事项

（1）发酵使用的工具、器皿要干净，不得有污物、油渍。

（2）葡萄破碎时，要求葡萄粒破而不碎，以便于后期过滤。

六、实验结果

（1）观察记录葡萄每天发酵情况（pH值大小、糖度、葡萄酒的味道、颜色、沉淀分层速度、香味等指标），测量发酵温度和相对密度、残糖，绘制发酵曲线。

（2）按评定标准对葡萄酒进行品质评价。

【思考题】

1. 为什么要接入纯种酵母发酵？与自然发酵有什么区别？对葡萄酒品质有什么影响？
2. 简述苹果酸–乳酸发酵降酸作用的机理。还有其他方法可以降酸吗？

实验30 活性干酵母的制备

一、目的要求

掌握活性干酵母的制备原理和方法。

二、基本原理

活性干酵母是一种具有发酵活性的干生物制剂，是没有生命活动但同时又是活着的生物，其新陈代谢处于很低或停止的状态，在理论上称为“回生”。一般活性干酵母具有含水量低，常温下贮存期长，发酵性能稳定，运输方便等特点。酵母菌的干燥方法包括利用流化床干燥脱水和真空冷冻干燥法。流化床干燥过程是鲜酵母经过挤压造粒由加料器进入流化床，同时自然空气经过净化、除湿、加热加压后由鼓风机送入流化床底部，形成向上的热风，干燥后酵母颗粒由排料口排出，废气由排风口排出，但高温会造成大部分物质失活，使得产品质量和产率低下。真空冷冻干燥法是将湿物料或者溶液预冷至固体，再真空加热使水分直接升华成水蒸气，使酵母菌脱水，避免了蛋白质等热敏物质变性，保持了生命物质的活性和食品的营养。真空冷冻干燥酵母粉存活率高，含水量低，贮存期长，是一种有效保存产品的方法。

三、实验材料、试剂与仪器

1. 菌种

筛选的酵母菌。

2. 培养基(料)及试剂

YEPD培养基(附录Ⅳ培养基8)，无菌水。

3. 仪器及用具

恒温振荡摇床，生化培养箱，高压灭菌锅，超净工作台，生物显微镜，恒温水浴锅，电子天平，试管，接种环，锥形瓶，移液枪等。

四、实验方法与步骤

1. 酿酒酵母菌株的培养

将酵母菌接种于两个200mL的YEPD培养基中，28℃恒温培养48h。

2. 菌体的收集

将培养好的酵母菌在无菌条件下装入离心管中，在4℃、8 000r/min条件下离心15min收集酵母菌体，再用4℃无菌水洗涤3次。采用平板稀释涂布法测定活菌数。

3. 冷冻干燥

将收集的酵母与葡萄糖保护剂按照1∶3的比例装入干燥管中，再放入冷冻干燥机，-40℃冷冻干燥24h，待水分挥发完全收集酵母粉。采用恒重法测定干酵母含水量。

4. 干酵母复水活化

称取0.5g活性干酵母粉装入灭过菌的100mL锥形瓶中，按照1:40的料液比，4%葡萄糖加入无菌水，在40℃活化40min。采用平板稀释涂布法测定活菌数。用下列公式计算冻干存活率：

$$冻干存活率(\%)=a/b$$

式中 a——冻干后活菌数(个/g)；

b——冻干前的活菌数(个/g)。

五、实验结果

记录冻干过程中酵母菌的变化，测定冻干前后活菌数以及冻干存活率、干酵母的含水量。

【思考题】

1. 活性酵母干粉制备时为什么要加葡萄糖进行冻干保护？根据保护剂的要求列举几种其他的保护剂。
2. 冷冻干燥法制备活性干酵母的过程应该注意哪些事项？

实验31 活性干酵母发酵力测定及发酵过程中菌体形态观察

一、目的要求

学习活性干酵母发酵力测定的方法，观察活性干酵母在发酵过程中菌体形态的变化。

二、基本原理

酵母发酵力是在特定的温度、湿度条件下，1g酵母在单位时间内产生CO_2的体积。酵母发酵力是衡量酵母活力的重要指标，其测定方法有测定CO_2重量法和体积法。酵母发酵产生的CO_2除微量溶解于发酵醪中，大部分都在发酵醪外，用产气排水法测定生成的CO_2量最方便。

重量法：将配制好的培养基装入发酵瓶内，加待测酵母1g，准确称量瓶重，30℃发酵培养6h后再称瓶重，两者差值即为生成CO_2量。计算公式如下：

$$发酵力=\frac{生成CO_2量}{1.75}\times100$$

式中，1.75为麦塞尔(Missel)系数，即1g纯酵母能发酵产生1.75g CO_2，称为规定酵母，其发酵力为100。

体积法：在400mL发酵液中加待测酵母10g，30℃培养2h产生CO_2 1 000mL以上的为优良酵母，800~1 000mL的为中等酵母，800mL以下的为劣质酵母。此方法适合于压榨酵母、固体酵母、活性干酵母、酒曲等酵母发酵力的检测。发酵消耗糖的计算公式如下：

$$每百克酵母发酵蔗糖的克数=产\ CO_2体积\times 0.038\ 41$$

$$每百克酵母发酵葡萄糖的克数=产\ CO_2体积\times 0.4$$

三、实验材料、试剂与仪器

1. 菌种

活性干酵母。

2. 培养基(料)及试剂

美兰染色液。

酵母发酵培养液：蔗糖100g，KH_2PO_3 5g，$(NH_4)H_2PO_3$ 2.5g，$MgSO_4$ 0.625g，$CaSO_4$ 0.5g，水1 000mL，pH自然，115℃灭菌30min。

3. 仪器及用具

高压灭菌锅，超净工作台，恒温水浴锅，电子天平，发酵瓶，充水瓶，量筒，载玻片，盖玻片等。

四、实验方法与步骤

(1)取发酵培养液分装到发酵瓶中，30℃保温。组装发酵装置(图3-1)，置于水浴锅中，30℃保温。

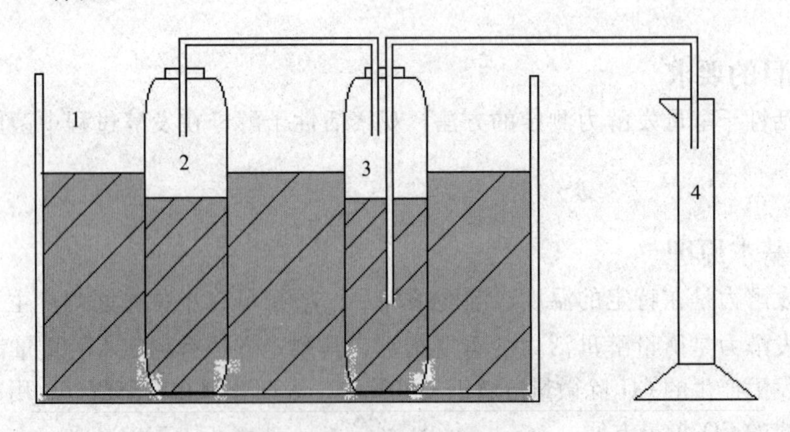

图3-1 酵母菌发酵力测定装置

1. 水浴锅 2. 发酵瓶 3. 充水瓶 4. 量筒

(2)将10g活性干酵母加入发酵液中混合均匀，倒入灭菌的发酵瓶中，连接管塞，酵母在发酵瓶中生成的CO_2通过导管进入充水瓶，将充水瓶中的水排入量筒，此时量筒内水的体积即发酵瓶中所产生CO_2的体积。为了避免充水瓶吸收CO_2，可在充水瓶的水面加一层石蜡或用饱和氯化钠溶液，从而减少CO_2的溶解量。

(3)发酵6h后，记录量筒中水的毫升数，即活性干酵母发酵产生CO_2的体积。

(4)在发酵0，2，4，6h分别取1滴酵母菌发酵液置于载玻片，加1滴美蓝染色液，静置2min，加盖玻片在高倍显微镜下观察酵母的菌体形态。

五、实验结果

(1)观察发酵过程中的现象，记录产生CO_2的体积，并计算酵母发酵力及每百克酵母发酵蔗糖和葡萄糖的克数。

(2)记录并绘出在不同发酵阶段酵母菌的菌体形态变化，描述死活细胞的区别。

【思考题】

1. 试述用体积法测定酵母菌发酵力的影响因素。
2. 酵母菌发酵力的大小与哪些方面有关？请举例说明。

实验32　啤酒酵母的固定化

一、目的要求

掌握啤酒酵母固定化的方法，了解固定化技术在啤酒酿造中的作用。

二、基本原理

细胞固定化技术是利用物理或化学手段将游离的微生物或酶定位于限定的空间区域，并使其保持活性且能反复利用的一项技术。与游离细胞相比，固定化细胞密度大，吸附量高，反应速度快，生产能力提高，菌体细胞易分离，在啤酒酿造中使用酵母固定化技术不仅能在保证啤酒质量的同时减少发酵时间，而且由于生物反应罐中的高细胞密度导致了快速发酵和较高生产力从而降低成本。包埋法是细胞固定化技术常用的方法，原理是将细胞用物理方法包裹于凝胶的网格结构中或包裹于半透性聚合薄膜内，从而使细胞固定化。这种方法操作简便易行，制备条件温和，包埋载体多种多样。

细胞固定化

三、实验材料、试剂与仪器

1. 菌种

啤酒酵母。

2. 培养基(料)及试剂

麦芽汁培养基(11°P)(附录Ⅳ培养基4)，海藻酸钠，无菌生理盐水，$CaCl_2$，$NaCl_2$，葡萄糖，无水乙醇等。

3. 仪器及用具

恒温振荡摇床，生化培养箱，高压灭菌锅，超净工作台，恒温水浴锅，电子天平，TA. XT物性测试仪，紫外-可见分光光度计，锥形瓶，无菌滴管等。

四、实验方法与步骤

1. 酵母菌菌悬液制备

挑取斜面保存的啤酒酵母于100mL麦芽汁中，30℃培养24h，4 000r/min离心10min收集菌体，用无菌水振荡洗涤重复离心3次，再用无菌生理盐水将酵母制成菌悬液，调整酵母细胞浓度为3×10^8cfu/mL，备用。

2. 固定化载体制备

将酵母菌菌悬液与2%的海藻酸钠溶液混合均匀，用无菌滴管将溶液缓慢滴入2% $NaCl_2$溶液中形成白色球形颗粒，缓慢搅拌使其悬浮在$CaCl_2$溶液中，此时钠离子与钙离子置换，海藻酸钙胶珠逐渐硬化定型，继续在氯化钙溶液中固化3h后，用生理盐水洗涤3次，转入4℃冰箱中备用。

3. 海藻酸钙胶珠直径测量

取20个固定化颗粒，测量其直径，计算平均值。

4. 海藻酸钙胶珠硬度测量

将TA. XT物性测试仪上直径为10mm的圆柱形探头放置在胶珠表面，以16mm/min的速度下降，当圆柱形探头降下5mm时测得胶珠的硬度，单位为g。

五、实验结果

观察固定化载体制备过程中的变化，记录制备的海藻酸钙胶珠的直径和硬度。

【思考题】

1. 固定化细胞技术除了在啤酒酿造中有应用，在其他哪些方面还有应用前景？请举例说明。
2. 从细胞固定化的制备过程中考虑影响海藻酸钙胶珠中所包埋的酵母细胞数目的因素有哪些？

实验33　酒精发酵及酒曲中酵母菌的分离

一、目的要求

1. 掌握酒精发酵的基本原理及过程控制方法。
2. 了解酒曲中酵母菌的分离方法。

二、基本原理

酒精发酵是指在无氧培养条件下酵母菌利用己糖发酵产生酒精和CO_2的过程。酵母菌通过EMP途径分解己糖生成丙酮酸，在厌氧和微酸性条件下丙酮酸继续分解生成乙醇。但如果在碱性条件或培养基中添加亚硫酸盐时，产物主要是甘油，因此，酒精发酵必须控制发酵液在微酸性条件。

酒精发酵是生产酒精及各种酒类的基础，通过测定发酵过程中产生的CO_2和(或)酒精的量可知酵母的发酵能力。

酒曲中含有大量的酵母菌、霉菌和细菌等微生物。在液体中，酵母菌比霉菌生长快，但与细菌相比，酸性培养基更适宜于酵母菌生长。因此，可以利用酵母菌的这一特性，采用生理纯化法，先减少甚至消除酒曲中霉菌与细菌的数目，然后用平板法分离酵母菌。

三、实验材料、试剂与仪器

1. 菌种

酿酒酵母(*Shaccharomyces cerevisiae*)。

2. 培养基(料)及试剂

豆芽汁葡萄糖培养基(培养基3)，13°P麦芽汁培养基(附录Ⅳ培养基4)，山芋粉，麸曲，α-淀粉酶，$K_2Cr_2O_7$，H_2SO_4。

3. 仪器及用具

生物显微镜，超净工作台，恒温培养箱，高压灭菌锅，酸度计，酒精度表(0%~31%)，温度计(0~100℃)，波美比重计，电炉，接种环，小刀，水浴锅，蒸馏烧瓶，冷凝管，容量瓶，无菌培养皿，量筒，酒精灯。

四、实验方法与步骤

(一)酒精发酵

1. 酒母的培养

(1)培养基的制备　麦芽汁试管斜面培养基、液体试管培养基121℃灭菌30min，备用。

锥形瓶扩大培养基：将浓度为13°P的麦芽汁分装500mL锥形瓶，每瓶80mL，用3mol/L硫酸调节pH值至4.1~4.5，121℃灭菌30min。

(2)接种与扩大培养　将酿酒酵母接种于试管麦芽汁斜面培养基，28~30℃培养48h，再挑取1环培养好的斜面菌种接种于麦芽汁液体试管培养基中，30℃培养24h，然后转接扩培于锥形瓶中，28~30℃培养24h。

(3)酒母质量检查　镜检时要求酵母形态整齐，细胞内原生质稠密，无空泡、无杂菌、细胞数达8×10^7~10×10^7个/mL，出芽率17%~20%，死亡率小于2%。

2. 淀粉的液化与糖化

(1)加水拌醪　将山芋粉和水按1:3.5的比例，用80℃的温水调粉浆100mL(调匀后浆液的温度应高于65℃)。

(2)蒸煮液化　加入0.1% α-淀粉酶，于水浴加热到90~93℃，保持10min，并继续加热煮沸1h，不断补充水分。

(3)糖化　将上述液化醪冷至60~62℃，加入10%麸曲，糖化30min，分装锥形瓶，每瓶量为400mL。

(4)糖化醪质量检查　要求糖度16~17°P，还原糖4%~6%，酸度2°~3°。

3. 发酵

将培养好的酒母按照糖化醪量10%无菌操作接入盛有400mL糖化醪的发酵瓶中，混匀后发酵68~72h即成熟。酒精发酵分为前发酵、主发酵、后发酵3个阶段。各阶段主要参数见表3-2。

表3-2　酒精发酵主要控制参数

发酵阶段	温度控制/℃	发酵时间/h	指标
前发酵	≤30	10	
主发酵	30~34	12	酵母细胞数≥1×10^8个/mL
后发酵	30~32	40	

4. 生成CO_2量的测定

(1)培养前，揩干锥形瓶外壁，置于百分之一的天平上称量，记下质量为W_1。

(2)取出锥形瓶轻轻摇动，使CO_2尽量逸出，在同一架天平上称重，记下质量为W_2。培养过程中每天记录1次。

(3)CO_2生成量　CO_2量$=W_1-W_2$

5. 酒精度的测定

(1)酒精生成的检验　嗅闻有无酒精气味，或取发酵液少许于试管中并滴加1% $K_2Cr_2O_7$溶液，如管内由橙色变为黄绿色，则证明有酒精生成。

(2)酒精含量的测定　准确量取100mL发酵液于500mL蒸馏瓶中，同时加入50mL蒸馏水。连接好冷凝器，勿使漏气，用电炉加热，馏出液收集于100mL容量瓶中。待馏出液达到刻度时，立即取出容量瓶摇匀，然后倒入100mL量筒中，以酒精表与温度计同时插入量筒，测定酒精度和温度，最后换算成20℃时酒精度。

(二)酒曲中酵母菌的分离

1. 配制培养基

按照附录Ⅳ培养基3方法配制豆芽汁葡萄糖培养基。酸性豆芽汁葡萄糖培养基配制，除琼脂外，其余成分按培养基3比例和步骤配制，另加乳酸5mL，分装试管，灭菌。

2. 分离

(1)取样培养　用灭菌过的小刀，割开曲块，挖取其中米粒大小1块投入酸性培养液中，摇动后将该管置于25℃培养箱中培养。

(2)转管分离　2d后转到另一管酸性培养液中，见到霉菌丝球即行剔除。然后每隔2d转接1次，1周后分离。

(3)平板分离　将转接试管酸性培养液中的酵母直接用稀释平板法进行分离，培养后，分别挑取单独的酵母菌菌落于蔗糖豆芽汁斜面上，贴上标签，标明菌株编号以及接种日期，置于培养箱中培养，待长出、分离纯化后即可进行鉴定。

五、实验结果

(1)记录发酵过程中现象，测定各阶段酵母数量、温度、pH 值、CO_2和酒精生成量的变化。

(2)记录所生成 CO_2的量，比较分析酒精生成量与 CO_2生成量之间的关系。

【思考题】

1. 说明发酵培养基液化、糖化及调节 pH 值的目的、意义。
2. 用蔗糖豆芽汁培养基从酒曲中分离酵母菌时，为何平板上会出现其他类型的微生物？

实验 34　糖化曲的制备及其酶活力的测定

一、目的要求

1. 学习制作糖化曲的方法。
2. 掌握糖化酶活力测定的原理和方法。

二、基本原理

糖化曲是发酵工业中普遍使用的淀粉糖化剂。糖化曲种类很多，有大曲、小曲、麦曲和麸曲等。糖化曲中菌类复杂，曲霉菌是酒精和白酒生产中最常见的糖化菌，应用最广的是黑曲霉。黑曲霉是好氧菌，因此，在制备糖化曲时，除供给其生长繁殖必需的营养、温度和湿度外，还必须进行适当的通风，以供给曲霉呼吸用氧。

在酿造过程中，固体曲是将原料淀粉转化为可发酵糖类的重要酶源，其中起主要作用的是糖化酶，它可将淀粉水解为葡萄糖供微生物发酵，生成酒精及其白酒的组成成分。固体曲质量好，糖化活力高，原料淀粉利用率高，出酒率也高。故糖化酶活力的高低是衡量固体曲质量的重要指标。

固体曲糖化酶活力的测定，采用可溶性淀粉为底物，在一定的 pH 值及温度条件下，使之水解为葡萄糖，以直接滴定法快速测定(GB/T 5009.7—2008《食品中还原糖的测定》)。

温度对糖化酶活力影响甚大，糖化温度一定要严格控制。反应是在强碱性溶液沸腾情况下进行，产物极为复杂，为得到正确的结果，必须严格按操作规程进行：

(1)费林试剂甲、乙液平时应分别贮存，用时混合。

(2)反应液的酸碱度要一致，要严格控制反应液的体积。

(3)反应时温度需一致，温度恒定后再加热，并控制在 2min 内沸腾。

(4)滴定速度要一致(按1滴/4~5s的速度进行)。

(5)反应产物中氧化亚铜极不稳定，易被空气氧化而增加耗糖量。故滴定时不能随意摇动锥形瓶，更不能从电炉上取下后再行滴定。

三、实验材料、试剂与仪器

1. 菌种

AS3.4309黑曲霉斜面试管菌种。

2. 培养基(料)及试剂

察氏培养基(附录Ⅳ培养基7)，麸皮，稻壳，20g/L可溶性淀粉溶液，1g/L葡萄糖标准溶液，费林试剂，乙酸-乙酸钠缓冲溶液(pH 4.6)，0.1mol/L NaOH溶液。各试剂具体配制方法如下：

(1)20g/L可溶性淀粉溶液　准确称取绝干计的可溶性淀粉2g(准确至0.001g)，于50mL烧杯中，用少量水调匀后，倒入盛有70mL沸水的烧杯中，并用20mL水分次洗涤小烧杯，洗液合并其中，用微火煮沸到透明，冷却后用水定容至100mL，当天配制使用。

(2)1g/L葡萄糖标准溶液　准确称取预先在100~105℃烘干的无水葡萄糖1g(准确至0.000 1g)溶解于水，加5mL浓盐酸，用水定容至1 000mL。

(3)费林试剂

碱性酒石酸铜甲液：称取15g $CuSO_4 \cdot 5H_2O$，0.05g亚甲基蓝，溶于水并稀释至1 000mL。

碱性酒石酸铜乙液：称取50g酒石酸钾钠($KNaC_4H_4O_6 \cdot 4H_2O$)、75g NaOH，溶于水，再加入4g亚铁氯化钾[$K_4Fe(CN)_6 \cdot 3H_2O$]，完全溶解后，用水定容至1 000mL，贮存于橡胶塞玻璃瓶内。

(4)乙酸-乙酸钠缓冲溶液(pH 4.6)

A. 2mol/L乙酸溶液：取118mL冰乙酸，用水稀释至1 000mL。

B. 2mol/L乙酸钠溶液：称取272g乙酸钠($CH_3COOH \cdot 3H_2O$)，溶于水并稀释至1 000mL。

将A、B等体积混合，即为pH 4.6乙酸-乙酸钠缓冲溶液。

3. 仪器及用具

恒温水浴箱，恒温培养箱，高压锅，瓷盘，试管，锥形瓶，烧杯，量筒，容量瓶，滴定管。

四、实验方法与步骤

(一)糖化曲制备(以浅盘麸曲为例)

1. 麸曲制备流程

斜面试管菌→活化
↓
麸皮+水→拌料→润料→装瓶→灭菌→冷却→接种→培养→锥形瓶种曲
↓
麸皮+水→拌料→蒸料→冷却→接种→装盘→培养→晾干→麸曲

2. 菌种的活化

无菌操作取原试管菌1环接入察氏培养基斜面，或用无菌水稀释法接种，31℃保温培养4~7d，取出备用。

3. 锥形瓶种曲培养

称取一定量的麸皮，加入70%~80%水，搅拌均匀，润料1h后装瓶，料厚1.0~1.5cm，包扎，在9.8×10^4Pa压力下灭菌40min。冷却后接种，31~32℃培养，待瓶内麸皮已结成饼时，进行扣瓶，继续培养3~4d即成熟。要求成熟种曲孢子稠密、整齐。

4. 糖化曲制备

(1)配料　称取一定量的麸皮，加入5%稻壳，加入原料量70%水，搅拌混匀。

(2)蒸料　圆汽蒸煮40~60min。时间过短，料蒸不透对曲质量有影响；时间过长，麸皮易发黏。

(3)接种　将蒸料冷却，打散结块，当料冷至40℃时，接入0.25%~0.35%(按干料计)锥形瓶种曲，搅拌均匀，将其平摊在灭过菌的瓷盘中，料厚为1~2cm。

(4)前期管理　将接种好的料放入培养箱中培养，为防止水分蒸发过快，可在料面上覆盖灭菌纱布。这段时间为孢子膨胀发芽期，料醅不发热，控制温度30℃左右。8~10h，孢子已发芽，开始蔓延菌丝，控制品温32~35℃。若温度过高，则水分蒸发过快，影响菌丝生长。

(5)中期管理　这时菌丝生长旺盛，呼吸作用较强，放热量大，品温迅速上升。这一时期应控制品温在35~37℃。

(6)后期管理　这阶段菌丝生长缓慢，故放出热量少，品温开始下降，应降低湿度，提高培养温度，将品温提高到37~38℃，以利于料醅中水分排出。这是制曲很重要的排潮阶段，对酶的形成和成品曲的保存都很重要。出曲水分应控制在25%以下。总培养时间24h左右。

(7)糖化曲感官鉴定　要求菌丝粗壮浓密，无干皮或“夹心”，没有怪味或酸味，曲呈米黄色，孢子尚未形成，有曲清香味，曲块结实。

（二）糖化酶活力测定

1. 糖化酶活力测定流程

固体曲浸出液→糖化液制备→定糖→糖化液测定→计算→记录

2. 浸出液的制备

称取5.0g固体曲（干重），置入250mL烧杯中，加90mL水和10mL pH值4.6的乙酸－乙酸钠缓冲液，摇匀，于40℃水浴中保温1h，每隔5min搅拌1次。用脱脂棉过滤，滤液即为5%固体曲浸出液。

3. 糖化液的制备

吸取20g/L可溶性淀粉溶液25mL，置入50mL容量瓶中，于40℃水浴预热5min。准确加入5mL固体曲浸出液，摇匀并立即记录时间。于40℃水浴准确保温糖化1h，而后迅速加入0.1mol/L NaOH溶液15mL，以终止酶解反应。冷却至室温，用蒸馏水定容至刻度，同时做一空白液。

空白液制备：吸取20g/L可溶性淀粉25mL，置入50mL容量瓶中，于40℃水浴预热5min。先加入0.1mol/L NaOH溶液15mL，再准确加入5%固体曲浸出液5mL，摇匀，在40℃水浴中准确保温1h。冷却至室温，用蒸馏水定容至刻度。

4. 葡萄糖测定

空白液测定：吸取费林试剂甲、乙液各5mL，置入150mL锥形瓶中，加空白液5mL，并用滴定管预先加入适量的0.1%标准葡萄糖溶液，使后滴定时消耗0.1%标准葡萄糖溶液在1mL以内，加热至沸，立即用0.1%标准葡萄糖溶液滴定至蓝色消失，此滴定操作在1min内完成。

糖化液测定：准确吸取5mL糖化液代替5mL空白液，其余操作同上。

5. 计算

固体曲糖化酶活力定义：1g干重固体曲，在40℃，pH 4.6条件下，1h内将可溶性淀粉水解产生1mg葡萄糖，即为1个酶活单位（U/g）。

$$糖化酶活力(U/g) = (V_0 - V) \times c \times (50/5) \times (100/5) \times (1/W) \times 1\,000$$

式中 V_0——5mL空白液消耗0.1%标准葡萄糖溶液的体积（mL）；

V——5mL糖化液消耗0.1%标准葡萄糖溶液的体积（mL）；

c——标准葡萄糖溶液的质量浓度（g/mL）；

50/5——5mL糖化液换算成50mL糖化液中的糖量（g）；

100/5——5mL浸出液换算成100mL浸出液中的糖量（g）；

W——干曲称取量（g）；

1 000——g换算成mg。

五、实验结果

（1）记录制曲过程中观察到的现象，比较各阶段终点判断依据的差异。

（2）将不同阶段抽检的曲料酶活力测定结果列表记录、分析。

【思考题】

1. 固体曲和液体曲相比，各有何优缺点？
2. 糖化酶活力测定中应注意哪些因素？

实验35 固态法白酒酿制(麸曲法)

一、目的要求

熟悉和掌握固态法白酒酿制的原理及操作方法，学习白酒生产工艺过程。

二、基本原理

固态法白酒是采用固态发酵工艺，以边糖化边发酵的方式酿制白酒。麸曲法白酒的产量最大，此法的优点是发酵时间短，淀粉出酒率高。麸曲法是采用麸曲为糖化剂，加以纯种酵母培养制成酒母做发酵剂来制作白酒，产品酒精度50%~65% vol，一般以高粱、玉米、甘薯干、高粱糠为主。麸曲白酒的生产过程主要分为：原料制作、配料、蒸煮、冷却、拌醅、发酵、蒸馏、陈酿。清香型麸曲白酒生产工艺多采用清楂法，浓香型和酱香型多采用续楂法。

三、实验材料、试剂与仪器

1. 原料

玉米，鲜酒糟，稻壳，麸曲，酒母等。

2. 仪器及用具

甑桶，发酵罐，罐式蒸酒机，粉碎机，培养箱，温度计，糖度计，天平，台秤等。

四、实验方法与步骤

1. 原料粉碎

用粉碎机将玉米粉碎后过1.5~2.5mm的筛孔，收集过滤玉米糁备用。

2. 配料

将稻壳蒸煮30min，除去异味，减少微生物含量。取玉米糁1kg、稻壳300g、鲜酒糟5kg及适量水混合在一起，要求混合均匀，保持疏松，拌料要细致，原辅料配比要准确。

3. 蒸煮

将混匀的原辅料移入甑桶中，采用常压蒸煮40min，要求外观蒸透，熟而不黏，内无生心即可。将原料和发酵后的香醅混合，蒸料和蒸酒同时进行称为混蒸混烧，蒸

MP4
麸曲酒酿造视频

煮前期主要是酒的蒸馏，温度较低，在85~95℃，糊化效果不显著，后期主要为蒸煮糊化，温度较高，促进糊化，去除杂质。将蒸料和蒸酒分开进行称为清蒸配糟，这样有利于原料糊化，防治有害杂质混入成品酒内。

4. 冷却

将料醅从甑桶取出，散开放在通风处冷却，保持料层疏松、均匀，上下部温差不能过大，防止上层料产生干皮。料温度要求降低到下列范围：气温在1~10℃时，料温降到30~32℃；气温在10~15℃，料温降到25~28℃；气温高时，要求料温降低至降不下为止。

5. 拌醅

取100g粉碎的麸曲加入料醅，温度控制在25~35℃，再将酒母和水混合在一起，边搅拌边加入。酒母用量一般为投料量的4%~7%，水用量一般为酒母醪的30~32倍。

6. 发酵

将料醅装入发酵罐中，入罐的料醅不能压紧，也不能过松，控制在630~640g/L，装好后在料醅上盖上一层糠，18~20℃发酵，每天记录料醅温度变化，当罐内温度上升至37℃停止发酵。

7. 蒸馏

把发酵好的料醅装入罐式蒸酒机，把醅中的酒精、水、高级醇、酸类、酯类等有效成分蒸出来，再经冷却即可得到白酒，用掐头去尾的方法除去杂质。

8. 陈酿

刚生产出来的白酒口感欠佳，贮存一段时间让其自然老熟，减少辛辣味，使酒体绵软适口，醇厚香浓。也可采用热处理、人工催陈，把酒置于60℃和-60℃各保持24h后取出，会使白酒口感改善。

五、注意事项

(1)控制原料粉碎粒度，不宜过细，以免影响发酵进程。

(2)酿制过程中，注意控制好发酵条件。

(3)蒸酒过程中注意气压均匀，流尾酒时要加大火力，做到大气迫尾。

六、实验结果

观察记录白酒酿造的主要过程、现象和工艺参数，并对酿造的白酒进行感官评定(表3-3)。

表3-3 感官评定表

项目	评分标准	总分	得分
色	1. 无色、清亮透明，无悬浮物，无沉淀5分 2. 凡是浑浊、沉淀、带色1~4分 3. 有恶性沉淀或悬浮物0分	5	

（续）

项目	评分标准	总分	得分
香	1. 符合感官指标要求20分 2. 香气不正、暴香、有其他异味14～19分 3. 有明显邪杂气味，有异臭0～14分	20	
味	1. 符合标准中感官指标要求60分 2. 欠醇厚、绵甜，味略短，欠和谐，尾味酸，涩重，酒体特征不明显50～59分 3. 酒味淡薄，酒体欠协调，邪杂味重，尾不干净0～50分	60	
格	1. 符合标准中感官指标要求15分 2. 酒体有缺陷，个性不突出，风格一般或略有出格9～14分	15	

感官评定时，保持酒温15～20℃，酒液为酒杯容量的1/3～2/5，手持酒杯于鼻下6.6cm处，头略低，轻嗅其味。嗅一杯后立即记录下其香气情况，稍休息后再做第二次嗅香。酒杯可接近鼻孔嗅闻，然后转动酒杯，做短促呼吸(呼气不对酒，吸气要对酒)，用心辨别气味。此时对酒液的气味优劣已得出基本概念，再慢嗅以判断其细微的香韵优劣。

尝酒入口时，要注意慢而稳，使酒液先接触舌尖，再两侧、再舌根，然后鼓动舌头打卷，使酒液铺展到舌的全面，进行味觉的全面判断，注意味的强烈、柔和、有无杂味、是否愉快等。尝后可用舌使酒气随呼吸从鼻孔呼出，检测酒性是否刺鼻，香气浓淡和品尝时酒的滋味是否协调。最后将酒吐出或咽下少许，分析酒在口腔中的变化，判断酒质优劣，然后用清水漱口，反复几次，得出评定结果。注意每次饮酒量2～4mL，在口中停留时间为3～6s。

【思考题】

1. 麸曲法白酒制作的关键步骤是什么？
2. 麸曲法生产的白酒风味差于大曲酒，主要是由于哪些方面的原因？

实验36　白酒勾兑

一、目的要求

本实验要求掌握白酒勾兑的基本原理，了解浓香型新型白酒勾兑的基本方法，并能对白酒的品评知识有一定的认识和了解。

二、基本原理

白酒中乙醇和水占到98%左右，其余为上百种微量成分，尽管它们的总和不到2%，但其作用颇大，其在酒中含量及其比例关系决定着白酒的风格和质量。在白酒生产过程中，由于生产周期长，影响因素多，即使用同样的原料和工艺，不同季节、不同班次、不同窖池蒸馏出的白酒，其香味特点和质量上的波动也是很大的，很难达到质量和风格上的统一，因此必须在出厂前，把生产出的各具不同特点的酒，按照标准酒样，对其色、香、味做适当的调兑、平衡，重新调整酒内不同成分的组成和比例，以保证出厂产品的品质一致性，并兼具该酒的风格特点，这一过程就是勾兑。

白酒勾兑包括基础酒勾兑和调味两个过程。基础酒勾兑是将酒中各种微量成分，以不同的比例兑加在一起，使其分子重新排布和缔合，进行协调平衡，烘托出基础酒的香气、口味和风格特点。调味是对基础酒进行精加工，是一项非常精细的工作，用极少量的精华调味酒，弥补基础酒在香气和口味上的不足，使其更为优雅细腻，完全符合质量标准。因此，调味和勾兑是密切相关、相辅相成的。另外，不同香型的白酒，因其生产工艺不同而导致酒中微量成分含量的不同，其勾兑、调味比例也是有很大不同的。

三、实验材料、试剂与仪器

1. 实验材料、试剂

原酒（大曲酒、麸曲酒），各种酒用香精（己酸乙酯、乙酸乙酯、丁酸乙酯、乳酸乙酯、戊酸乙酯、乙醛、乙缩醛、糠醛、丙酸、丁酸、乙酸、己酸、乳酸、丙三醇、正丁醇、异戊醇、正丙醇、仲丁醇、异丁醇、甘油等），优质食用酒精95% vol，纯净水，酒用活性炭。

2. 仪器及用具

酒精度计，不同规格的吸管，具塞三角瓶，量筒，烧杯，玻璃棒，微量移液枪或微量进样器，无色无花纹酒杯（60mL），硅藻土过滤器，天平等。

四、实验方法与步骤

（一）工艺流程

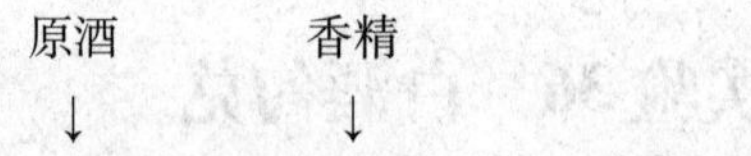

食用酒精→加浆降度→勾兑→检验→调味→加浆降度→活性炭除浊→静置（24~48h）→硅藻土过滤→检验→贮存→成品

（二）操作要点

1. 原酒的选择

选择大曲酒或麸曲酒作为酒基，置于500mL量筒中，测其酒精度。

2. 食用酒精的加浆降度

首先将优质的95% vol食用酒精降度为50%~60% vol，计算纯净水的加量。降度后的酒精备组合勾兑之用。

3. 勾兑

将上述降度后的食用酒精和选择的原酒组合勾兑到酒精度为55% vol，再进行调香调味。根据实验设计的成品酒精度和质量，对降度食用酒精和原酒的添加量进行计算。

4. 检验

取少量上述勾兑后的酒进行感官品尝、理化指标检验和气相色谱分析，以确定目前酒中各主要成分含量、理化指标及其优缺点。

5. 调香

根据各种香型白酒的国家标准、所设计成品白酒的控制标准(即该酒的主要成分含量或含量范围)以及上述检验结果进行调香、调味，各种香精添加量可通过计算得出。以浓香型白酒调香为例。

参考配方：已酸乙酯0.08%~0.2%，冰乙酸0.01%~0.04%，异戊醇0.006%~0.008%，乙酸乙酯0.08%~0.15%，己 酸0.006%~0.015%，2，3-丁二酮0.004%~0.008%，乳酸乙酯 0.01%~0.04%，丁酸 0.006%~0.01%，乙缩醛 0.002%~0.004%，丁酸乙酯0.006%~0.02%，乙醛0.002%~0.004%，甘油0.01%~0.04%，戊酸乙酯0.002%~0.01%。

各主要香气成分比例大致为：

已酸乙酯:乳酸乙酯:乙酸乙酯:丁酸乙酯=1:0.65:0.5:0.1

己酸:乙酸:乳酸:丁酸=35%:35%:20%:10%

乙醛:乙缩醛=3:4

异戊醇大于丁醇，可适量添加；双乙酰、甘油及其他成分可按品尝结果适量添加。

例如55% vol勾后酒的内控指标可设计为：总酸0.45~0.7g/L、总酯>1.5g/L、乙酸乙酯0.6~1.5g/L、乙缩醛0.06~0.2g/L、异戊醇0.06~0.2g/L。其他成分含量可根据上面比例计算得出。(如假定乙酸乙酯为1g/L，则根据比例，已酸乙酯为2g/L、乳酸乙酯为1.3g/L)。

因此，在调味时即可按照主要成分的设计内控指标，和前面的检验结果进行各种成分的相应添加。

6. 加浆降度

根据所设计成品酒的酒精度和质量要求(一般实验要求酒精度在38%~50% vol之间)，进行最后的加浆降度，计算出纯净水的添加量。

7. 活性炭处理

添加专用浓香型酒活性炭对上述再次降度后的酒进行除浊净化处理，活性炭加量及处理时间可参考使用说明，静置12~24h后，硅藻土过滤，得澄清酒液。

8. 检验贮存

对上述酒再次进行感官、理化指标以及气相色谱检验，检验合格后，贮存一段时间，使酒体中各组分平衡协调，即为勾兑成品。如不合格，可进行微调味，直到合格为止。

（三）计算

白酒分析方法

1. 将高度酒调整为低度酒（质量百分比计算法）

$$加浆量=\frac{原酒质量\times原酒质量百分数}{设计酒的质量百分数}-原酒质量$$

例：将100kg酒精度65%vol的原酒勾兑成60%vol，计算加浆量。

65%vol对应的质量百分数为57.1527；60%vol对应的质量百分数为52.0829

$$加浆量=100\times57.1527/52.0829-100=9.73kg$$

2. 将低度酒调整为高度酒

$$加高度酒体积=\frac{(设计酒酒度-低度酒酒度)\times原酒体积}{高度酒酒度-设计酒酒度}$$

例：将100L酒度为45% vol的原酒，用95%的食用酒精调至酒度40%vol，需多少酒精？

$$加酒精量=(45-40)\times100/(95-45)=10L$$

3. 两种不同酒精度的酒勾兑成一定数量和酒精度的酒

$$高度酒质量=\frac{勾兑后酒的质量\times(勾兑后酒的质量分数-低度酒的质量分数)}{高度酒的质量分数-低度酒的质量分数}$$

$$低度酒质量=勾兑后酒的总质量-高度酒的质量$$

五、注意事项

（1）调香调味过程中应遵循先调香、后调味，先调酯、后调酸的原则进行。

（2）调香时所添加的成分含量极少，应采用移液枪或色谱用微量进样器进行加样。

六、实验结果

依据浓香型白酒国家标准分别对勾兑原酒、初次加浆降度酒、成品酒进行感官品尝、理化指标检验和气相色谱分析，并将测定结果列表记录，比较分析白酒勾兑过程中各指标的变化。

【思考题】

分析说明白酒勾兑质量的因素有哪些？为什么？

实验37 酒药中根霉的分离与甜酒酿的制作

一、目的要求

1. 了解酒药中的主要微生物及其在米酒发酵中的作用。

2. 根据根霉菌生长特性设计特有的分离及形态观察方法。

3. 掌握酒酿制作的基本原理、实验方法及品质控制和评定方法。

二、基本原理

酒药，又称小曲、药曲、酒饼等，通常含有根霉、毛霉及酵母菌，还有一些特有的酶类，在米酒酿造中根霉菌通常起双边发酵的作用，因此根霉种类及发酵特性对于产品的特性品质具有非常重要的意义。

根霉在人工培养基或自然物料上生长时，菌丝体向空间延伸，遇光滑平面后营养菌丝体形成匍匐枝，节间产生假根，假根处匍匐枝上着生成群的孢子囊梗，柄顶端膨大形成孢子囊，囊内产生孢囊孢子。进行根霉菌分离时常利用此生长和形态特性判断是否根霉菌，再挑取单个孢囊孢子进行纯化。

酒酿制作所用原料多为糯米，其主要成分为淀粉，经过蒸煮糊化后，利用小曲中根霉菌较强的液化和糖化能力将其中的淀粉降解为不可酵糖和可酵糖。淀粉降解为葡萄糖等还原糖的过程通常称为糖化。可酵糖经根霉菌本身的酒化酶及酵母菌分解产生酒精，不可酵糖则残留在发酵醪中形成米酒或酒酿特有的体和甜香味。

不同品牌酒药中的根霉菌菌种不同，发酵时间和其他环境条件要求也不同，通过对发酵过程中还原糖、酒精度等参数的测定，结合发酵物的感官评定，判断是否终止发酵。

三、实验材料、试剂与仪器

1. 样品

安琪牌米酒酒药。

2. 培养基(料)及试剂

PDA 培养基(附录Ⅳ培养基2)，糯米，蒸馏水，无菌水，乳酸，苯酚，棉蓝等。

3. 仪器及用具

生物显微镜，蒸饭设备(不锈钢锅、电炉)，试管，培养皿，接种针，载玻片，盖玻片，解剖针，发酵器皿(锥形瓶、牛皮纸、棉绳)等。

四、实验方法与步骤

(一)根霉菌的分离和鉴定

1. 分离方法

本实验直接用融化的琼脂培养基稀释分离。该方法对于在原材料中占较大数量比例的微生物分离尤为适用。也可采用无菌水梯度稀释平板划线分离。

(1)用酒精洗研钵，烧灼杀菌。将1g酒药放入钵中，研磨成粉。

(2)取一试管，装入融化后冷却至45℃的琼脂培养基，用接种环挑取少许待分离材料接入，塞回棉塞，双手摇搓试管使接种物混匀。

(3)取第2根试管，用接种环从第1管中取1~2环接入第2管中，如上法混匀，再同法移入第3管中。

(4)依次把3支试管培养分别倾入3个已灭菌的培养皿中制成平板，置25~28℃恒温培养。

(5)培养17~18h后，透过平皿对光观察有无菌丝生长，用接种针挑取菌丝少许，接于斜面培养基上，即可纯化。

2. 鉴定

取分离菌株接种于PDA平板，25℃培养4~5d，观察菌落特征，镜检。

(1)培养物直接观察

①无性阶段特征观察：将上述平板直接置于低倍镜下，分别观察它的孢囊、形状、着生位置及分枝情况，孢子囊的形状，并注意有无假根特征。

②有性阶段特征观察：用低倍或高倍显微镜观察，根霉属未知菌种是否形成接合孢子。

(2)培养物制片观察

①制片：滴1滴乳酸苯酚于洁净载玻片中央，用一无菌的解剖针挑取少量平板中的培养物，浸入载玻片上的乳酸苯酚液内，而后用两根无菌的解剖针将菌丝撕开，使其全部打湿，盖上盖玻片，即成临时性载片标本。

②无性阶段特征观察：用装有已标定过的目镜测微尺的低倍或高倍显微镜观察孢囊梗的形状、大小、颜色、排列、着生位置和分枝情况；孢子囊和孢囊孢子的形状、大小、纹饰和颜色；囊轴的形状、大小、纹饰和颜色；囊托的形状、大小和颜色，并注意有无厚垣孢子(包括着生位置和假根，以及假根的形状、发达程度和颜色等特征)。

③有性阶段特征观察：用低倍或高倍显微镜观察有无接合孢子，若有则注意观察接合孢子的形状、大小和附属丝等特征。

(二)酒酿制作

1. 工艺流程

糯米→清洗→浸泡→蒸饭→淋饭→拌药→装坛搭窝→发酵

2. 操作要点

(1)将糯米淘洗干净后浸泡过夜，使米粒充分吸水，以利蒸煮时米粒分散和熟透均匀。糯米浸泡一般以10~13℃为宜，时间约24h，可因温度不同而调整浸泡时间。

(2)将浸泡吸足水分的糯米捞起，放在蒸锅内搁架的纱布上隔水蒸煮，至米饭完全熟透时为止。时间一般为上汽后0.5h左右。

(3)淋饭　其目的在于降温、去除饭粒表面黏物，以免发酵中粘连成团不利发酵。用洁净自来水冲淋至35℃左右。

(4)拌药　用量一般为0.1%~0.5%。为使接种时种曲与米饭拌匀，可先将酒药块在研钵中捣碎，或再拌入一定数量的炒熟面粉后再与大量米饭混匀，拌药时注意洁净。

(5)装坛搭窝　将接种拌匀后的米饭装坛，注意在坛子的中轴留一个散热孔道。

所用的容器都应预先洗净，并用开水浇淋浸泡过，以杀死大部分杂菌。

(6)保温发酵　温度可控制在30℃左右，发酵初期可见米饭表面产生大量纵横交错的菌丝体，同时糯米饭的黏度逐渐下降，糖化液渐渐溢出和增多。若发酵中米饭出现干燥，可在培养18~24h补加一些凉开水。

(7)后熟发酵　酿制48h后的甜酒酿已初步成熟，但往往略带酸味。如在8~10℃条件下将它放置2~3d或更长一段时间进行后发酵，则可去除酸味。

(8)质量评估　酿成的甜酒应是酒香浓郁、醪液充沛、清澈半透明、甜醇爽口的。

酒酿卫生要求

五、注意事项

(1)淘洗的糯米要待充分洗水后隔水蒸煮煮透，使饭粒饱满分散，以有利于接种后霉菌孢子生长，不能太硬或夹生。

(2)米饭一定要凉透至35℃以下才能拌酒曲，否则会影响正常发酵。

六、实验结果

(1)描述绘制根霉菌的形态特征图，注明各部位名称。

(2)根据观察结果，查阅检索表将未知分离菌株鉴定到种。

(3)描述酒酿发酵过程中酒醅的变化，评定所制得酒酿的品质。

【思考题】

1. 发酵期间为什么要进行搅拌?
2. 制作甜酒酿的关键操作是什么?

实验38　麦芽汁的制备

一、目的要求

1. 掌握麦芽汁的制备方法。

2. 了解糊化、糖化、糖化醪的过滤、酒花添加、煮沸及麦芽汁澄清等关键环节的操作方法及工艺条件。

二、基本原理

麦芽汁的制备俗称糖化，即将麦芽粉碎物和温水混合，再与辅料粉碎物糊化后的料液合并，利用麦芽中各种水解酶类(或外加酶制剂作用)，将原辅料中各种不溶性大分子物质降解为可溶性低分子物质的过程。溶于水的各种物质称为浸出物，糖化后未经过滤的料液称为糖化醪，过滤后的清液称为麦芽汁。

麦芽汁的制备需要原料粉碎、麦汁糖化、麦汁过滤、麦汁煮沸与酒花添加、麦汁后处理等几个过程。

三、实验材料、试剂与仪器

1. 原辅料及试剂

大麦芽，大米粉，酒花，耐高温 α－淀粉酶，糖化酶，乳酸（或磷酸），0.025mol/L 碘液。

2. 仪器及用具

啤酒发酵罐，粉碎机，糖度计，台秤，分析天平，电炉，纱布，温度计，玻璃仪器等。

四、实验方法与步骤

（一）原料粉碎

1. 大麦芽润水

粉碎前，麦芽在50℃热水中浸泡15～20min，使麦芽含水量达30%左右。润水的目的是使麦芽粉碎后皮壳不容易磨的太碎。

2. 大麦芽粉碎

将润水麦芽采用粉碎机粉碎，要求粗细比例为1∶2.5以上。

啤酒酿造视频

（二）麦芽汁糖化

1. 糖化用水量

淡色啤酒料水比为1∶(4～5)，浓色啤酒料水比为1∶(3～4)。

糖化用水量按下式计算：

$$V = m(100 - \omega)/\omega$$

式中　ω——第一麦汁浓度(重量百分比)；

m——100kg 原料中含有的可溶性物质质量(kg)；

V——100kg 原料所需的糖化用水量(kg)。

例：我们要制备50L 12°P 的麦芽汁，如果麦芽的浸出物为75%，请问需要加入多少麦芽粉？

因为　$V = 75 \times (100 - 12)/12 = 550\text{kg}$

即100kg 原料需550kg 水，则要制备50L 麦芽汁，大约需要添加9kg 的麦芽和50kg 左右的水(不计麦芽溶出后增加的体积)。

2. 糖化

(1)纯麦芽糖化　将粉碎好的麦芽50g与称量好的水混合，35～37℃保温30min，升温至50℃保温1h，升温至65～68℃保温30min，以后每隔5min取1滴麦芽汁与碘液反应至不呈色，糖化结束。

(2)外加酶糖化　实验选用适于淡爽型啤酒的复式浸出糖化法。

称取30g 大米粉，按1∶(8～9)加入52℃热水进行混合，用乳酸或磷酸调 pH 值至

6.5，按7U/g大米的量添加耐高温α－淀粉酶，保温10min。以1℃/min速率升温到93℃，保温20min后迅速升温至100℃，煮沸20min即完成辅料的糊化和液化。然后于5min内降温至63℃用于混醪。注意在蒸煮过程中应适当补水，维持原体积。

麦芽粉70g投入50℃热水中，加水比为1∶3，用乳酸或磷酸调pH值至5.2，保温30min，蛋白质休止。然后升温至63℃，与糊化醪混合，加糖化酶30U/（g大麦、大米），保温30min，进行第一段糖化，充分发挥β－淀粉酶及核苷酸酶、内切酶的活性。然后再于5min内升温至68℃进行第二段糖化，主要发挥麦芽中α－淀粉酶的催化作用，提高麦汁收率。用碘液检测醪液不呈蓝色时，再升温至75℃，保温15min，糖化过程结束。在糖化过程中应注意补水，维持原体积。

（三）麦汁过滤

1. 第一麦汁

糖化结束后的麦芽汁立即升温至76～78℃，趁热用4层纱布过滤得到第一麦汁。

2. 第二麦汁

用76～78℃温水清洗麦糟中糖液，用水量为计算得到的用水量减去第一麦汁量，洗涤麦汁的残糖浓度控制在1.0%～1.5%，过滤得到第二麦汁。

（四）麦汁煮沸，酒花添加

将过滤的麦汁加热至沸腾，煮沸时间一般控制在1.5～2h，蒸发量达15%～20%。酒花添加量为0.8～1.3kg/m^3，初沸时添加酒花总量的20%，煮沸30～40min后添加酒花总量的50%～60%，煮沸结束前10～15min添加剩余酒花，煮沸时间共70min左右。煮沸结束补水至糖度10°P，趁热用滤纸过滤，即得到发酵啤酒所需麦芽汁。

五、注意事项

如果不使用谷物辅助原料，糖化用水量以糖化锅用水量计算，如果用谷类辅料，糊化和糖化用水量分别计算。

六、实验结果

测定麦芽汁的糖度、α－氨基氮等基本理化指标，填入表3-4，比较说明两种糖化方法差异。

表3-4 麦芽汁理化指标测定结果

糖化方法	麦芽汁糖度/°P	α－氨基氮/（mg/L）
纯麦芽糖化		
外加酶糖化		

注：麦芽汁糖度采用糖锤度计直接测定，α－氨基氮采用甲醛滴定法测定。

【思考题】

啤酒糖化中要提高α－氨基氮水平的方法有哪些？你所采用的方法优点是什么？

实验 39 啤酒的发酵

一、目的要求

1. 掌握啤酒发酵的工艺及操作方法。
2. 学会成品啤酒中酒精含量、麦汁浓度、双乙酰含量等参数测定。

二、基本原理

麦芽汁经制备、冷却后，加入酵母菌，输送至发酵罐中开始发酵。传统工艺分为前发酵和后发酵，分别在不同的发酵罐中进行。前发酵主要是利用酵母菌将麦芽汁中的麦芽糖转变成乙醇(即酵母的无氧呼吸作用)，后发酵主要是产生一些风味物质，排除掉啤酒中的异味，并促进啤酒的成熟。目前，国内多数厂家采用一罐发酵法生产。

三、实验材料、试剂与仪器

1. 原辅料

麦芽汁，酵母。

2. 仪器及用具

啤酒发酵罐，高压灭菌锅，水浴锅，锥形瓶，pH 计，电炉，酒精计及糖度计，纱布等。

四、实验方法与步骤

(一)啤酒酵母的扩大培养

1. 培养基的制备

取麦芽汁滤液(约 400mL)，加水定容至约 600mL，取 50mL 装入 250mL 锥形瓶中，另 550mL 至 1 000mL 锥形瓶中，包上瓶口布后，0.05MPa 灭菌 30min。

2. 菌种扩大培养

取麦汁斜面菌种麦汁平板划线，28℃活化培养 2d 后镜检，挑单菌落 3 个，接入盛有 50mL 麦汁的锥形瓶中 20℃培养 2d，期间每天摇动 3 次左右；最后再转入盛有 550mL 麦汁的 1 000mL 锥形瓶中 15℃培养，每天摇动 3 次，2d 后计数备用。

(二)主发酵

1. 接种

将糖化后冷却至 6~9℃的麦芽汁送入发酵罐，按 0.5%~0.65% 比例接入酵母菌种，然后充氧，待麦汁中的溶解氧饱和后，让酵母进入繁殖期，16~20h 后，麦汁表面形成一层白色泡沫，溶解氧被消耗，逐渐进入主发酵。

2. 主发酵

将第一步发酵的麦汁泵入另一发酵罐中，10～13℃进行厌氧发酵，7d左右得到嫩啤酒。一般主发酵整个过程分为酵母繁殖期、起泡期、高泡期、落泡期和泡盖形成期5个时期。仔细观察各时期的区别。测定相关理化指标，如糖度、细胞浓度、酸度、α－氨基氮、还原糖、酒精度、浸出物浓度、双乙酰含量等。

(三)后发酵

1. 下酒

将主发酵得到的嫩啤酒除去多量沉淀酵母送到后发酵罐中。

2. 后发酵

下酒后3～5℃敞口发酵2～3d后，－1～1℃密封发酵7～14d即可得到成品啤酒。

五、实验结果

(1)记录前发酵、主发酵不同时间下麦汁的浓度和pH值(表3-5)。

表3-5 啤酒前发酵、主发酵过程中各参数变化

指 标	发 酵 时 间/h							
	0	12	24	36	48	60	72	84
麦汁浓度								
pH值								

(2)记录后发酵不同时间下麦汁的浓度和pH值(表3-6)。

表3-6 啤酒后酵过程中参数变化

指标	发酵时间/h					
	0	24	48	72	96	120	发酵结束
麦汁浓度							
pH值							

(3)成品啤酒中乙醇含量(体积百分比)。

【思考题】

1. 请分析主发酵、后发酵条件控制对成品啤酒的影响。
2. 对照啤酒的质量标准对实验结果进行分析。

第4章 有机酸发酵

实验40　酸乳及泡菜中乳酸杆菌的分离与初步鉴定

一、目的要求

1. 学习从发酵食品中分离纯化乳酸杆菌的方法。
2. 了解乳酸杆菌的初步鉴定方法。

二、基本原理

乳酸杆菌为厌氧或微好氧的革兰阳性菌，是食品工业上常用的发酵菌种。自然发酵的酸乳和泡菜中也含有大量乳酸杆菌，有待开发和利用。乳酸杆菌能发酵葡萄糖或乳糖产生乳酸，将培养基中的碳酸钙溶解，产生透明圈，可用于乳酸杆菌的筛选。除溶钙圈法外，也可以采用溴甲酚绿指示剂法进行乳酸杆菌的筛选。溴甲酚绿指示剂在酸性环境中呈黄色，碱性环境呈蓝色，配制分离培养基时 pH 值为 6.8，加入溴甲酚绿指示剂呈蓝绿色，培养产酸后菌落周围变成黄色，以此来鉴别。

一般厌氧菌没有触酶(过氧化氢酶)，可作为乳酸杆菌初步鉴定的方法。另外，乳酸杆菌能利用可发酵糖产生大量乳酸，通过检测是否产生乳酸来进一步鉴定。乳酸杆菌中的代表菌种有德氏乳杆菌保加利亚亚种、植物乳杆菌、嗜酸乳杆菌等。

三、实验材料、试剂与仪器

1. 样品

酸乳 1 瓶，泡菜汁 1 管。

2. 培养基(料)及试剂

MRS 液体培养基(附录Ⅳ培养基 5)，0.04% 的溴酚蓝乙醇溶液，无菌生理盐水，灭菌 $CaCO_3$(用纸包着)，革兰染色液，乳酸标样，10% 过氧化氢，乙酸标样，革兰染色液等。

3. 仪器及用具

恒温培养箱，1mL 无菌吸管，无菌培养皿，涂布玻璃棒，滤纸。

四、实验方法与步骤

1. 样品稀释

分别无菌吸取 1mL 酸乳和泡菜汁于 9mL 的无菌生理盐水中，混匀，即成 10^{-1} 的样品稀释液，再根据需要依次按 10 倍进行系列稀释，制成不同稀释度的稀释液。

2. 制备平板

以无菌操作按大约 3% 的量把灭菌的 $CaCO_3$ 加入融化了的含 0.04% 溴甲酚绿的改

良 MRS 培养基中，于自来水中迅速冷却培养基至46℃左右(手感觉到有点烫，但能长时间握住)，边冷却边摇晃使 $CaCO_3$ 混匀，但不得产生气泡。立刻倒入到培养皿中，静置凝固。

3. 培养

取样品稀释液250μL 涂布于含0.04% 溴甲酚绿的改良 MRS 固体培养基平板，置于厌氧罐中，于30℃和40℃恒温培养箱中培养(酸乳样品放在40℃条件下培养，泡菜汁样品放在30℃条件下培养)。

4. 鉴定

培养24~48h 后观察菌落特征，挑取出现黄色斑点且有溶钙圈的单菌落，在 MRS 固体培养基上划线培养，得到单菌落菌株。一方面，涂片做革兰染色，显微镜下观察其形态特征；另一方面，接种 MRS 液体培养基，其培养基上清液用于纸层析法定性检测乳酸。

触酶实验：取1环菌苔于干净的载玻片上，加入1滴10%过氧化氢，若有气泡，则为触酶阳性，否则为阴性。

产乳酸定性实验(纸层析法)：制备展开剂(水:正丁醇:苯甲醇 =1:5:5 的量混合，然后加入1%的甲酸)和显色剂(0.04%的溴酚蓝乙醇溶液，用0.1 mol/L NaOH 调节 pH 6.7)。依据样品多少选择大小适宜的滤纸，在纸张下方距边约3cm 处划条横线，每隔2.5~3cm 划一点作为点样位置，并注明点样编号。点样的同时，以1.5%的标准乳酸溶液和1.5%的标准乙酸溶液分别作为阳、阴性对照。将滤纸放入展开槽中，先用展开剂开始展开。一般上行25cm 即可，取出晾干喷显色剂，观察样品上行是否出现有黄色斑点，并与对照比较黄点位置以确定是否是乳酸。

五、注意事项

(1)由于乳酸杆菌的耐酸性较强，可采用酸化的 MRS 固体培养基(用乙酸调节 pH 至5.4)，以有利于分离到目的菌。

(2)出现 $CaCO_3$ 溶解圈仅能说明该菌产酸，不能证明就是乳酸菌，要确定还必须做有机酸的测定。最简便和最常用的方法是纸层析法。

六、实验结果

描述酸乳和泡菜中分离得到的菌株的特性，包括菌落特性、染色特性、镜检结果、触酶实验结果、是否产生乳酸等。

例如，泡菜汁中的植物乳杆菌：菌落周围产生 $CaCO_3$ 的溶解圈，触酶阴性，发酵上清液经纸层析测定证明产乳酸。菌落直径1~3mm，乳白色，偶有浓或暗黄色。革兰染色镜检阳性，杆状，菌体大小约(0.9~1.2)×(3~8)μm 。以单生、成对或短链排列。

【思考题】

培养基中加入 $CaCO_3$ 的作用是什么？培养基融化后为什么要立即用冷水冷却？

实验41 双歧杆菌等厌氧菌的分离、培养及鉴定

一、目的要求

1. 学习厌氧菌的分离、培养及活菌计数的一般方法。
2. 了解双歧杆菌的形态和生长特征。

二、基本原理

双歧杆菌是人体肠道菌群中的优势菌属，也是常见的益生菌之一。双歧杆菌是专性厌氧菌，对氧气非常敏感。通过学习双歧杆菌的分离、培养和计数可掌握一般厌氧菌的培养方法。

双歧杆菌是1899年由法国巴斯德研究院Tissier博士首先从健康母乳营养儿的粪便中分离出来的专性厌氧菌，随菌种、菌龄、生长环境等变化而呈现弯曲杆状、“L”或“Y”等多种形态。到目前为止，发现和报道的双歧杆菌已达32种。一般，双歧杆菌的最适生长温度37~41℃，最低生长温度25~28℃，最高生长温度43~45℃。初始最适pH 6.5~7.0，在pH 4.5~5.0或pH 8.0~8.5不生长。其细胞呈现多样形态，有短杆较规则形、纤细杆状具有尖细末端形、球形、长杆弯曲形、分枝或分叉形、棍棒状或匙形。单个或链状、“V”形、栅栏状排列，或聚集成星状。革兰阳性，不抗酸，不形成芽孢，不运动。双歧杆菌的菌落光滑，凸圆，边缘完整，乳脂至白色，闪光并具有柔软的质地。双歧杆菌是人体内的正常生理性细菌，定殖于肠道内，是肠道的优势菌群，占婴儿消化道菌丛的92%。该菌与人体终生相伴，其数量的多少与人体健康密切相关，是目前公认的一类对机体健康有促进作用的代表性有益菌。该菌可以在肠黏膜表面形成一个生理屏障，从而抵御伤寒沙门杆菌、致泻性大肠杆菌、痢疾致贺氏杆菌等病原菌的侵袭，保持机体肠道内正常的微生态平衡；能激活巨噬细胞的活性，增强机体细胞的免疫力；能合成B族维生素、烟酸和叶酸等多种维生素；能控制内毒素血症和防治便秘，预防贫血和佝偻病；可降低亚硝胺等致癌前体的形成，有防癌和抗癌作用；能拮抗自由基、羟自由基及脂质过氧化，具有抗衰老功能。

双歧杆菌的分离、培养及活菌计数的关键是提供无氧和低氧化还原电势的培养环境。目前，培养双歧杆菌的方法很多，如厌氧箱法、厌氧袋法、厌氧罐法、亨盖特厌氧滚管技术等。

三、实验材料、试剂与仪器

1. 材料

双歧酸乳1瓶，婴儿粪便1管。

2. 培养基(料)及试剂

MRS液体培养基(附录Ⅳ培养基5)，西红柿浸出液，莫匹罗星锂盐，生理盐水，

革兰染色液等。

双歧杆菌培养基：胰蛋白胨 Tryptone(Oxoid)5g，大豆蛋白胨 5g，酵母粉(Oxoid)10g，葡萄糖 10g，吐温 80 1mL，0.1% 刃天青水溶液 1mL，琼脂 15~20g，蒸馏水 1 000mL，L-半胱氨酸盐酸盐 0.5g(培养基煮沸后分装前加入)，盐溶液 40mL，pH 6.8~7.0，113℃灭菌 30min。

盐溶液制备：无水氯化钙 0.2g，K_2HPO_4 1.0g，KH_2PO_4 1.0g，$MgSO_4 \cdot 7H_2O$ 0.48g，$NaHCO_3$ 10.0g，NaCl 2.0g，蒸馏水 1 000mL，溶解后 4℃贮存备用。

3. 仪器及用具

AnaeroGen™厌氧生成系统(OXOID)，超净工作台，厌氧袋，锥形瓶，生化培养箱。

四、实验方法与步骤

(一)双歧杆菌的分离、培养及活菌计数

1. 培养基的制备

将清洗后的西红柿切块，使用榨汁机榨汁后用 8 层纱布或离心除去杂质。水浴煮 30min，调节 pH 值至 7.0。与配制好的双歧杆菌培养基一起灭菌或单独灭菌于 -20℃冰箱内保存备用。

莫匹罗星锂盐的添加：双歧杆菌对莫匹罗星锂盐具有抗性，从而从样品中分离筛选双歧杆菌。对莫匹罗星锂盐进行过滤灭菌或将已灭菌的商用莫匹罗星锂盐按终浓度 50μg/mL 无菌操作加入已灭菌的双歧杆菌固体培养基中。待冷却后倾注平板，凝固后备用。

2. 双歧杆菌的分离

将 10g 婴儿粪便或双歧酸乳置于盛有 90mL 已灭菌生理盐水的锥形瓶中，进行吹打稀释到 10^{-1}；再取上述锥形瓶中的液体 0.5mL 置于盛有 4.5mL 生理盐水的试管中，并编号为 1，并依次稀释至 10^{-6}；将编号为 2、3、4、5 试管里的样品分别接种于 3 个平皿中，置 OXOID 厌氧生成系统中于 37℃条件下厌氧培养 48h。

3. 双歧杆菌的计数和培养

选择有 20~100 个菌落的平皿，进行计数，计算 1g 或 1mL 样品中的双歧杆菌数量。

观察菌落特征，挑取单菌落，进行革兰染色和镜检，通过镜下形态特征判断和选择疑似双歧杆菌，进一步在 MRS 固体培养基上划线，在 37℃条件下厌氧培养 24h。

(二)双歧杆菌的鉴别

可通过生理生化反应(糖醇发酵实验)、16S rDNA 序列同源性分析、乳酸定性和定量测定和双歧杆菌特征性酶——果糖-6-磷酸盐磷酸酮酶(F6PPK)的检测来鉴别双歧杆菌。

双歧杆菌属中大多数细胞的菌体抽提物内具有 F6PPK，因此检测出 F6PPK 可作为

鉴定双歧杆菌属细菌的重要特征之一。

1. 使用的试剂

试剂① 0.05mol/L磷酸盐缓冲液pH 6.5 +500mg/L半胱氨酸-HCl。

试剂② 6mg/mL NaF +10mg/mL碘乙酸钠或钾。

试剂③ 果糖-6-磷酸盐(钠盐，70%~98%)80mg/mL水溶液。

试剂④ 盐酸羟胺139mg/mL水溶液，使用时以NaOH中和至pH 6.5。

试剂⑤ 15g/100mL三氯乙酸(TCA)水溶液。

试剂⑥ 4mol/L HCl(19.7g 36%~38% HCl溶于50mL水中)。

试剂⑦ 0.5g/100mL $FeCl_3 \cdot 6H_2O$溶于0.1mol/L HCl中。

2. 测定的操作程序

(1)从厌氧MRS培养基中培养12h的双歧杆菌菌株10mL收集培养的细胞，用上述的试剂①洗涤2次，然后悬浮于1.0mL试剂①中。

(2)将盛有细胞悬浮液的容器置于冰浴内，用超声波处理20min，以破碎细胞。

(3)在超声波处理物中加入试剂②和试剂③各0.25mL，置于37℃保温30min。

(4)加入1.5mL试剂④，置于室温10min。

(5)加入试剂⑤和试剂⑥各1mL，置于室温5min。

(6)加入1mL试剂⑦。

3. 测定结果的观察

从果糖-6-磷酸盐生成的乙酰磷酸盐由于与$FeCl_3$结合形成它的氧肟酸盐，显示带红褐色或红紫色而被检测出来。因此，经以上程序测定如显色则F6PPK为阳性，否则为阴性。

五、注意事项

(1)注意无菌操作，保持器皿和手的清洁，所有器具要消毒。

(2)挑取菌落时要迅速，操作完要立即放入厌氧环境中。

六、实验结果

描述酸乳和婴儿粪便中分离得到的菌株的特性，包括菌落特性、染色特性、镜检结果、触酶实验结果等。计算酸乳和婴儿粪便中的双歧杆菌数量(cfu/mL或cfu/g)。

【思考题】

1. 双歧杆菌的形态特征是什么？与乳酸杆菌相比有什么区别？
2. 分离筛选双歧杆菌的关键步骤有哪些？

实验 42 酸乳中乳酸菌活力的测定

一、目的要求

1. 了解发酵食品中乳酸细菌的作用。
2. 掌握乳酸菌活力测定的一般方法。

二、基本原理

乳酸菌的细胞形态为杆状或球状，一般没有运动性，革兰染色阳性，微需氧、厌氧或兼性厌氧，具有独特的营养需求和代谢方式，都能发酵糖类产酸，一般在固体培养基上与氧接触也能生长。酸乳风味的形成与乳酸菌发酵过程代谢的多种物质有关，而这些物质的产生与发酵速度等活力指标有密切关系。乳酸菌的活力是指该菌种的产酸能力，可利用乳酸菌的繁殖、产生酸和色素还原等现象来评定。也可由其他参数确定，如细胞生长情况、细胞干重和光密度(*OD* 值)等。由于乳液不透明，不能直接测 *OD* 值，可用 NaOH 和 EDTA 处理使其澄清后再测。较简便的活力测定包括凝乳时间、产酸和活菌数量等指标的检测。

活力大小是评价发酵剂质量好坏的主要指标，但不是说活力值越高发酵剂质量越好。因为产酸强的发酵剂在培养过程中会引起过度产酸，导致在标准条件下培养后活力较高。研究表明，活力在 0.65~1.15 范围内都可以进行正常生产，而最佳活力是 0.80~0.95。依据活力不同来定接种量的大小(表 4-1)。

表 4-1 发酵剂活力与接种量

活力	接种量/%	生产管理
<0.40	—	更换发酵剂
0.40~0.60	—	发酵超过 5h，易污染
>0.60	5.5	可投入生产，接种量大
0.65~0.75	4.0~5.5	可使用，接种量较大
0.80~0.95	2.5~3.5	最佳活力

三、实验材料、试剂与仪器

1. 样品

酸乳 1 瓶，乳酸菌饮料 1 瓶。

2. 培养基及试剂

MRS 液体培养基(附录Ⅳ培养基 5)，脱脂乳培养基，$CaCO_3$，溴甲酚绿，刃天青。

3. 仪器及用具

超净工作台，恒温培养箱，鼓风干燥箱，高压灭菌锅，冰箱，生物显微镜，碱式滴定仪，天平，培养皿等。

四、实验方法与步骤

1. 菌种的分离

准备装有9mL无菌生理盐水的试管5支，编号。在超净工作台内将酸奶样品搅拌均匀，用无菌移液管吸取样品25mL，移入含有225mL无菌生理盐水的锥形瓶中，在漩涡混合器上充分振摇均匀，获得10^{-1}的样品稀释液，然后根据对样品含菌量的估计，将样品稀释至适当稀释度。

选用2~3个适宜浓度的稀释液，分别吸取1mL注入培养皿内，然后倒入事先融化并冷却至45℃左右的MRS固体培养基(可按附录Ⅳ培养基5配制方法在培养基中添加$CaCO_3$和溴甲酚绿)，迅速转动培养皿使之混合均匀，待冷却凝固后倒置于40℃培养48h。

从培养好的固体培养皿中分别挑取5个单菌落接种于含液体MRS培养基的试管中，40℃培养24h。挑取上述试管培养物1环，进行涂片、革兰染色。通过镜检，确定所分离的乳酸菌是乳杆菌还是链球菌。德氏乳杆菌保加利亚亚种呈杆状，单杆、双杆或长丝状；嗜热链球菌呈球状，成对、短链或长链状。

2. 菌种的扩大培养

按1%的接种量，将MRS液体培养物接种于100mL已灭菌的脱脂乳中，另分别接种具有较高活力的德氏乳杆菌保加利亚亚种和嗜热链球菌作为对照。培养温度为德氏乳杆菌保加利亚亚种40℃，嗜热链球菌45℃。一般培养过夜至乳凝固后进行菌种活力测定。

3. 测定菌种的活力

(1)凝乳时间　在进行第2步操作时，同时观察并记录用脱脂乳扩大培养菌种的凝乳时间。凝乳时间越短活力越好；凝乳时间没有延长说明活力没有减退。

(2)酸度测定方法　在灭菌冷却的脱脂乳中加入3%的乳酸菌发酵剂，置于37.8℃的恒温箱中培养3.5h，测定其酸度。酸度达0.8%(乳酸百分含量)则认为活力较好。

(3)刃天青还原实验　在9mL脱脂乳中加入1mL乳酸菌发酵剂和0.005%刃天青溶液1mL，在36.7℃的恒温箱中培养35min以上，如完全褪色则表示活力良好。

(4)活菌计数　有些酸乳制品尤其是益生菌乳制品要求终产品中要有一定数量的乳酸菌。因此，也可以采用倾注平板法，测定活菌数量，判断乳酸菌的繁殖能力。

五、实验结果

描述酸乳中分离得到的菌株的特性，包括菌落特性、染色特性、镜检结果；记录脱脂乳凝乳时间、滴定酸度、还原实验褪色情况、活菌数等(表4-2)。

表 4-2 乳酸菌活力测定结果记录表

测定项目	待测菌种活力						对照菌种活力
	德氏乳杆菌保加利亚亚种			嗜热链球菌			
	1	2	3	1	2	3	
凝乳时间/h							
滴定酸度/°T							
刃天青还原实验							
活菌数量/(cfu/mL)							

【思考题】

1. 为什么平板分离乳酸菌之后，对菌落先进行纯化培养再进行革兰染色镜检？
2. 为什么乳酸菌能够还原刃天青使其褪色？

实验 43 发酵产品中乳酸菌的快速计数方法

Ⅰ 电阻抗法

一、目的要求

掌握电阻抗法快速测定乳酸菌数量的原理和方法。

二、基本原理

电阻抗法是通过测量微生物代谢引起的培养基电特性变化来测定微生物含量的一种快速检测方法。微生物生长时，代谢作用使培养基中的电惰性物质(如碳水化合物、酯类和蛋白质等)转化为电活性物质。培养基中电活性分子和离子逐渐取代了电惰性分子，使导电性增强，电阻抗降低。通过检测培养基的电阻抗变化情况，即可判定微生物的数量。该方法具有高敏感性、特异性、快反应性和高度重复性等优点。

三、实验材料、试剂与仪器

1. 样品

市售酸乳产品。

2. 培养基(料)及试剂

LM 培养基(法国生物梅里埃公司)。

3. 仪器及用具

微生物自动分析仪 M-128，实验盒，培养箱。

四、实验方法与步骤

1. 标准曲线的绘制

采用国标法(GB 4789.35—2010)操作，测定乳酸菌细菌总数，绘制出检出时间(DT)与乳酸菌菌落数对数之间关系的标准曲线。

2. 样品检测

将高压灭菌后冷却的LM培养基无菌加入实验盒小池内(共16个孔)，每孔1mL，再加入备检的样品稀释液0.2mL，每个样品加2个池(做平行)，然后立即放入培养箱中。32℃条件下培养18h，结果记录由计算机控制在屏幕上显示。

五、实验结果

(1)根据标准曲线计算样品中乳酸细菌菌落数。

(2)分析标准曲线变化趋势特点，判定DT值变化显著时乳酸菌数量变化的范围。

(3)比较阻抗法与国标法检测结果的显著性差异。

【思考题】

不同样品对阻抗法标准曲线及测定结果有何影响?

Ⅱ 纸片法

一、目的要求

掌握纸片法快速检测乳酸菌数量的原理和基本操作。

二、基本原理

纸片法即以纸片、纸膜、胶片等作为培养基载体，将特定的培养基和显示物质附着在上面，通过微生物在上面的生长、显示来测定微生物的方法。美国3M公司生产的Petrifilm测试片是一种进行菌落计数的干膜，由上下两层膜组成，上层聚丙烯薄膜含有黏合剂、指示剂及冷水可溶性凝胶，下层聚乙烯薄膜含有细菌生长所需的营养琼脂培养基。细菌在测试片上生长时，细胞代谢物与上层的指示剂TTC发生氧化还原反应，将指示剂还原成红色非溶解性产物三苯甲酯，从而使细菌着色。测试纸片上红色菌落判断为菌落数。

三、实验材料、试剂与仪器

1. 样品

市售酸乳产品。

2. 仪器及用具

细菌总数测试片(Petrifilm Aerobic Count Plates)(美国3M公司)，强塑厌氧盒，厌氧发生剂，厌氧发生指示条(美国生物梅里埃公司)。

四、实验方法与步骤

取1mL样品用MRS培养基稀释至合适的稀释度，准确吸取1mL稀释液垂直滴在3M测试片中央，缓慢落下上层膜，用压板的平板使样液均匀分布于圆形接种区，静置使胶凝固。将测试片转移至厌氧盒中，加入厌氧发生剂和厌氧发生指示条，形成厌氧系统，然后放入培养箱中进行厌氧培养，30~37℃培养48h。

五、注意事项

测试片最适宜的计算范围是25~250个菌落，因此可选取不同稀释倍数的稀释液进行实验，并选取适宜范围的计数结果乘以稀释倍数即可得到最终菌落数。

六、实验结果

依照3 M测试片判读手册对实验结果进行判别并计算，样品活菌数还需乘以稀释倍数。

【思考题】

有哪些方法可以对发酵产品中乳酸菌进行计数？比较其优缺点。

实验44　发酵产品中乳酸菌的快速鉴定方法

传统的乳酸菌检测方法包括乳酸菌的形态学观察、乳酸菌的生化鉴定和测定代谢产物等。目前，乳酸菌检测仍沿用传统方法，但由于传统分析方法具有表型分析的重现率及辨识能力低、相似的表型特性并不等同于相似的或者关系密切的基因型等缺点，因此基于表型实验的常规技术并不能对乳酸菌株作出明确的鉴定。建立简单快速的检测鉴定方法势在必行。分子生物学技术为微生物的鉴定提供了新的快捷方法。随着对乳酸菌基因组结构及系统发生关系的了解，分子生物学技术越来越多地被用于检测鉴定工作中。

Ⅰ　实时荧光PCR法

一、目的要求

1. 了解Real-Time PCR基因扩增仪工作原理。

2. 掌握实时荧光 PCR 法检测乳酸菌的操作方法。

二、基本原理

定量 PCR 仪采用激光器光源进行实时检测，保证高能、稳定、无干扰的荧光激发，由一系列透镜、滤镜和一个双色镜组成的光学系统将激发荧光聚焦到光谱仪上，光谱仪以间隔的方式将荧光按照波长的不同分开，进入 CCD 相机，序列检测应用软件从 CCD 相机中收集这些荧光信号，对数据进行分析。从检测开始到定量结束，整个过程耗时短，操作方便。这种方法采用一个双标记荧光探针来检测 PCR 产物的积累，可非常精确、重复地定量基因拷贝数。

实时荧光 PCR 所用的荧光探针主要有 3 种：TaqMan 荧光探针、杂交探针和分子信标探针，其中，TaqMan 荧光探针使用最为广泛。TaqMan 探针法是使用 5′端带有荧光物质(如 FAM 等)，3′端带有淬灭物(如 TAMRA 等)进行荧光检测的方法。当探针完整时，5′端的荧光物质受到 3′端淬灭物质的制约，不能发出荧光。在 PCR 反应退火过程中，荧光探针便会和模板杂交。在 PCR 反应的延伸过程中，Taq DNA 聚合酶的 5′→3′Exonuclease 活性可以分解与模板杂交的荧光探针，5′端的荧光物质便会游离出来，发出荧光。通过检测反应体系中的荧光强度，可以达到检测 PCR 产物扩增量的目的。

三、实验材料、试剂与仪器

1. 样品

市售酸乳产品。

2. 试剂

基因组 DNA 提取试剂盒。

磷酸缓冲液：NaCl 8 g/L，KCl 0.2 g/L，Na_2HPO_4 1.44 g/L，KH_2PO_4 0.24 g/L，pH 7.4，121℃灭菌 20 min 后 4℃保存。

3. 仪器及用具

ABI PRISM 7500 Fast Real-Time PCR 基因扩增仪(美国 ABI 公司)。

四、实验方法与步骤

1. 乳酸菌 DNA 的提取

将酸乳用磷酸缓冲液按体积比 1:1 或 1:2 稀释(根据酸乳的黏稠程度而定)，4℃、200g 离心 5min，收集上清液，按照基因组 DNA 提取试剂盒的说明提取乳酸菌 DNA。

2. 引物设计

选取德氏乳杆菌保加利亚亚种的 16S~23S 基因间隔区为目标片段；对于嗜热链球菌选取其 16S rDNA 设计引物及探针。

3. 反应体系及条件

反应体系：Premix Ex TaqTM(2×)12.5μL，10μmol/L 引物各 0.5μL，10μmol/L 荧光探针溶液 1μL，ROX Reference Dye Ⅱ(50×) 0.5μL，DNA 模板 2μL，加灭菌

ddH_2O 使总体积为 25μL。

反应条件：第 1 个循环为 95℃，10s；后 40 个循环为 95℃，5s；60℃，34s。

4. 结果判读

(1)循环阈值(*Ct* 值)≤35，表明 PCR 过程中有目标 DNA 的扩增，可直接判定为阳性。

(2)待检样基因检测 *Ct* 值在 36~40 之间，应重做实时荧光 PCR 扩增；再次扩增后的外源基因 *Q* 值仍小于 40，且曲线有明显的对数增长期，并且阴性对照、阳性对照和空白对照结果正常，则可判定为阳性；再次扩增后外源基因 *Ct* 值大于 40，且阴性对照、阳性对照和空白对照结果正常，可判定为阴性。

五、注意事项

(1)配制反应体系时，应注意移液器的使用方法，所有的液体都要缓慢加至管底，不要加至管壁，所有液体的混匀要用振荡器进行，不能用移液器吹打，反应体系配制完毕后低速离心数秒，避免产生气泡。

(2)扩增的片段和探针的特异性是在建立实时荧光 PCR 检测方法过程中最重要的一个环节，它既要保证扩增片段的特异性，又要保证在 PCR 过程中的高效扩增。扩增的片段在 100~200 bp 左右是比较合适的，扩增片段太长会造成扩增效率低，曲线增幅度低；扩增片段太短会造成片段的特异性达不到检测要求。

六、实验结果

根据实时荧光 PCR 扩增曲线结果判定能否只检测到德氏乳杆菌保加利亚亚种和嗜热链球菌，即是否与商品标识说明一致。

【思考题】

1. 实时荧光 PCR 检测发酵产品中乳酸菌的原理是什么？
2. 实时荧光 PCR 实验中引物设计应注意什么问题？

Ⅱ　变性高效液相色谱法

一、目的要求

掌握变性高效液相色谱法检测乳酸菌的原理及操作方法。

二、基本原理

变性高效液相色谱(DHPLC)利用离子对反相液相色谱技术对核酸片段进行分离和分析。DNA 分子带负电荷，而分离用色谱柱的固相呈电中性疏水性，因此 DNA 分子本身不能直接吸附到柱子上。一种充当"桥梁"作用的分子——离子对试剂 TEAA(三乙胺乙酸盐)，可以帮助DNA分子与柱子固相填料表面分子结合，使TEAA的阳性铵离子与DNA相互作用，同时烷基链与柱子的疏水表面相互作用。DNA片段越长，结合的TEAA越多，越不易被洗脱。因此DNA片段大小分析是长度依赖性分离，而非序列依赖性分离。

三、实验材料、试剂与仪器

1. 样品

市售酸乳产品。

2. 试剂

基因组DNA提取试剂盒，Ex Taq(5 U/L)，dNTP(2.5mM)，10×buffer。

磷酸缓冲液：NaCl 8 g/L，KCl 0.2 g/L，Na_2HPO_4 1.44 g/L，KH_2PO_4 0.24 g/L，pH 7.4，121℃灭菌20 min后4℃保存。

缓冲液A：0.1mol/L的三乙胺醋酸溶液，pH 7.0。

缓冲液B：0.1mol/L三乙胺醋酸和25%的乙腈。

缓冲液C：75%的乙腈溶液。

3. 仪器及用具

PE2700 PCR扩增仪(美国ABI公司)，WAVE 4500系统(美国Transgenomic公司)。

四、实验方法与步骤

1. 乳酸菌DNA的提取

将酸乳用磷酸缓冲液按体积比1∶1或1∶2稀释(根据酸奶的黏稠程度而定)，4℃、200g离心5min，收集上清液，按照基因组DNA提取试剂盒的说明提取乳酸菌DNA。

2. PCR扩增

反应体系：模板DNA 50 ng，10μmol/L引物各2μL，dNTP 4μL，10×buffer 4μL，LEX Taq酶0.5μL，加灭菌ddH_2O使总体积为50μL。

PCR扩增：使用通用引物对细菌的16S rDNA进行扩增，片段大小为194kb，F(5′-CCTAC GGG AGG CAG CAG-3′)和R(5′-ATT ACC GCG GCT GCT GG-3′)扩增16S rRNA基因V3区。

PCR程序：94℃预变性5min，94℃变性30s，65℃退火1min，72℃延伸2min，之后每个循环退火温度降低1℃直至55℃，在这个退火温度再进行20个循环，72℃最终延伸7min。

3. DHPLC分析

将常规PCR扩增的乳酸菌PCR产物进行DHPLC分析。

检测条件：柱温61℃，梯度洗脱程序为缓冲液A∶B(体积比)为54∶46(0min)→48∶52(0.5min)→44∶56(1.8min)→43∶57(3.0min)→41∶59(4.3min)→39∶61(5.5min)。流速为0.9mL/min。

片段收集及DNA测序：取50μL PCR产物，用DHPLC收集DNA片段。在收集片段前用100% 缓冲液 D，柱温 80℃，流速 0.9mL/min 冲洗柱子 15～30min，清除残留在柱子上的 DNA 片段。然后将收集到的片段送至公司测序，测序结果在 NCBI 上进行比对。

4. 结果判读

打开 WAVEMAKER，在 WAVE 操作系统中，编制样品表，并根据样品表将样品放进相应的样品架上。在计算机控制下自动开始样品检测。

五、注意事项

PCR 产量不足且特异性差时，DHPLC 的色谱图往往不易判断；PCR 过度扩增时，一方面，增加碱基错误掺入的可能性，导致假阳性；另一方面，非特异性扩增产物含量增加，往往导致 DHPLC 分辨能力下降，或形成异常峰型，容易导致检测失败。在分析过程中，减少扩增循环数，可以减少非特异性产物。

六、实验结果

根据 DHPLC 图谱判定能否只检测到德氏乳杆菌保加利亚亚种和嗜热链球菌，即是否与商品标识说明一致。

【思考题】

1. 变性高效液相色谱检测发酵产品中乳酸菌的原理是什么？
2. 哪些因素会影响 DHPLC 的分辨率？

实验 45　乳酸菌的液体厌氧发酵

一、目的要求

了解乳酸菌的厌氧发酵特性，学习厌氧发酵的基本方法。

二、基本原理

乳酸菌能在厌氧环境下生存，蛋白质分解能力弱，大多数乳酸菌没有脂肪酶活性或很弱，发酵过程中几乎不产生氨、三甲胺、二甲胺等胺类和吲哚、甲基吲哚、硫醇等含硫化合物，以及羰基化合物、挥发性脂肪酸等与腐败有关的物质。乳酸菌在厌氧条件下能利用碳水化合物发酵产生大量乳酸，本实验探讨乳酸菌厌氧发酵产乳酸的基本过程。

三、实验材料、试剂与仪器

1. 菌种

嗜热链球菌(*Streptococcus thermophilus*)。

2. 培养基(料)及试剂

MRS培养基(附录Ⅳ培养基5)。

牛乳琼脂培养基：脱脂乳粉20g，1.6%溴甲酚绿乙醇溶液2mL，酵母膏10g，琼脂20g，加水至1 000mL，pH 6.8，121℃灭菌15min。

牛乳液体培养基：脱脂乳粉20g，葡萄糖10g，水1 000mL，121℃灭菌15min。

3. 仪器及用具

高压灭菌锅，恒温培养箱，超净工作台，生物显微镜等。

四、实验方法与步骤

1. 菌种活化

将嗜热链球菌接种到牛乳琼脂培养基上，40℃培养48h。挑取活化的菌落接种到牛乳液体培养基中，轻轻摇匀后40~42℃培养3~4 h。

2. 乳酸发酵

在250mL锥形瓶中加入150mL MRS培养基。MRS培养基分为两组，一组为正常MRS培养基，一组加入无菌$CaCO_3$ 3g。嗜热链球菌接种量为10%，接种后轻轻摇匀，40~42℃恒温培养箱中静置培养30h。

3. 取样检测

在0，8，16，24，30 h取样分析，测定pH值和乳酸含量，记录测定结果。

五、实验结果

记录乳酸菌厌氧发酵产乳酸值及发酵液pH值(表4-3)，绘制乳酸菌液厌氧发酵过程曲线。

表4-3 乳酸菌厌氧发酵过程中pH值及乳酸含量变化

发酵时间/h	pH	乳酸含量/(g/100mL)
0		
8		
16		
24		
30		

【思考题】

说明嗜热链球菌在MRS液体培养中进行乳酸发酵时添加$CaCO_3$的目的和意义。

实验 46　乳酸菌的高密度培养

Ⅰ　补料分批培养

一、目的要求

1. 了解补料分批培养的原理。

2. 掌握 5 L 发酵罐恒速流加和指数流加的操作方法。

二、基本原理

补料分批培养是根据菌株生长和初始培养基的特点，在分批培养过程中间歇或连续地补加新鲜培养基的发酵方法。补料分批发酵过程中基质浓度能维持很低，避免快速利用碳源的阻遏效应，减缓代谢有害物的不利影响。

恒速流加和指数流加属于补料分批培养中非反馈流加补料方式，恒速流加是指以恒定的速率将培养基流入发酵罐中，流加速率可按实验要求变化。指数流加是基于微生物指数生长理论而发展起来的一种方法，它是指在整个培养期间生长限制性底物的流加速率与细胞生长成比例地增加，该方法可以将生长速率控制在不产生副产物的范围之内，使菌体稳定生长，还可以将反应器中的基质浓度控制在较低的水平，从而大大降低了有害代谢物的产生。

三、实验材料、试剂与仪器

1. 菌种

植物乳杆菌（*Lactobacillus plantarum*）L-Y9（来源于发酵香肠）。

2. 培养基（料）及试剂

MRS 培养基（附录Ⅳ培养基 5），改良 MRS 培养基（附录Ⅳ培养基 6）。

补料液：麦芽糖 200g，蛋白胨 200g，牛肉膏 200g，酵母膏 100g，柠檬酸三铵 60g，加水至 1 000mL，pH 6.4，0.1MPa 灭菌 20min。

3. 仪器及用具

5 L 全自动磁力搅拌玻璃发酵罐，全自动立式电热压力蒸汽灭菌锅，垂直流洁净工作台，电子天平，电热恒温培养箱，锥形瓶，试管，pH 计，接种环等。

四、实验方法与步骤

1. 种子培养液的制备

取适量冻干菌粉接种到 10mL MRS 培养液试管中，36℃静置培养过夜。在试管中经过 3 次继代培养后，接种到含有 100mL MRS 培养液的锥形瓶中，经过 36℃培养 12 h后制得种子培养液。

2. 5L 发酵罐加料

补料分批培养在5L发酵罐中进行，工作体积为3.5L，搅拌速度100r/min，培养温度36℃。实消冷却后，将活化好的植物乳杆菌L-Y9以3%接种量(10^6cfu/mL)接种到3.5L优化的MRS培养基中。

3. 补料分批培养

分批培养16h后，打开蠕动泵，分别采用恒速流加和指数流加两种不同的流加方式向发酵液中添加新鲜的补料液，流加10h后关闭蠕动泵停止补料，此后分批培养至48h结束发酵。

恒速流加：以恒定的速度0.2g/h(以麦芽糖计)将补料液加到发酵罐中。

指数流加：补料液的流加速率由下面方程式计算得出

$$F_i = \frac{V_0 X_0}{Y_{X/S}(S_i - S)} \mu \exp(\mu t)$$

式中 F_i——流加速度(L/h)；
V_0——补料初始发酵液的体积(L)；
X_0——补料初始发酵罐中的细胞质量浓度(g/L)；
$Y_{X/S}$——碳源对细胞的得率系数(g/g)；
S_i——补料液中的碳源质量浓度(g/L)；
S——发酵罐中的碳源质量浓度(g/L)；
μ——比生长速率(h^{-1})；
t——培养时间(h)。

菌株在指数流加培养中，补料液的碳源质量浓度为200g/L，将比生长速率设定为0.2h^{-1}，根据5L发酵罐中菌株L-Y9的生长曲线，将得率系数($Y_{X/S}$)设定为0.16g/g，补料t时刻的补料速率F_i根据以上方程式计算得出。由于流加速率很难严格按照指数曲线连续改变，只能以阶梯形式增加，尽量逼近指数流加曲线，故可每2h阶段式调整一次补料速率。

五、注意事项

(1)菌株在补料分批培养时一般在对数末期进行补料，故应在补料分批培养前对菌株进行静置培养，了解菌株的生长规律，从而确定正确的补料时间。

(2)补料液既可以采用新鲜培养基，也可以对新鲜培养基的组分和比例进行优化，从而筛选出更合适的补料液配方。本实验采用的是优化后的补料液配方。

六、实验结果

(1)每隔2h测定发酵液中乳酸菌生物量(g/L)、残糖质量浓度(g/L)和pH值，绘制发酵曲线。

(2)记录静置培养、恒速流加和指数流加3种不同培养方式获得的最高乳酸菌生物量及对应的发酵时间，比较不同培养方法在实际生产中的优劣。

【思考题】

1. 影响乳酸菌高密度培养的因素有哪些?
2. 乳酸菌高密度培养中污染杂菌的风险存在于哪些步骤中，如何避免?

Ⅱ 细胞循环培养

一、目的要求

1. 了解细胞循环培养的原理。
2. 掌握5L发酵罐细胞循环培养的操作方法。

二、基本原理

细胞循环培养法是通过某种方式将细胞保留在培养体系中的培养方法，一般通过沉降、离心和膜过滤3种方式进行。膜过滤培养是在普通培养装置上附加一套膜过滤系统，用泵将培养液强制流过滤膜，把菌体截留，浓缩后的培养液返回反应器中，再添加新鲜培养基。细胞循环培养可以除去抑制性代谢产物，低浓度的培养基可以得到较高的细胞密度，并且可以就地分离产物，有利于下游操作。

三、实验材料、试剂与仪器

1. 菌种

戊糖片球菌(*Pedococcus pentosaceus*) L－FL6(来源于发酵肉)。

2. 培养基(料)及试剂

MRS培养基(附录Ⅳ培养基5)，H_2O_2。

3. 仪器及用具

5L全自动磁力搅拌玻璃发酵罐，过滤膜具，垂直流洁净工作台，电子天平，电热恒温培养箱，全自动立式电热压力蒸汽灭菌锅，pH计，台式高速冷冻离心机，分光光度计等。

四、实验方法与步骤

1. 种子培养液的制备

取适量冻干菌粉含有10mL MRS培养液试管中，30℃静置培养过夜。在试管中经过3次继代培养后，接种到装有150mL MRS培养液的锥形瓶中，经过30℃培养18h后制得种子培养液。

2. 5L发酵罐细胞循环培养

细胞循环培养在5L发酵罐中进行，工作体积为3L，搅拌速度150r/min，培养温度为30℃。将活化好的戊糖片球菌L-FL6以5%的接种量(10^6cfu/mL)接种到3L培养基中，通过流加 4mol/L NaOH 维持发酵液 pH 值恒定在 7.4。菌株培养至对数末期(8h)时开始进行第一次细胞循环培养，在压力作用下用蠕动泵泵出发酵液 1.5L，随后，泵入新鲜培养基以维持发酵罐体积不变。每隔 4h 进行一次泵循环，连续循环 4 次，32h 后结束发酵。

五、注意事项

细胞循环培养过程中，采用聚砜过滤膜，截留分子量 5 000。发酵前，整个膜过滤系统采用 5mg/mL H_2O_2 处理 2h，并用无菌蒸馏水清洗。

六、实验结果

(1)每隔 2h 测定发酵液中乳酸菌生物量(g/L)、残糖质量浓度(g/L)和 pH 值，绘制发酵曲线。

(2)分别记录静置培养和细胞循环培养获得的最高乳酸菌生物量及对应的发酵时间，比较不同培养方法在实际生产中的优劣。

【思考题】

细胞循环培养与补料分批培养相比，存在哪些优缺点？

实验 47　乳酸菌直投式发酵剂的制备

一、目的要求

掌握和理解乳酸菌直投式发酵剂菌粉的制备方法和意义。

二、基本原理

乳酸菌直投式发酵剂是不需要活化和增殖而直接用于生产的一类发酵剂。它是指通过选择合适的菌种及培养基，添加适当的增菌因子，优化培养条件，对菌体进行高密度液体培养，之后进行浓缩分离，添加保护剂进行真空冷冻干燥，无菌包装后得到的一系列高浓度和标准化的发酵剂菌种。直投式发酵剂具有菌种活力强、使用方便和质量稳定的优点，同时它避免了生产时菌种活化、扩培等预处理工作造成的菌种污染、退化和生产效率低等问题。

三、实验材料、试剂与仪器

1. 菌种

德氏乳杆菌保加利亚亚种(*Lactobacillus delbrueckii* subsp. *bulgaricus*)CICC 6032，嗜热链球菌(*S. thermophilus*)CICC 6038。

2. 培养基(料)及试剂

脱脂乳培养基，MRS培养基(附录Ⅳ培养基5)，脱脂乳粉，乳清粉，海藻糖，山梨醇，麦芽糊精。

3. 仪器及用具

电子天平，恒温培养箱，柜式冷冻离心机，低温冰箱，真空冷冻干燥机等。

四、实验方法与步骤

(一)培养基的制备

1. 基础MRS培养基

按照附录Ⅳ培养基5方法配制后，灭菌备用。

2. 脱脂乳培养基

脱脂乳12g，水100mL，115℃灭菌20min。

3. 菌体增殖培养基

(1)菌体增殖培养基配方

嗜热链球菌：番茄汁7.5%，麦芽汁11%，$CaCO_3$ 0.5%，乳清粉1.5%，基础MRS培养基79.5%。

德氏乳杆菌保加利亚亚种：番茄汁10%，平菇汁7.5%，$CaCO_3$ 0.5%，乳清粉1.5%，基础MRS培养基80.5%。

(2)番茄汁、平菇汁的制备方法　将番茄、平菇分别与蒸馏水按1:1的质量比混合，榨汁，过滤，煮沸20min，冷却备用。

(3)麦芽汁的制备方法　将麦芽与蒸馏水按1:4的质量比混合，60℃水解24h，冷却，用蒸馏水调整糖度为13°P，备用。

4. 菌体真空冷冻干燥保护剂配方

海藻糖1.5g，甘油0.5g，山梨醇2g，麦芽糊精1g，脱脂乳粉8g，水100mL，115℃灭菌20min。

(二)菌体的增殖培养

将经脱脂乳培养基活化的德氏乳杆菌保加利亚亚种和嗜热链球菌，按4%的接种量分别接入增殖培养基中，采用20% Na_2CO_3溶液维持培养基的pH值恒定(德氏乳杆菌保加利亚亚种pH值为5.8，嗜热链球菌pH值为6.4)，40℃厌氧条件下，对菌体进行增殖培养，至稳定期前期(15h)，8 000r/min离心20min，收集菌体，得到菌泥。

(三)真空冷冻干燥菌体

将菌泥与保护剂按1:3的质量比混合均匀，-70℃冰箱预冻3h后进行真空冷冻干燥(冷阱温度-51℃，真空度9Pa，干燥时间24h)，收集菌粉，采用真空包装，-4℃冷藏，即乳酸菌直投式发酵剂。

（四）采用直投式发酵剂进行牛乳发酵

采用生理盐水，将按上述工艺制备好的嗜热链球菌和德氏乳杆菌保加利亚亚种直投式发酵剂分别配制成0.06%的溶液，40℃保温30min后，各取上述溶液2mL混合接种到10%的灭菌脱脂乳中，43℃恒温发酵。

五、注意事项

(1)为了提高菌体的冷冻干燥成活率，需取培养至稳定期前期(嗜热链球菌、德氏乳杆菌保加利亚亚种为15h)的菌体进行菌悬液的制备、冷冻、干燥。

(2)在将菌体进行真空冷冻干燥前，一定要先将机器的冷阱温度降至设定温度(－51℃)，以保证冷冻腔室内的温度为0℃以下，这样可以避免经预冻处理(－70℃，3h)后的菌体由于温度突然升高而再次被融化所引起的菌体干燥成活率降低的问题。

六、实验结果

(1)测定真空冷冻干燥前和真空冷冻干燥后的活菌数，计算菌体存活率。

(2)观察记录发酵牛乳的凝乳时间、凝乳状态，并对最终的发酵产品进行感官评价。

【思考题】

真空冷冻干燥过程中哪些因素会影响菌体的存活率?

实验48 产胞外多糖乳酸细菌的分离筛选

一、目的要求

1. 了解乳酸菌胞外多糖的益生功能及实用价值。
2. 掌握产胞外多糖乳酸菌筛选的基本原理及胞外多糖含量的测定方法。

二、基本原理

乳酸菌胞外多糖是乳酸菌在生长过程中分泌到细胞壁外的黏液或荚膜多糖。乳酸菌胞外多糖具有多种功能特性，能改善乳制品的黏度、质构和口感，防止缩水和乳清析出，使产品增稠、稳定，质地细腻均匀，口感润滑。此外，它还具有良好的生理活性，如增强机体免疫力、抗病毒、抗溃疡、抗肿瘤等，还可以作为益生元促进肠道内其他益生菌的生长，优化肠道微生态环境。因此，乳酸菌胞外多糖具有重要的研究意义和开发价值。

多糖难溶于乙醇，在乙醇溶液中易出现絮状沉淀，可通过多糖的这种性质对其进行沉淀分离。多糖的检测通常采用苯酚－硫酸法，其原理是苯酚－硫酸试剂与游离的寡糖或多糖中的己糖、糠醛酸（或甲苯衍生物）发生显色反应。己糖在 490 nm 处（戊糖及糖醛酸在 480 nm）处有最大吸收，且吸光值与糖含量呈线性关系，可通过标准曲线法进行测定。

三、实验材料、试剂与仪器

1. 样品

市售乳制品、肉制品。

2. 培养基（料）及试剂

MRS 培养基（附录Ⅳ培养基 5），6% 苯酚（临用前用 80% 苯酚配制），浓硫酸（分析纯），葡萄糖（色谱级）。

3. 仪器及用具

生物显微镜，恒温培养箱，超净工作台，高压灭菌锅，高速离心机，紫外分光光度计。

四、实验方法与步骤

1. 菌种的分离

称取 25g 样品，磨碎后溶于 225mL 无菌生理盐水中，振荡均匀后，取 1mL 菌悬液进行梯度稀释，吸取不同稀释度的菌液 1mL 于灭菌平板中，导入含有 3% $CaCO_3$ 的 MRS 培养基，混合均匀后放置于 37℃恒温培养箱中。

2. 菌种的初筛

待培养 24~48h 后取出平板，挑取有溶钙圈且表面黏稠的单菌落，有些单菌落用接种环挑取时可见明显的拉丝现象。对这些菌落进行革兰染色和显微镜观察，将革兰染色呈阳性且纯化后的菌株进行下一步复筛。

3. 菌种的复筛

将初筛的菌株接种到 MRS 液体培养基中 37℃培养 24h，将发酵液在 10 000g 离心 10min，取上清液加入 3 倍体积的 95% 冷乙醇，4℃静置过夜后，12 000g 离心 10min，收集沉淀，用蒸馏水溶解，将溶解液装于透析袋中，用去离子水透析过夜。定容后用硫酸－苯酚法检测胞外多糖含量，筛选胞外多糖产量相对较高的菌株。

4. 多糖含量测定的标准曲线制作

准确称取葡萄糖 20mg 加水定容至 500mL。各种试剂按照表 4-4 所列加入后静置 10min，摇匀，室温放置 20min 后于 490nm 波长下检测吸光值，以 2. 0mL 水按同样显色操作作为空白。以多糖微克数为横坐标，吸光值为纵坐标做标准曲线。

表 4-4 苯酚－硫酸法标准曲线制作参考表

编号	葡萄糖溶液(40mg/L)/mL	蒸馏水/mL	6%苯酚/mL	浓硫酸/mL	OD_{490}
1	2.0	0.0	1.0	5.0	
2	1.8	0.2	1.0	5.0	
3	1.6	0.4	1.0	5.0	
4	1.4	0.6	1.0	5.0	
5	1.2	0.8	1.0	5.0	
6	1.0	1.0	1.0	5.0	
7	0.8	1.2	1.0	5.0	
8	0.6	1.4	1.0	5.0	
9	0.4	1.6	1.0	5.0	
10	0.2	1.8	1.0	5.0	

五、注意事项

(1)实验前用重蒸酚配制80%苯酚，4℃贮存。实验中6%苯酚临用前用80%苯酚配制。

(2)溶液多糖含量过高，检测时其吸光值会超出标准曲线线性范围，导致准确性差，故一般以多糖溶液接近无色为准。

六、实验结果

(1)初筛时对有溶钙圈和黏性菌落进行仔细观察，记录菌落特征、菌落黏性和拉丝情况，并将挑取的菌落进行标号。

(2)计算并记录菌株所产胞外多糖产量(表4-5)。

表 4-5 分离菌株培养情况

菌株编号	菌落特征	OD_{490}	黏性和拉丝情况	EPS 含量/(mg/mL)
1				
2				
3				

【思考题】

硫酸－苯酚法测定胞外多糖含量过程中应注意哪些因素?

实验 49 乳酸 5L 发酵罐发酵实验

一、目的要求

1. 掌握乳酸菌发酵葡萄糖生成乳酸的机理。
2. 学习生物传感器测定葡萄糖和高效液相色谱仪测定乳酸的方法。
3. 学习乳酸菌 5L 发酵罐中以葡萄糖为原料生产乳酸的操作方法。

二、基本原理

乳酸是重要的有机酸，可作为酸味剂、芳香剂、防腐剂等广泛应用于食品、制药、酿造、制革、纺织、环保和农业中。乳酸生产的方法主要有化学合成法、酶合成法和发酵法 3 种，微生物发酵法是乳酸的主要生产方法。乳酸菌为厌氧或兼性厌氧菌，发酵过程不需通气，能耗低，同时乳酸菌还可利用非糖原料，如淀粉质原料、糖蜜等，大大降低原料成本，在工业生产中乳酸菌是主要的发酵菌种。本实验以葡萄糖为原料生产 L－乳酸和 D－乳酸。乳酸菌利用葡萄糖生产乳酸机理如下：

1. 同型乳酸发酵

同型乳酸发酵时葡萄糖经 EMP 途径降解为丙酮酸，丙酮酸在乳酸脱氢酶的催化下还原成乳酸，其发酵总反应式为：

$$C_6H_{12}O_6 \xrightarrow{\text{EMP 途径}} 2CH_3COCOOH \xrightarrow{\text{乳酸脱氢酶}} 2CHCHOHCOOH + 2ATP$$

在此发酵过程中，1 moL 葡萄糖可以生成 2 moL 乳酸，理论转化率为 100%。但是由于发酵过程中微生物有其他生理活动存在，因此一般认为转化率在 80% 以上，即为同型乳酸发酵。

2. 异型乳酸发酵

异型乳酸发酵时葡萄糖经 HMP 途径降解为 5－磷酸核酮糖，再经差向异构酶和磷酸同解酶的作用生成 3－磷酸甘油醛和乙酰磷酸。3－磷酸甘油醛经 EMP 途径的后半部分转化为乳酸，而乙酰磷酸则进一步还原为乙醇。异型乳酸发酵产物除乳酸外，还有乙醇、CO_2等，其产能水平比同型乳酸发酵发酵低一半，发酵总反应式为：

$$C_6H_{12}O_6 + ADP + Pi \longrightarrow CH_3CHOHCOOH + CH_3CH_2OH + CO_2 + ATP$$

在此发酵过程中，1moL 葡萄糖生成 1moL 乙酸、1moL CO_2和 1moL 乳酸，理论转化率为 50%。

目前，由于生物可降解塑料需要高纯度的 L－乳酸和 D－乳酸，因此利用同型乳酸发酵菌株生成光学纯的 L－乳酸和 D－乳酸正在受到人们的重视。

三、实验材料、试剂与仪器

1. 菌种

鼠李糖乳杆菌(*Lactobacillus rhamnosus*)CGMCC No 2183。

2. 培养基(料)及试剂

MRS 培养基(附录Ⅳ培养基5)。

种子培养基：葡萄糖 20g，酵母粉 5g，蛋白胨 5g，$CaCO_3$ 10g，水 1 000mL，pH 6.5。115℃灭菌 20min。以上试剂均为分析纯。

发酵培养基：工业葡萄糖 200g，豆粕水解液 230g，玉米浆 22g，$CaCO_3$ 100g，水 1 000mL，初始 pH 值为 6.5，115℃灭菌 20min 备用。以上试剂均为工业级。

3. 仪器及用具

超净工作台，高压灭菌锅，恒温培养箱，全自动式 5L 发酵罐，生物传感分析仪 SBA-40C，Agilent 高效液相色谱仪，高速离心机等。

四、实验方法与步骤

1. 斜面培养

将鼠李糖乳杆菌 CGMCC No 2183 菌种接种于固体斜面 MRS 培养基上，37℃培养 36h。

2. 种子培养

将活化的菌株在无菌条件下用接种环接 2 环于装有 30mL 种子培养基的 100mL 锥形瓶中，37℃静置培养 20h。将 30mL 种子培养液接入装有 400mL 种子培养基的 1 000mL 锥形瓶中，37℃静置培养 20h。

3. 发酵培养

在 5L 发酵罐中加入 3.6L 发酵培养基。将 400mL 种子培养液接入发酵罐中，40℃静置培养 60h。其中每隔 12h 搅拌一次，搅拌转速 50r/min，旋转半径 33mm，搅拌时间 30min。在 40h 补加 200g 工业葡萄糖和 100g 碳酸钙。

4. 样品处理与检测

取发酵液 6 000r/min 离心 5min，取上清液稀释，检测葡萄糖含量、L－乳酸含量和 D－乳酸含量。

(1)葡萄糖的测定　采用生物传感分析仪 SBA-40C 测定。生物传感分析仪是以固定化酶为传感器的分析仪器，葡萄糖与氧气、水在葡萄糖氧化酶的催化下生成葡萄糖酸和 H_2O_2。反应放出的 H_2O_2 与白金－银电极接触，并产生电流信号，该电流信号与葡萄糖浓度呈线比例关系，通过测定电流信号强度可得出葡萄糖浓度。

(2)乳酸的测定　L－乳酸和 D－乳酸含量采用 Agilent 1100 液相色谱仪测定，手性分离柱 4.6ID × 50mm，流动相为 0.002mol/L 硫酸铜，流速为 0.5mL/min，进样量 20μL，紫外检测器检测波长 254nm，柱温 25℃。

5. 计算方法

$$\text{L－乳酸光学纯度}(\%)=\frac{\text{L－乳酸浓度(g/L)}-\text{D－乳酸浓度(g/L)}}{\text{L－乳酸浓度(g/L)}+\text{D－乳酸浓度(g/L)}}\times 100\%$$

$$\text{转化率}(\%)=\frac{\text{L－乳酸浓度(g/L)}}{\text{葡萄糖消耗量(g/L)}}\times 100\%$$

五、注意事项

(1)乳酸细菌在发酵过程中需要添加 $CaCO_3$ 作为中和剂，发酵终止时，由于乳酸浓度较高，会出现发酵液结晶析出的现象。因此，在后续测定的过程中，可以将待测的发酵液加热到90~100℃，以便于检测。

(2)发酵过程中需要添加葡萄糖和 $CaCO_3$，因此会增加杂菌污染机会，在发酵过程中应规范操作，防止带入杂菌。

六、实验结果

记录发酵液葡萄糖浓度、L-乳酸浓度、D-乳酸浓度检测结果，计算L-乳酸光学纯度和转化率。

【思考题】

简述发酵过程中添加葡萄糖和碳酸钙的目的和意义?

实验50　干酪发酵

一、目的要求

1. 了解干酪的加工原理，掌握干酪的制造方法和加工工艺。
2. 了解酶法凝乳及重要工艺参数对制品品质的影响。

二、基本原理

干酪是以鲜乳为原料，经杀菌、添加发酵剂和凝乳酶使乳凝固，再经排乳清、压榨、发酵成熟而制成的一种发酵乳制品。干酪含有丰富的营养成分，成品将原料中的蛋白质和脂肪浓缩了10倍，另外还富含多种氨基酸、维生素、矿物质等。干酪种类繁多，根据分类依据可有多种分类方式。制成后未经发酵成熟的产品称为新鲜干酪；经长时间发酵成熟的称为成熟干酪，这两种干酪统称为天然干酪。本实验以成熟干酪为例，说明干酪的发酵过程。

牛乳凝结是干酪生产的基本工艺，通常是通过添加凝乳酶来完成，也可用其他蛋白酶或将酪蛋白酸化至其等电点(pH 4.6~4.7)来凝固，粗制凝乳酶中的主要活性成分是皱胃酶。凝结分两个阶段：酪蛋白被凝乳酶转化为副酪蛋白；副酪蛋白在钙盐存在的情况下凝固。钙离子是形成凝结物时不可缺少的因子，实践中添加氯化钙改善牛乳凝结能力。

三、实验材料、试剂与仪器

1. 材料

生鲜牛乳。

2. 培养基(料)及试剂

凝乳酶，$CaCl_2$，柠檬酸，发酵剂(乳酸链球菌和乳油链球菌)，NaOH。

3. 仪器及用具

小型干酪生产线，干酪成型模具，干酪刀，温度计，铲子等。

四、实验方法与步骤

(一)基本工艺流程

原料乳杀菌→冷却→添加发酵剂→调酸→加 $CaCl_2$、凝乳酶→凝块切割→搅拌、排乳清→堆积→成型→压榨→加盐→成熟→包装

(二)操作步骤

1. 热处理

将乳用纱布滤入干酪槽中杀菌，或在另一容器中杀菌后再注入干酪槽中保温。杀菌条件为73~78℃、15s，之后迅速冷却至30℃。

2. 添加发酵剂

添加发酵剂时，用高质量无抗生素残留的脱脂乳粉制备干物质含量为10%~12%的培养基，115℃、15min或90℃、30min杀菌后溶解和活化商用发酵剂粉，一般1 000mL原料乳中加入1g即可。42℃培养2~4h。

3. 调酸和添加 $CaCl_2$

发酵后，检测滴定酸度。如酸度不够，需用柠檬酸调整酸度至24°T(约pH 4.6)。然后，添加0.02%的 $CaCl_2$(10%溶液)，充分搅拌。

4. 添加凝乳酶

凝乳酶量按其效价计算后加入(一般剂量在1:1 000~1:15 000)。用双倍的水或牛乳稀释，然后加入乳中。加入后小心搅拌2~3min，静置8~10min，30~45℃静置直至凝乳(0.5~1h)。

5. 切块及凝块处理

切块前检查乳凝固是否正常。用手指插入凝乳中，指肚向上挑开凝块，如果裂口整齐，质地均匀，乳清透明，即可用纵槽切刀将凝块切成1.0~1.5cm^3的小方块。然后用耙轻轻搅拌切块15min左右，以排出乳清，增加切块硬度。开始搅拌10min后排出乳量1/3~1/2乳清，剩余部分进行二次加温处理(升至40℃，1min升温1℃)，同时搅拌30~40min。

6. 堆积成型

二次加温搅拌结束后，将下沉的奶酪粒堆至干酪槽的一端，放出乳清并用带孔的

木板堆压 15min 左右，压成干酪层，再用刀切成与模具大小，放入模型中，手压成型。

7. 压榨

先用预先洗净的干酪布(医用纱布即可)，以对角方向将成型好的干酪团包好(防止出皱褶)放入模型中，然后置于压榨器上预压 30min 左右取下，打开包布，洗布重新包好。以前次颠倒方向放入模型内再上架压榨，如此反复 5~6 次，转入最后压榨 3~6h，压榨结束后进行干酪团的整形。

8. 盐渍

将干酪团置于饱和盐水内，顶部撒些干盐，盐渍 5~7d，室温 10℃左右，相对湿度 93%~95%，盐渍期间每天翻转 1 次。

9. 成熟

盐渍后将干酪团用 90℃热水冲洗、干燥后，再置于成熟室架上进行成熟，成熟温度为 10~14℃，相对湿度 90%~92%，后期为 85%左右。成熟时间至少2~2. 5 个月以上。成熟期间每隔 7~8d 用温水清洗 1 次防霉。

10. 上色、挂蜡、包装

成熟后的干酪清洗、干燥后，用食用色素染成红色，等色素完全干燥后，再在 160℃的石蜡中挂蜡，或用收缩塑料薄膜进行密封。成品在低于 5℃，相对湿度 80%~90% 的条件下保存。

干酪国标

五、实验结果

(1)记录预酸化后的酸度，报告 $CaCl_2$、柠檬酸和凝乳酶的添加量。计算干酪得率。

(2)描述成品干酪的感官形态，分析成品缺陷和改进措施。

【思考题】

1. 干酪凝乳机理与酸奶有何不同？如何控制凝乳过程？
2. 干酪制作过程中的预发酵有何作用？为什么还要调整酸度？

实验 51　发酵香肠制作

一、目的要求

1. 了解香肠发酵剂微生物种类、作用及发酵方法。
2. 熟悉发酵香肠的加工原理与方法，理解发酵和成熟过程中的物理化学变化。

二、基本原理

发酵香肠是指将绞碎的肉、动物脂肪与糖、盐、发酵剂和香辛料等混合后灌入肠衣，经过微生物发酵而制成的具有稳定的微生物特性和典型发酵香味的肠类制品。发酵香肠加工过程中，造成产品低 A_W 值和低 pH 值环境，抑制了肉中腐败菌、病原菌的增殖，因而具有较好的保藏性、微生物安全性和独特的风味。此外，发酵香肠中活的乳酸菌有利于协调人体肠道内微生物菌群的平衡，发酵过程中，肌肉蛋白质被分解成肽和游离氨基酸，增加蛋白质的消化率，所以发酵香肠具有营养特性。

发酵香肠的生产主要包括配料、发酵和成熟干燥 3 个阶段。配料有原料肉、脂肪、腌制剂、碳水化合物等。发酵时可采用细菌、酵母菌、霉菌等微生物。在发酵香肠成熟过程中，乳酸菌分解肠馅中的碳水化合物产酸，降低 pH 值；分解脂肪产生游离脂肪酸，游离脂肪酸进一步氧化产生与风味有关的多种化合物；蛋白质降解产生多肽、肽和游离氨基酸，游离氨基酸进一步降解产生挥发性的醛、酮、酯等风味物质或生物胺。本实验主要介绍商用发酵剂生产发酵香肠的生产工艺。

三、实验材料、试剂与仪器

1. 菌种

植物乳杆菌（*L. plantarum*）和木糖葡萄球菌（*Staphylococcus xylosus*）冻干发酵剂。

2. 培养基（料）及原辅料

猪后腿肉，背膘，精盐，蔗糖，白酒，味精，脱脂奶粉，葡萄糖，香辛料，抗坏血酸，硝酸钠，亚硝酸钠等。

3. 仪器及用具

高压灭菌锅，超净工作台，恒温培养箱，绞肉机，灌肠机，斩拌机，蒸熏炉。

四、实验方法与步骤

（一）基本工艺流程

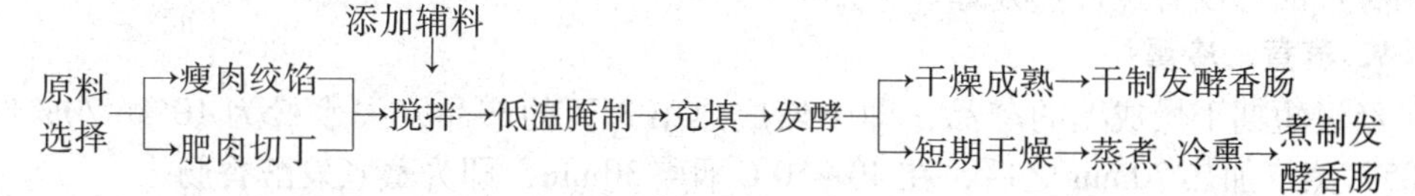

发酵香肠的加工方法会根据原料肉的形态、发酵方法和条件、发酵剂的活力及辅料的不同而有一定变化。

（二）操作步骤

1. 原材料准备

猪肉要求 3 级或 4 级的冷却猪腿肉，剔除筋膜，切成 5cm 见方肉块，在 4mm 孔径的绞肉机下绞碎。肉馅要求松散，不超过 2℃，肥膘要求使用冷冻的背膘，切成 4mm 左右大小的丁，或是用斩拌机斩成雪花状，不能斩成泥。

2. 硝酸钠和亚硝酸钠的比例

煮制发酵香肠为 1:3，干制发酵香肠为 1:0.7，硝酸钠－亚硝酸钠混合物用水溶解后加入混料中。

3. 发酵剂制备

5g 脱脂奶粉和0.75g 葡萄糖溶于50~100mL 水，加入1g 乳酸菌和葡萄球菌的冻干混合物，常温放置3~5h，即配成可用于5 kg 原料产品的发酵液。常温放置3h 后与辅料一起添加到肉馅中。

4. 原辅料添加、搅拌

按照瘦肉4 000g、肥膘丁1 000g、食盐125g、蔗糖25g、硝酸钠(亚硝酸钠)1g、香料25g 倒入搅拌机，搅拌10min 左右。搅匀时要求肉馅的温度不超过2℃。其中香料可为黑胡椒、大蒜粉、辣椒粉、奶酪粉等或其组合物。

5. 低温腌制

搅拌的物料在0~4℃腌制6~10h。

6. 充填

将搅拌好的肉馅用灌肠机灌入直径为3.6cm 的天然肠衣中。充填时要保障肉馅温度不超过5℃，每个250g。在灌制完成后扎绳封口，用排气针排除空气，并用清水冲去肠衣表面的肉末，挂入恒温培养箱。

7. 发酵

温度25~28℃，相对湿度90%~95%环境中发酵，发酵时间为24~36h，每4h 测定pH 值，pH 值降为4.8~5.0之间，停止发酵，降低湿度和温度，进行干燥成熟。

8. 干燥成熟

干燥温度14~15℃，风速0.2~0.3m/s，湿度逐渐降低。干燥的第1天，相对湿度为90%，第2天为88%，第3天为85%。第4~10天为80%，第10~15天为75%，第15~20天为70%，第20~25天为65%，直到产品的A_W降到0.82~0.85。干燥成熟产品的失水量达到灌制完质量的35%~40%。干燥接近完成时保持温度在15℃，相对湿度60%~70%，风速0.4~0.5m/s。当A_W为0.85~0.90，或失水量为20%~30%时，即为半干发酵香肠；当A_W为0.82~0.85，失水量为35%~40%时，即为干发酵香肠。此两种产品都没有经过热处理。

9. 蒸煮、冷熏

经过短期干燥成熟的产品，即干燥成熟第3天的产品，失水量为10%~20%时，在85℃蒸汽加热70min之后，在40~50℃烟熏30min，即为蒸煮发酵香肠。

五、实验结果

(1)观察记录发酵香肠制作过程中感官变化，并测定分析样品pH 值和水分活度变化规律。

(2)评价样品的感官质量，并进行缺陷分析。发酵香肠外观上应表现为肠体表面干燥，与肉结合紧密，坚实有弹性，色泽暗红，断面平整，肥肉呈白色，瘦肉呈鲜红色，呈红白相间状。风味酸味柔和，鲜香醇厚，咸淡适中，具有独特的腌制风味。

【思考题】

1. 发酵香肠的加工原理和特点是什么?

2. 发酵香肠加工过程中发酵和成熟对其品质有何影响?

实验52 凝固型酸乳制作

一、目的要求

1. 了解发酵剂制备的过程和操作要点。

2. 掌握酸乳制造方法、基本原理,对最终产品进行感官评定、理化检测及品质分析。

二、基本原理

酸乳是指在添加(或不添加)乳粉(或脱脂乳粉)的乳中(杀菌乳或浓缩乳),由德氏乳杆菌保加利亚亚种和嗜热链球菌的作用进行乳酸发酵制成的凝乳状产品,成品中必须含有大量的、相应的活性微生物。上述两种菌株的比例会影响乳制品的风味和质地。

发酵剂是指生产发酵乳制品时所用的特定微生物培养物,它含有高浓度乳酸菌,能够促进乳的酸化过程。通常有3个阶段,即乳酸菌纯培养物、母发酵剂和生产发酵剂。用于制备酸乳的发酵剂菌种主要是德氏乳杆菌保加利亚亚种和嗜热链球菌。目前市场上也有双歧杆菌、嗜酸乳杆菌、植物乳杆菌、鼠李糖乳杆菌等益生乳酸细菌发酵的酸乳。

发酵剂的乳酸发酵作用是指利用乳酸菌对底物进行发酵,使碳水化合物转变为有机酸,乳的pH值降低,促使酪蛋白凝固,产品形成均匀细致的凝块,并产生良好的风味。

根据生产方式,酸乳可分为凝固型、搅拌型和饮料型3种。本实验主要介绍凝固型酸乳的制作。

牛乳发酵过程中,随着乳酸菌的增殖,牛乳逐渐酸化,酪蛋白粒子中的钙、磷离子游离出来,成为溶解状态,与乳酸结合生成乳酸钙。当pH值达到5.2~5.3,酪蛋白粒子就失去稳定开始沉淀,降到等电点(4.6~4.7)时,完全发生沉淀,这些蛋白沉淀物可将脂肪球和含有可溶性成分的乳清包起来,使制品呈半流体状有一定硬度的胶体,组织状态平滑,似柔软乳蛋糕状。

随着乳酸含量的增加,发酵菌本身会产生抑制作用,其中乳酸离子对发酵菌的危害比氢离子要大得多。但在低酸度乳中乳酸通常为0.85%~0.95%,高酸度乳中乳酸含量为0.95%~1.20%,低于有些乳酸菌耐性界限(嗜热链球菌能忍受0.8%,德氏乳杆菌保加利亚亚种能耐受1.7%),故不能使乳酸菌停止生长,要抑制乳酸菌生长,必须使产品冷却。

冷却后冷藏后熟除抑制菌体生长、降低酶的活性、延长保存期外,还可促进香味物质产生,改善酸乳硬度。香味物质产生的高峰期一般在制作完成后的第4个小时或更长时间，所以，要使酸乳形成良好的风味，需12~24h来完成。由于酸乳冰点在-1℃，故要延长保存期，冷藏温度应控制在0℃或-1℃左右。

在酸乳制作时，除产生乳酸外，还有少量副产品，包括羰基化合物(如乙醛、丁二酮、丙酮、3-羟-2-丁酮)、挥发性脂肪酸(如甲酸、己酸、辛酸等)和醇类。

三、实验材料、试剂与仪器

1. 菌种

德氏乳杆菌保加利亚亚种，嗜热链球菌。

2. 试剂、原辅材料

NaOH，酚酞指示剂，脱脂乳粉，生鲜牛乳，白砂糖。

3. 仪器及用具

高压均质机，超净工作台，生化培养箱，pH计，生物显微镜，冰箱，夹层锅，电锅炉，电子秤，高压灭菌锅，吸管，量筒，锥形瓶等。

四、实验方法与步骤

(一)工艺流程

乳酸菌纯培养物→母发酵剂→生产发酵剂

↓

原料乳预处理→标准化→配料→均质→杀菌→冷却→加发酵剂→灌装→发酵→冷却后熟→凝固型酸乳

(二)操作要点

1. 发酵剂的制备

商用发酵剂经灭菌的适宜培养基进行溶解和活化。培养基一般用高质量无抗生素残留的脱脂乳粉制备。扩大培养的顺序是种子培养物→母发酵剂→中间发酵剂。

(1)乳酸菌纯培养物　11%的脱脂乳分装于灭菌试管中，115℃灭菌15min后冷却至43℃左右，接种菌粉(或已活化的菌种1%~2%)，42℃培养至乳液凝固，冷却后4℃冷藏。一般重复上述步骤3~4次，以达到在接种4~5h后凝固，酸度达90°T左右为准。每隔1~2周移植一次。

(2)制备母发酵剂　11%的脱脂乳分装于灭菌的锥形瓶，每瓶300~400mL，115℃灭菌15min后冷却至43℃，接种乳酸菌纯培养物2%~3%，43℃培养3~6h至乳液凝固，冷却至4℃冷藏备用。如此重复2~3次，使乳酸菌保持一定的活力，然后再制备生产发酵剂。

(3)制备生产(工作)发酵剂　将脱脂乳、新鲜全脂乳或脱脂复原乳(总固形物含量10%~12%)90~95℃杀菌15min，冷却至43℃，接种2%~3%母发酵剂(球菌与杆菌混合)，43~45℃培养2.5~3.5h，乳液凝固后冷却至4℃，此时酸度大于0.8%，发酵剂的活菌数应达到1×10^8~1×10^9cfu/mL，冷藏备用。

2. 凝固型酸奶的制备

(1)原料乳检验、标准化　用脱脂乳将原料乳总乳固体含量调至11.5%。一般原料乳总乳固体含量约为8%，可按8%进行估算，也可用恒重法和计算法测得全乳固体含量。比重计读数在1.029~1.031之间，酸度≤20°T，同时应检测抗生素等，确保原料乳满足发酵要求。

(2)配料　乳中添加质量体积分数6%~8%的蔗糖，混合均匀。

(3)均质　均质处理可使原料充分混匀，有利于提高酸乳的稳定性和稠度，并可使酸乳质地细腻，口感良好，避免脂肪的上浮和乳清的析出。混合料在55~65℃、10~20MPa条件下进行均质。

(4)杀菌　杀菌可杀灭原料乳中的杂菌，钝化乳中的天然抑菌物，促进乳酸菌的繁殖，同时使乳清蛋白变性，改善酸乳的组织状态。用不锈钢容器将乳加热至90~95℃，保温5~10min进行杀菌。

(5)冷却、接种　杀菌后的混合料冷却到43℃，然后按3%比例加入发酵剂，搅拌均匀。

(6)发酵　接种后，灌装入经过消毒的容器内进行发酵。当乳凝后，酸度达到85°T时，移入冷藏柜，终止发酵。

(7)后熟　在冷藏柜内冷却至4℃，保持12~24h完成酸乳的后熟。

五、注意事项

(1)选择优良的发酵剂菌种是酸乳发酵成败的关键。优良的发酵菌种应具备发酵产酸、产香气成分、产黏性物质、适宜的水解蛋白质与脂肪活力、较弱的后酸化活力等特性。

(2)发酵剂中杆菌与球菌的混合比例对酸奶品质的影响很大，应根据产品种类、风味要求、菌种特性等确定。混合培养的发酵剂往往随着传代次数的增加，球菌的比例越来越小，因此，对混合培养的发酵剂中的两菌比例需要经常进行检测和调整。

(3)在长期传代过程中，可能会有杂菌污染或造成菌种的退化或菌种老化、裂解。因此，菌种要不定期的纯化、复壮。

六、实验结果

对照凝固型酸乳的感官要求、微生物指标和理化指标，每组对所制作酸乳进行质量评定。并进行结果定性和缺陷分析(表4-6)。

发酵乳国标

表4-6　酸乳质量评定及检测结果

评定项目	滴定酸度	乳酸菌数	感官要求
标准状态	发酵后70~90°T 后熟后80~100°T	1×10^6 cfu/g	凝乳稳固细腻，色泽均匀一致，自然的乳白色； 表面光滑、无乳清分离； 香味和滋味纯正浓郁，无异味
发酵状态			

（续）

评定项目	滴定酸度	乳酸菌数	感官要求
结果定性			
缺陷分析			

【思考题】

1. 牛乳的杀菌工艺有哪几种？酸乳生产中哪种最合适，为什么？
2. 乳酸菌在乳中发酵的原理是什么？牛乳为什么会凝固？

实验 53　泡菜发酵及过程观察

一、目的要求

1. 了解泡菜发酵的条件、产物及发酵微生物特性。
2. 掌握利用乳酸菌发酵腌制泡菜的原理及方法。

二、基本原理

乳酸菌为微需氧或厌氧菌，故厌氧状态是保证发酵成功的必要条件。

泡菜发酵期间，根据微生物的活动情况和乳酸积累情况，可将发酵过程分为 3 个阶段：

(1)初期　蔬菜刚入坛时，原料表面带入的微生物中，以不抗酸的大肠杆菌和酵母菌类较为活跃，进行异型乳酸发酵和微弱的酒精发酵，产物为乳酸、乙醇和 CO_2 等，此时期坛内会间歇性放出气泡，逐渐形成厌氧状态。此时泡菜液的含酸量 0.3%~0.4%，此为初熟阶段。风味为咸而不酸，有生味。

(2)中期　乳酸杆菌开始活跃，进行同型发酵，此时累积乳酸量可达 0.6%~0.8%，pH 值为 3.5~3.8，抑制大肠杆菌、腐败菌、霉菌活动。此为成熟阶段，泡菜酸而清香。

(3)后期　继续通行乳酸发酵，乳酸含量不断增加，当其含量达到 1.2% 以上时，乳酸杆菌活性受到抑制，发酵速度变缓，甚至停止。该阶段酸度过高，风味不协调。

三、实验材料、试剂与仪器

1. 原辅材料

萝卜，包心菜，食盐，蔗糖，花椒，大料，生姜，茴香，草果等。

2. 仪器及用具

玻璃泡菜罐，生物显微镜，温度计，案板，刀具等。

四、实验方法与步骤

(一)工艺流程

盐水配制↓

原料准备→清洗→切分→装罐→腌制→发酵→检验→成品

(二)操作步骤

(1)蔬菜准备　将萝卜洗去泥土，切成小块，放入灭菌的泡菜坛中，约占体积1/2；清洗剔除有腐烂、病虫害的甘蓝，用手将其掰成小块，晾晒使失水20%。

(2)盐水的配制　按照泡菜坛大小确定盐水量配制盐水，水选用井水、泉水等含矿物质较多的硬水，加热煮沸后，冷却备用。

盐水配方：凉开水1.25kg、盐88g、糖25g，也可以在新盐水中加入25%~30%的老盐水，以调味接种。

(3)香料包准备　称取花椒2.5g、大料1g、生姜1g、其他(如茴香、草果等)适量，用布包裹，备用。各种香料最好碾成粉后包装。

(4)装坛　将蔬菜放入已经清洗、消毒好的沥干的泡菜坛，装至一半时放入香料包、干辣椒等，再放入蔬菜至距离坛顶部6cm处，加入盐水将菜完全腌住，并用竹片将原料卡住，以免浮出水面，水与原料比约为1:1，加盖、加水密封。

(5)腌制　放入30℃环境中腌制5~6d即可食用，观察其颜色、质地、风味的变化。

五、注意事项

(1)原料处理方法，如萝卜不得去皮等；多种蔬菜共泡时，最好投入适量大蒜、洋葱、红皮萝卜等有杀菌作用的蔬菜，以减少杂菌；减少坛内空间。

(2)泡菜坛内忌油脂类物质，取食泡菜时，不要用带有油脂的筷子或其他用具，以免油类浮在液面，滋生杂菌。

(3)注意水槽水质卫生，经常换水。为保证安全，可在水中加入15%~20%精盐；换水或取菜时，防止外水内滴。

六、实验结果

记录发酵现象，检测发酵过程菌群演替规律、泡菜盐水pH值等理化指标变化。

【思考题】

1. 说明泡菜制作过程中坛口密封原因。
2. 影响泡菜中亚硝酸含量的因素有哪些？如何减少亚硝酸的生成？
3. 对于颜色较深的泡菜样品，测定其酸度时终点不易观察，如何处理？

实验 54　柠檬酸发酵及产物提取

一、目的要求

1. 了解柠檬酸液体发酵及分析方法。

2. 了解并记录黑曲霉培养过程中培养基中基质的变化与产物的形成情况。

二、基本原理

柠檬酸发酵为典型的有机酸发酵。淀粉质原料如薯干粉或玉米粉中的淀粉经微生物代谢产生的淀粉酶、糖化酶作用水解为葡萄糖，葡萄糖经 EMP 或 HMP 途径转变为丙酮酸，丙酮酸进一步被氧化脱羧生成乙酰 CoA，然后在柠檬合成酶的作用下与草酰乙酸缩合成柠檬酸后进入三羟酸循环，通过三羟酸循环进行有氧呼吸的能量代谢。但就柠檬酸产生菌而言，由于其顺乌头酸合成酶和异柠檬酸脱氢酶活性很低，而柠檬酸合成酶的活性很高，因而大量积累柠檬酸，草酰乙酸的提供则仍通过丙酮酸羧化而成。

在成熟的柠檬发酵液中大部分是柠檬酸，但还含有部分原料渣、菌丝体以及其他的代谢产物等杂质。柠檬酸的提取方法有钙盐沉淀法、离子交换法、电渗析法及萃取法等，目前广泛用于国内生产的是钙盐沉淀法，其原理是利用柠檬酸与碳酸钙反应形成不溶性的柠檬酸钙而将柠檬酸从发酵液中分离出来，并利用和硫酸酸解从而获得柠檬酸粗液，经活性炭、离子交换树脂的脱色及脱盐，再经浓缩、结晶、干燥等精制后获得柠檬酸成品，其中和及酸解反应式如下：

中和：

$$2C_6H_8O_7 \cdot H_2O + 3CaCO_3 \longrightarrow Ca_3(C_6H_5O_7)_2 \cdot 4H_2O \downarrow + 3CO_2 \uparrow + H_2O$$

酸解：

$$Ca_3(C_6H_5O_7)_2 \cdot 4H_2O + 3H_2SO_4 + 4H_2O \longrightarrow 2C_6H_8O_7 \cdot H_2O + 3CaSO_4 \cdot 2H_2O \downarrow$$

本实验以提取柠檬酸钙盐为主。

三、实验材料、试剂与仪器

1. 菌种

黑曲霉 Co827。

2. 材料及试剂

液化酶 92 000U/g，玉米粉，轻质碳酸钙(200 目)，0.142 9mol/L NaOH，1% 酚酞指示剂，3,5－二硝基水杨酸试剂，葡萄糖，草酸铵结晶紫液(A 液：1% 结晶紫，95% 酒精溶液；B 液：1% 草酸铵溶液。取 A 液 20mL、B 液 80mL 混合，静置 48h 后使用)。

3. 仪器及用具

旋转式摇床，超净工作台，恒温培养箱，高压灭菌锅，生物显微镜，离心机，蒸发器，分光光度计，水浴锅，分析天平，pH 计，烘箱，容量瓶，滴定管，滤布，布氏漏斗，试管，烧杯，500mL 锥形瓶等。

四、实验方法与步骤

(一)柠檬酸发酵

1. 摇瓶种子制备

(1)摇瓶发酵培养基的配制　将玉米粉用100目筛子筛好备用，称取200g玉米粉于烧杯中，同时加入自来水800mL，混匀。

(2)培养基的糖化　边加热边搅拌培养基，待加热到90℃后，加入高温淀粉水解酶0.5~1mL，加热搅拌恒温保持20~30min，防止糊化粘壁，用碘指示剂检验不变蓝，即糖化完全，得到20%玉米水解液全液(含碳6.73%，氮1.26%)。

(3)分装、灭菌　将糖化好的培养基装入2个摇瓶(锥形瓶)中，装入量为摇瓶总体积的1/10，2~4层纱布封口，121.3℃灭菌15~20min。

(4)接种　待培养基温度降至40℃以下时，将活化的黑曲霉孢子(约为4~5片麸皮)接种入培养基中，在33~36℃，200~300r/min的摇床中20h左右，培养后菌体浓度应达6.0×10^6~1.5×10^7个/mL，菌丝球为致密形的，菌球直径不应超过0.1mm，菌丝短，且粗壮，分支少，瘤状，部分膨胀为优。种子液无异味、无杂菌污染，pH 2~2.5，酸度1.5%~2.0%。

2. 发酵培养

(1)发酵培养基的配制　将配制摇瓶发酵培养基时所剩的约700mL糖化培养基取出100mL，另外600mL用滤布(2~4层纱布)过滤，得到透明清液(含碳7.27%，氮0.13%)，然后将未过滤的糖化培养基与500mL过滤后的清液混匀。

(2)分装、灭菌　取40mL混合后的培养基加入500mL摇瓶(小于总体积的1/10)，两层纱布封口，121.3℃灭菌15~20min。

(3)接种　待培养基温度降至40℃以下，接入发酵种子2mL，置摇床上前24h转速控制为100r/min，后24h转速提高到200~300r/min，35℃连续培养72h。

(二)柠檬酸的提取——柠檬酸钙的制备

1. 发酵液预处理

将成熟的柠檬酸发酵液加热至80℃，保温10~20min，趁热进行离心分离，取滤液备用并记录滤液总体积。

2. 发酵液总酸的测定

取滤液1mL，加5mL蒸馏水于洁净锥形瓶加入1滴酚酞指示剂用0.142 9mol/L NaOH滴定至初显红色为止，记下NaOH的消耗量。

3. 中和

将发酵滤液加热至70℃，同时加入发酵液总酸量72%的轻质碳酸钙进行中和至pH 5.8，残酸0.2%~0.3%，并于85℃条件下搅拌并保温30min。

4. 离心及洗糖

将中和液趁热离心，倾去上清液后加入滤液总量1/2的80℃热水洗糖，再次离心所得固体即为柠檬酸钙盐。

5. 称重

将所得柠檬酸钙置于干燥洁净的表面皿中，于105℃烘干称重。

五、注意事项

(1)用碘液检验淀粉含量时要待被检测液冷却后才能检测，否则结果不准确。装入摇瓶的培养基不能太多，否则培养过程中黑曲霉所需要的氧气不充分。

(2)种子液制备好后应用显微镜检测菌球的生长状况，若菌丝细长则说明黑曲霉已经提前进入柠檬酸发酵时期，会导致后期的柠檬酸产量降低。

(3)黑曲霉为好氧菌，发酵过程中不能断氧，否则发酵失败。

六、实验结果

(1)对种子液进行镜检，观察菌丝形态，并测定菌球直径及粗略估算1mL种子液中菌球数。

(2)测定发酵过程中还原糖(残糖)、柠檬酸含量、pH值，以观察发酵过程中黑曲霉的耗糖与柠檬酸的生成速率；并观察发酵中的菌体形态变化。

(3)计算柠檬酸发酵的转化率，即每100g葡萄糖经转化所能生成的柠檬酸克数(柠檬酸发酵的理论转化率按下列反应计算应为106.7%)，并根据所得的钙盐质量计算钙盐的提取收率。

【思考题】

1. 从黑曲霉活化至最后进入摇瓶发酵，中间可否省略发酵种子扩大培养这一步？为什么？
2. 简述发酵液预处理的意义及洗糖的目的。

实验55　醋醪中醋酸菌的分离纯化与保藏

一、目的要求

通过实验掌握醋醪中醋酸菌的分离纯化方法。

二、基本原理

醋酸菌是能把酒精氧化为醋酸的一类细菌的总称，酿醋所用醋酸菌要求耐酒精、耐酸，繁殖快，氧化酒精能力强，生酸速度快，能在较高温度下繁殖和发酵，抵抗杂菌能力强，并能产生食醋特有的香气和风味。醋缸中正常发酵的醋醪中含有大量的醋酸菌，取醋醪直接稀释涂布培养，挑取长势好、基数大、菌落形态明显且有碳酸钙溶解圈的单菌落再划线培养，进一步培养就能得到纯化的醋酸菌。

三、实验材料、试剂与仪器

1. 样品

醋醪。

2. 培养基(料)及试剂

醋酸菌基础培养基：葡萄糖10g，酵母膏10g，水1 000mL，pH自然，115℃灭菌30min，冷却至70℃加入3%无水乙醇。

分离保藏培养基：葡萄糖10g，酵母膏10g，琼脂15g，无菌碳酸钙20g，水1 000mL，pH自然，115℃灭菌30min，冷却至70℃加入3%无水乙醇。

3. 仪器设备

超净工作台，生化培养箱，电子天平，高压灭菌锅，生物显微镜，培养皿，涂布棒等。

四、实验方法与步骤

(1)取醋醪用无菌水稀释成不同梯度，取100μL稀释液涂布于醋酸分离培养基平板，置于生化培养箱中，30℃培养48h。

(2)从平板上挑取长势好、基数大、菌落小而明显且有碳酸钙溶解圈的单菌落划线于新的平板，置于生化培养箱中，30℃培养48h，再次重复以上操作，确认为菌落形态一致的单菌落，接种于醋酸培养基斜面，30℃培养72h后保藏于4℃冰箱内。

(3)从平板上用接种环挑取醋酸菌落，制菌涂片，用革兰染色，油镜观察。

(4)将分离纯化的醋酸菌接种于基础培养基，置于生化培养箱中，30℃静置培养72h，取5mL培养液在3 000r/min转速下离心5min，再取上清液以2.5mol/L的NaOH溶液中和至中性，记录产乙酸量，加入5%氯化铁溶液3～5滴，形成红褐色沉淀即为醋酸菌。

五、注意事项

分离培养基配制时，碳酸钙与培养基要摇匀，方可倒平板，否则碳酸钙沉于底部，生长在表面的菌落可能无透明圈出现。

六、实验结果

(1)描述平板分离培养时不同的菌落形态特征，绘图表示从醋醪中分离的醋酸菌镜检形态。

(2)记录醋酸菌的产乙酸量。

【思考题】

试设计一个从自然界中分离选育高产醋酸菌的方案。

实验 56　食醋酿制

食醋是一种世界性的酸性调味品，酸、甜、咸、鲜，诸味协调。中国的食醋通常是以大米、高粱、小麦等谷物为原料酿造而成的，山西老陈醋、镇江香醋、保宁麸皮醋和福建永春红曲醋是中国四大名醋，它们在原料、酿造工艺和产品特点等方面各具特色。为方便实验操作，以米醋酿制为例。

Ⅰ　生料糖化米醋的制作

一、目的要求

了解生料糖化制醋的基本原理和工艺过程，掌握生产关键技术。

二、基本原理

米醋是我国传统的酸性调味品。传统的食醋酿制方法是以大曲、麸曲、小曲、红曲等为前发酵剂进行酒精发酵。这种生产工艺生产周期长，劳动强度大，能源消耗大。随着科学不断发展，近年又研制出了酿醋发酵剂，使原料淀粉的利用率大大提高，不仅成本降低，而且不需蒸料，省略了麸曲和酒母的制备，操作简便，减轻了劳动强度，为目前制醋最简单的工艺。

实验利用生料，用前发酵剂进行淀粉糖化及酒精发酵，采用活性醋酸菌进行醋酸发酵。

三、实验材料、试剂与仪器

1. 菌种

混合前发酵剂，醋酸菌菌粉等。

2. 培养基(料)及原辅材料

醋酸菌培养基(参照实验55)，米粉、麸皮、稻壳、粗食盐等。

3. 仪器及用具

恒温培养箱，超净工作台，发酵缸，淋醋缸，酸度计，电炉，锥形瓶，量筒，纱布等。

四、实验方法与步骤

(一)工艺流程

前发酵剂 ↓（加入淀粉糖化及酒精发酵）；活性醋酸菌 + 麸皮 + 稻壳 ↓（加入醋酸发酵）

米粉 + 麸皮→润水→淀粉糖化及酒精发酵→醋酸发酵→加盐后熟→淋醋→灭菌→澄清→成品

（二）操作要点

1. 润水

将10kg米粉与9kg麸皮拌匀入池，按米粉与水1∶5加水，使原料充分吸水涨起，以利于淀粉糖化。

2. 淀粉糖化与酒精发酵（前期稀醪发酵）

将前发酵剂30g加入到料液中，搅拌均匀，盖上塑料布进行双边发酵。发酵期间每天至少搅拌2次，目的是防止表层料发霉变质和有利于微生物的作用，在酒精主发酵阶段，酒醪本身自然上下翻滚，表层出现一层气泡，随起随破。此发酵阶段大约需要4~6d即可完成，发酵温度控制在27~33℃。发酵完成后，醪液呈淡黄色，无长白现象，品尝有点微涩、不黏、不过酸。酒精4%~5%vol，总酸1.58/100mL。

3. 醋酸发酵（后期固体发酵）

当酒精发酵结束后，按原料配比加入6kg稻壳及9kg麸皮，在池内拌匀即为醋醅，然后在表面均匀接入活性醋酸菌5g，盖上塑料布，根据季节不同闷1~2d以后每天翻倒一次，使醋醅松散，并用竹竿将塑料布撑起，供给充足的氧气。开始4~5d支竿不宜过高，因为此阶段是醋酸生成期，如塑料布过高，酒精容易挥发，影响醋醅生成。第一周品温控制在40℃左右，使醋醅温度稳定上升。当醋醅温度达40℃以上时，可将塑料布适当支高，使品温继续上升，但不宜超过46℃。经过11~13d后，也就是醋发酵后期，醋醅温度开始下降，一般在36℃左右。此时，支竿要压低，防止温度过高而烧醅。成熟醋醅的颜色上下一致无生熟不齐的现象，棕褐色，醋汁清亮，有醋香味，不浑，不黄汤。总酸在6.5%左右。

4. 加盐后熟

当酒精含量降到微量时，即可按主料的10%加粗盐，以抑制醋酸过度氧化。因为醋酸菌对食盐忍耐力极弱，食盐浓度达到1%即可终止醋酸菌活动。加盐后再翻1~2d，使其后熟，以增加色泽和香气。

5. 淋醋

把成熟的醋醅装入淋醋池内，放水浸泡，时间长则12h，短则3~4h，泡透为止。淋醋采取套淋法，清水套三醋，三醋套二醋，二醋套头醋。

6. 灭菌及装瓶

醋的灭菌可以直接用火加热或用蒸汽加热杀菌，温度控制在80℃以上，灭菌时间在40min左右，然后装瓶即为成品。

五、注意事项

（1）添加前发酵剂时要求水温在30℃，否则前发酵剂的作用受到影响。

（2）发酵中，醋醅中酒精含量较高（7°以上），必须加适量的温水进行调整，避免高浓度酒精对醋酸菌生长的影响，有利于醋酸菌生长代谢。同时要加部分填充料，防止醋醅含水量增大影响发酵。

（3）气温对食醋生产的影响很大，醋醅的温度随季节的变化而变化，夏季醋酸菌的生命活动加强，品温上升激烈，要将竹竿压低，防止品温过高而出现烧醅现象。春、秋、冬三季，醋酸菌的生命活力减弱，发酵时升温慢，要将竹竿支高些，给以充足的氧气，促使醋酸菌生长代谢，加快发酵过程。

六、实验结果

酿造食醋标准

(1)记录发酵过程中加水量、发酵剂加入量及温度、pH值等参数变化，与熟料发酵米醋工艺进行比较，分析差异原因。

(2)参照GB 18187—2000相关标准对发酵米醋进行评价，分析产品发酵过程中出现的问题及产品缺陷原因。

【思考题】

说明生料糖化米醋的制作发酵特点？在生产中如何防止杂菌对发酵的影响？

Ⅱ 熟料糖化米醋的制作

一、目的要求

掌握熟料糖化米醋的制作工艺过程。

二、基本原理

通过原料蒸煮处理，即对原料进行了消毒处理，预防发酵中杂菌的生长，又对原料中的淀粉进行了糊化处理，提高淀粉的液化、糖化速度。实验采用复合酶制剂进行酒精发酵，采用活性醋酸菌进行醋酸发酵过程制备食醋。复合酶制剂的使用，可省略制曲工艺，减轻劳动力，降低了生产成本。

三、实验材料、试剂与仪器

1. 菌种

复合酶制剂，活性醋酸菌。

2. 培养基(料)及原辅材料

醋酸菌培养基(参照实验55)，米粉，麸皮，稻壳，食盐，谷糠，水等。

3. 仪器及用具

恒温培养箱，超净工作台，发酵缸(罐)，淋醋缸(罐)等。

四、实验方法与步骤

(一)工艺流程

复合酶制剂↓　　　　　　↓活性醋酸菌 + 谷糠

米粉、麸皮混合→润料→蒸料→冷却→酒精发酵→醋酸发酵→加盐后熟→淋醋→灭菌→澄清→成品

麸曲醋酿造视频

(二)操作要点

1. 混合、蒸料

将米粉10kg与麸皮18kg混合，加水润料30min后，常压蒸料1.5~2h，补充水分，并迅速降温，冷却至30℃左右。

2. 酒精发酵

将主料质量0.3%的复合酶制剂加入冷却料中，搅拌均匀，入缸，缸要填满、压实，第2天倒缸，并加盖塑料薄膜封闭。30~35℃发酵4~6h，至酒醅中酒精质量分数为5%左右。

3. 醋酸发酵

酒精发酵后，拌入蒸熟的谷糠3kg、稻壳6kg，加活性醋酸菌4.5g，翻醅使其接种均匀，盖上塑料薄膜，品温一般在38~40℃，每天倒缸1次，醋酸发酵后期，品温自然下降到36℃。此时，防止温度过高而烧醅。

其他工艺同一般的熟料酿醋发酵法。

五、实验结果

(1)记录发酵过程中加水量及温度、pH值等参数变化，结合理论分析参数设定依据。

(2)参照GB 18187—2000相关标准对发酵米醋进行评价，分析产品发酵过程中出现的问题及产品缺陷原因。

【思考题】

1. 熟料糖化米醋制作中的发酵特点。
2. 利用复合酶制剂在工艺上显著的特点是什么？

Ⅲ　白醋的制作

一、目的要求

了解白醋的制作工艺过程及菌种活化方法。

二、基本原理

白醋是以白酒或食用酒精为原料，经醋酸菌的氧化作用将酒精氧化为醋酸。

三、实验材料、试剂与仪器

1. 菌种

醋酸菌沪酿 1.01 或中科 1.41。

2. 培养基(料)及原辅材料

50% vol 白酒或 95% 食用酒精，酵母膏，葡萄糖，蒸馏水，豆汁等。

活化培养基：酵母膏 10g，葡萄糖 3g，酒精 40~50mL，蒸馏水补足 1 000mL。

3. 仪器及用具

恒温培养箱，超净工作台，发酵缸(罐)，摇床，过滤机，灭菌器等。

四、实验方法与步骤

(一)工艺流程

菌种→小三角瓶→大三角瓶→醋酸菌—┐
↓
白酒或食用酒精→稀释→接种→醋酸发酵→过滤→灭菌→成品

(二)操作要点

1. 醋酸菌的培养

将酵母膏、葡萄糖按配方称量，用蒸馏水溶解后，分装于 250mL 锥形瓶中，每瓶 30~50mL，盖上棉塞，于 49.0~58.8kPa 压力条件下灭菌 30min。冷却至 70℃左右时，按配方量加入 95% 酒精，放凉后无菌操作接种醋酸菌，在 30~32℃摇床培养 48h，或在培养箱中静止培养 5~7d。

同样方法扩培至 1 000mL 锥形瓶，每瓶装 100~150mL。

2. 接种

将白酒或食用酒精稀释，使其浓度达到 7%~8%，接入 2%~3% 醋酸菌。

3. 醋酸发酵

30℃下保温发酵。发酵初期醋酸菌细胞数少，需氧量少，因此每天搅拌 1~2 次即可。发酵周期视气温而定，一般在 30℃左右经 20 多天的发酵即成熟。

4. 过滤、灭菌

将发酵好的白醋经过滤机过滤，使其清澈透明。加热至 75 ~ 85℃，灭菌 20~30min。

五、注意事项

生产白醋使用的原料为 50% vol 白酒或 95% 食用酒精，不得使用工业酒精及含杂质高的酒精，避免造成人身危害。

六、实验结果

记录扩培菌种浓度，观察发酵温度、搅拌次数或摇床转速对于醋酸发酵的影响，并对发酵白醋进行感官评价。

【思考题】

根据实验室条件，如何对发酵工艺进行控制？请提出改进的措施。

实验57　果醋加工

一、目的要求

了解果醋酿制原理，熟悉果醋酿制工艺过程及操作要点。

二、基本原理

果醋是以水果为原料，利用微生物的酒精发酵、醋酸发酵制成的一种营养丰富、风味优良的新型保健调味品。果醋富含多种对人体有益的有机酸，有解除疲劳、预防动脉硬化等保健作用。

三、实验材料、试剂与仪器

1. 菌种

酵母菌，醋酸菌等。

2. 培养基(料)及原辅材料

酵母菌斜面培养基(麦芽汁培养基，附录Ⅳ培养基4)，醋酸菌斜面培养基(参照实验55)，苹果或梨，蔗糖等。

3. 仪器及用具

恒温培养箱，离心式榨汁机，手持折光仪，酸度计，电炉，锥形瓶，量筒，滤纸，纱布等。

四、实验方法与步骤

(一)工艺流程

酵母菌　　醋酸菌
↓　　↓

水果→清洗→分切、去核→榨汁离心→调整果汁浓度→酒精发酵→醋酸发酵→陈酿→检验、调整成分→杀菌→冷却过滤→灌装、封口→成品果醋

（二）操作要点

1. 原料选择

选择汁液含量高、甜度大、9 成以上成熟度的水果。

2. 清洗、分切、去核

用清水冲淋清洗苹果，去除果实上的泥土、微生物和农药等，去核切分。

3. 榨汁、调整果汁浓度

实验室采用离心榨汁方式提取果汁，工业生产上采用压榨法提取果汁，添加蔗糖使糖度达到 15%~16%，柠檬酸调整酸度 0.4%~0.7%。

4. 接种

在调整后浓度的果汁装入装液量 400mL 的 1 000mL 锥形瓶中，接入 2%~4% 的活性酵母液。活性酵母液可采用果汁或 2% 糖液添加 10% 酒用干酵母，35℃活化 30min。

5. 酒精发酵

将接种的果汁置于培养箱中，于 28~32℃温度下酒精发酵约 7d。发酵液酒精含量 5%~8%，酸度 1%~1.5%，表明酒精发酵基本完成。

6. 醋酸发酵

在发酵成熟醪中加入培养好的醋酸菌种子 5%~10%，32~35℃摇床培养进行醋酸发酵。根据醋酸菌生长及代谢情况，在醋酸发酵前期控制摇床转速为 200r/min，24h 后将转速提高至 400r/min，96h 后将转速降低至 150r/min，直到酸度不再升高时终止发酵。成熟醋酸发酵醪的酸度在 5%~5.8%。醋酸菌种子扩培培养基选用灭菌果汁添加 3% 无水乙醇。

7. 陈酿

为使产品风味醇厚柔顺，需对醋酸发酵结束的制品 18~20℃陈酿约 30d，使口感比较尖锐、易挥发的成分尽可能地挥发掉。

8. 调整酸度

为使产品符合标准要求，并稳定在一个较小的范围内，需要对陈酿好的果醋进行过滤，并酸度调整。一般调整酸度 3.5%~5.0%。

9. 杀菌、灌装

杀菌可采用超高温瞬时杀菌方式，也可以采用 90℃、30min 方式。实验时可采用杀菌后热灌装，以免换热器冷却、灌装造成的二次污染影响品质。

五、注意事项

（1）酒精发酵开始采用多层纱布包扎封口，以确保适量氧气存在，以便酵母菌生长繁殖，第 2 天开始采用自制发酵栓封口，以便厌氧发酵和指标测定。

（2）醋酸发酵时采用纱布扎口，并采用分段调节转速调节通气量，以满足醋酸菌生长对于气体的需求。

六、实验结果

分别记录酒精发酵、醋酸发酵结束后醪液中糖度、酒精度、酸度及口感方面的变化。

【思考题】

有些企业在榨汁后，增加一步澄清工艺，即在果汁中加入黑曲霉麸曲 2% 或加果胶酶 0.01%（以原果汁计），在 40～50℃下保温 2～3h。试问该工序有何作用？对最终产品质量有何影响？

第5章

发酵豆制品及其他发酵制品制作

实验58　酱油种曲中米曲霉孢子数及发芽率的测定

一、目的要求

1. 掌握应用血球计数板测定孢子数方法。
2. 学习孢子发芽率的测定方法。

二、基本原理

种曲是成曲的曲种，是保证成曲的关键，是酿制优质酱油的基础。种曲质量要求之一是含有足够的孢子数量，必须达到6×10^{9}个/g(干基计)以上，孢子旺盛、活力强、发芽率达85%以上，所以孢子数及其发芽率的测定是种曲质量控制的重要手段。测定孢子数方法有多种，本实验采用血球计数板在显微镜下直接计数，这是一种常用的细胞计数方法。此法是将孢子悬浮液放在血球计数板与盖片之间的计数室中，在显微镜下进行计数。由于计数室中的容积是一定的，所以可以根据在显微镜下观察到的孢子数目来计算单位体积的孢子总数。

测定孢子发芽率的方法有液体培养法和玻片培养法，部颁标准采用玻片培养法。本实验应用液体培养法制片在显微镜下直接观察测定孢子发芽率。孢子发芽率除受孢子本身活力影响外，培养基种类、培养温度、通气状况等因素也会直接影响测定结果。所以测定孢子发芽率时，要求选用固定的培养基和培养条件，才能准确反映其真实活力。

三、实验材料、试剂与仪器

1. 样品

酱油种曲，种曲孢子粉。

2. 培养基(料)及试剂

察氏液体培养基(附录Ⅳ培养基7)，95%酒精，稀硫酸(1∶10)。

3. 仪器及用具

恒温摇床，旋涡均匀器，生物显微镜，载玻片，盖玻片，接种环，酒精灯，血球计数板，电子天平等。

四、实验方法与步骤

(一)酱油种曲孢子数测定

1. 酱油种曲孢子数测定流程

种曲→称量→稀释→过滤→定容→制计数板→观察计数→计算

2. 样品稀释

精确称取种曲 1g(称准至 0.002g)，倒入盛有玻璃珠的 250mL 锥形瓶内，加入 95%酒精 5mL、无菌水 20mL、稀硫酸(1:10)10mL，在旋涡均匀器上充分振摇，使种曲孢子分散，然后用 3 层纱布过滤，用无菌水反复冲洗，使滤渣不含孢子，最后稀释至 500mL。

3. 制计数板

取洁净干燥的血球计数板盖上盖玻片，用无菌滴管吸取孢子稀释液 1 小滴，滴于盖玻片的边缘处(不宜过多)，让滴液自行渗入计数室中，注意不可有气泡产生。若有多余液滴，可用吸水纸吸干，静止 5min，待孢子沉降。

4. 观察计数

用低倍镜头和高倍镜头观察，由于稀释液中的孢子在血球计数板上处于不同的空间位置，要在不同的焦距下才能看到，因而计数时必须逐格调动细准焦螺旋，才能不使之遗漏，如孢子位于格的线上，数上线不数下线，数右线不数左线。在计数前，若发现孢子悬液太浓或太稀，需要重新调节稀释度后再计数。一般样品稀释度要求每小格有 5~10 个孢子为宜。

5. 计算

将计数结果代入公式计算曲种中孢子数，计算公式如下：

(1)16×25 的计数板

$$孢子数(个/g)=\frac{N}{100}\times 400\times 10\,000\times \frac{V}{G}=4\times 10^{4}\times \frac{NV}{G}$$

式中 N——100 小格内孢子总数(个)；

V——孢子稀释液体(mL)；

G——样品质量(g)。

(2)25×16 的计数板

$$孢子数(个/g)=\frac{N}{80}\times 400\times 10\,000\times \frac{V}{G}=5\times 10^{4}\times \frac{NV}{G}$$

式中 N——80 小格内孢子总数(个)；

V——孢子稀释液体积(mL)；

G——样品质量(g)。

6. 清洗

使用完毕后，将血球计数板在水龙头用水冲洗干净，切勿硬物洗刷，洗完后自行晾干或用吹风机吹干。

(二)孢子发芽率测定

1. 孢子发芽率测定流程

种曲孢子粉→接种→恒温培养→制标本片→镜检→计数

2. 接种

用接种环挑取种曲少许接入含察氏液体培养基的锥形瓶中，置于 30℃ 下摇床培养。

3. 制片

用无菌滴管取上述培养液于载玻片上滴1滴，盖上盖玻片，注意不可产生气泡。

4. 镜检

将标本片直接放在高倍镜下观察发芽情况，标本片至少同时做2个，连续观察2次以上，取平均值，每次观察不少于100个孢子发芽情况。

5. 计算

$$发芽率=\frac{A}{A+B}\times 100\%$$

式中 A——发芽孢子数；

B——未发芽孢子数。

五、注意事项

实验中，称样时要尽量防止孢子的飞扬。测定时，如果发现有许多孢子集结成团或成堆，说明样品稀释未能符合操作要求，因此必须重新称重、振摇、稀释。

六、实验结果

(1)样品稀释至每个小格所含孢子数在10个以内较适宜，过多不易计数，应进行稀释调整。结果记入表5-1。

表5-1 计数结果

计算次数	各中格孢子数	小格平均孢子数	稀释倍数	孢子数/(个/g)	平均值
第一次					
第二次					

(2)正确区分孢子的发芽和不发芽状态。培养前要检查调整孢子接入量，以每个视野含孢子数10~20个为宜。实验结果记入表5-2。

表5-2 计数结果

孢子发芽数(A)	发芽和未发芽孢子数($A+B$)	发芽率/%	平均值

【思考题】

1. 用血球计数板测定孢子数有什么优缺点？
2. 影响孢子发芽率的因素有哪些？哪些实验步骤容易造成结果误差？

实验 59 豆豉的制作

一、目的要求

理解豆豉的制作原理，掌握其传统制作工艺及操作要点。

二、基本原理

豆豉是以大豆为原料，经过蒸(煮)、制曲、培菌、发酵等工序，在毛霉、曲霉、细菌、酵母菌等微生物所分泌酶系的作用下，产生豆豉特有的香气和营养成分的一种发酵性豆制品。生产中，通过加盐、添酒、干燥等工序控制酶的活力，延缓发酵进程。

根据接种微生物的不同，豆豉有 3 种类型：毛霉型豆豉(如永川豆豉，风味好)；曲霉型性豆豉(也称豆酱型豆豉，风味一般)；细菌型豆豉(如四川的水豆豉、姜豆豉，风味特殊)。

三、实验材料、试剂与仪器

1. 菌种

AS 3. 2778 或其他毛霉斜面菌种。

2. 实验原辅材料

大豆，白酒，甜米酒，食盐。

3. 仪器及用具

500mL 锥形瓶，接种针，小刀，镊子，纱布，带盖广口瓶，瓷盆，显微镜，恒温培养箱。

四、实验方法与步骤(以毛霉型豆豉为例)

(一)工艺流程

试管毛霉菌种→一级菌种→二级菌种

↓

大豆筛选→浸泡→蒸煮→摊冷→接种→制曲→翻曲→出曲→拌和辅料→装坛→发酵→成熟→检验→成品

(二)菌种制备

1. 制作一级菌种

豆汁、马铃薯汁、米曲汁、麦芽汁各 25% 混匀后，添加 2% 琼脂熬至琼脂完全融化，分装试管，121℃灭菌 20min 后摆斜面。无菌操作接种毛霉，28~30℃培养 72h，得到一级菌种。

2. 制作二级菌种

豆汁、马铃薯汁、米曲汁、麦芽汁各25%摇匀，加入麸皮100g混匀后装入锥形瓶(25g/瓶)，121℃灭菌30min。无菌操作接一级菌种28～30℃培养72h，得二级菌种。

（三）工艺操作

1. 原料配比

大豆2 500g，食盐250g，醪糟25g。

2. 原料筛选

选取颗粒饱满、硕大、粒径大小基本一致、充分成熟、表皮无皱褶、有光泽、无霉变、无虫蛀、无伤痕的大豆。

3. 浸泡

将清洗干净的大豆加水浸泡3～4h。浸泡程度以豆粒表皮刚呈胀满、液面不出现泡沫为佳(含水量45%～52%)，取出沥干水分。

4. 蒸煮

将浸泡好的大豆装入蒸锅中常压蒸煮3～4h，之后保温(90～100℃)焖豆3h。蒸熟的大豆要求熟而不烂、内无生心。也可采用98kPa蒸煮30～40min。

5. 摊冷

将熟料摊凉在清洁的曲台上，待品温降低到28℃左右时接种菌悬液。

6. 制曲

接种拌匀装入透气容器，料厚5cm，28℃培养，每24h翻一次曲，约需72h曲料中布满菌丝，有黑褐色孢子，即可出曲；翻曲既可以疏松曲料，增加空隙，还可起到调节品温，防止温度过高而引起烧曲或杂菌污染。

7. 制豆豉胚

将成曲搓散后准确计量，按原料配比加入食盐、白酒、甜米酒等，拌均匀，务必使成曲充分沾湿。拌和时要精心操作，防止擦破豆粒表皮。

8. 发酵

将豆豉胚装坛密封，经28～30℃发酵30d左右即成成品。

五、实验结果

(1)观察描述制曲、发酵过程中主要变化，探讨制曲终点判断指标。

(2)对照豆豉感官质量标准，对产品进行评定。

豆豉贵州标准

【思考题】

实验豆豉制作过程只接种了毛霉，为什么说在发酵过程中还有细菌、酵母菌的联合作用？各微生物对豆豉酿制的质量有何影响？

实验60　纳豆发酵优良菌株的分离、筛选

一、目的要求

了解纳豆的主要功能性成分及保健功能，掌握从纳豆中分离和纯化纳豆枯草杆菌的方法。

二、基本原理

纳豆中含有多种功效成分，如强效溶栓物质纳豆激酶(NK)、抗氧化作用的超氧化物歧化酶(SOD)、γ-聚谷氨酸(γ-PGA)、异黄酮、皂苷及多种维生素等。纳豆最典型的特征是搅拌后产生大量的黏液，其主要成分为γ-PGA。实验以蛋白酶、纳豆激酶活力为指标对纳豆枯草杆菌进行筛选。纳豆激酶的酶活采用纤维蛋白平板法进行测定。

纳豆芽孢杆菌能够产生纳豆激酶，纳豆激酶是碱性丝氨酸蛋白酶，具有蛋白酶的一般性质。纳豆芽孢杆菌菌株能够在酪蛋白培养基上生长，分解利用酪蛋白。配制好的酪蛋白培养基呈现出乳白色半透明状，经纳豆激酶分解，使得平板上出现透明区域，形成的透明圈与菌落的直径比体现了产酶能力大小。因此，可以利用这种方法来初步筛选高产蛋白酶菌株。由于初筛处理菌株的量相对较大，采用酪蛋白培养基进行初筛，达到缩小菌落范围、降低成本的目的。由于这种方法不能测定实验需要的纤溶酶活力，因此还需选用纤维蛋白平板复筛，用以定性、定量地测定纳豆激酶的酶活力。

三、实验材料、试剂与仪器

1. 样品

市售几种纳豆产品或购买纳豆芽孢杆菌。

2. 培养基(料)及试剂

LB培养基：10g/L蛋白胨，5g/L酵母抽提物，10g/L NaCl，pH 7.0。固体培养基可添加15g/L琼脂。

酪蛋白培养基：1.3g/L Na_2HPO_4，0.36g/L KH_2PO_4，0.1g/L NaCl，0.02 g/L $ZnSO_4$，0.002g/L $CaCl_2$，4.0g/L酪素，15g/L琼脂，pH 7.2。

0.2mol/L醋酸溶液，0.04mol/L巴比妥钠溶液，0.2mol/L盐酸，纤维蛋白原，琼脂糖，凝血酶，尿激酶，无菌生理盐水，大豆。

3. 仪器及用具

恒温培养箱，超净工作台，高压灭菌锅，高速冷冻离心机，紫外分光光度计，电热恒温水浴锅，培养皿，接种环，250mL锥形瓶，玻璃珠。

四、实验方法与步骤

1. 平板制备

配制LB培养基，经0.1MPa，杀菌20min后，摆斜面、倒平板。

2. 菌株分离

取样品纳豆5粒放入装有25mL无菌生理盐水和10余颗玻璃珠的锥形瓶中，室温下浸提24h，间隔15min振荡多次，获得菌悬液，4 000 r/min离心5min，以划线分离法将上清液涂划在LB平板培养基上，放入恒温培养箱中，30℃培养24h。

3. 酪蛋白平板初筛

挑取培养基上的单菌落接种于新鲜的LB斜面，30℃活化24h后，制备菌悬液。以10倍稀释法稀释，分别取10^{-1}，10^{-2}，10^{-3}稀释度菌悬液各0.1mL涂布于初筛酪蛋白培养基平板，30℃培养24h后，观察平板透明圈情况并测量透明圈直径D和菌落直径d，计算二者比值$K(D/d)$，选取K值较大者转接斜面培养。

4. 复筛

(1)蛋白酶活性检测　将初筛所得菌株分别接种大豆发酵纳豆，按照GB/T 23527—2009蛋白酶制剂中的方法测定产品中蛋白酶活力。

(2)纳豆激酶活性测定　采用实验89中纤维蛋白平板法制备纳豆稀释样品粗酶液、纤维蛋白原平板，然后取上清液各10μL点样于制备的纤维蛋白平板，37℃培养18h。通过平板上各透明圈直径D和菌落直径d的比值，取3个平行实验K的平均值，以此考察菌株溶解纤维蛋白的能力。

五、注意事项

在酪蛋白培养基配制过程中，干酪素不易溶于水，即使加热也不能使其完全溶解，因此，需要事先配制1mol/L的NaOH溶液进行滴加润湿，然后加入少量水，边加热搅拌边滴加NaOH溶液，并且不断测定溶液的pH值，使其保持在6.8~7.2，当酪素全部溶解后，再加入其他成分和大量的水定容后，配成培养基分装。由于酪蛋白培养基的需求量很大，因此每次需要大量配制，灭菌后在冰箱里保存。

六、实验结果

观察初筛、复筛菌株生长情况，并将透明圈测量结果、蛋白酶活力计算结果列表比较分析。

【思考题】

简要分析实验安排基本思路，说明复筛选用纤维蛋白平板培养的目的。

实验61　纳豆的制作

一、目的要求

掌握纳豆的传统制作工序，了解纳豆加工工艺条件的优化。

二、基本原理

纳豆是指以大豆为原料，经纳豆枯草芽孢杆菌(*Bacillus subtilis natto*)发酵的一种豆制品。纳豆枯草芽孢杆菌在发酵大豆的过程中，借助其较强的蛋白酶系使60%大豆蛋白降解为可溶性蛋白，又分泌和合成了很多种酶类、维生素、氨基酸等，形成纳豆特有的风味物质、营养素和生理活性物质，如纳豆激酶(Nattokinase，NK)、Pyrazine、抗菌肽、VKZ。其中，NK和Pyrazine是两种在人体内直接和间接溶解血栓的活性物质，既可以阻止血栓的形成又可以溶解血栓，因此它们可以有效地预防和治疗心肌梗死、脑血管梗塞、中风等死亡率和癌症近乎同等的疾病。

纳豆外观最大特点是产生黏性物质，这种黏性拉丝物质是谷氨酸多肽及果聚糖混合物，其拉丝性能在pH 7.2~7.4最为稳定，酸性或碱性都会降低，且易于拉断。纳豆枯草芽孢杆菌的孢子耐热性较枯草杆菌的孢子高1.6倍，利用高温可杀死杂菌，而其孢子被高温激活，迅速发芽、繁殖。发酵过程中氨量会增加，能闻到氨味，但氨味过强，一般表明杂菌污染。

三、实验材料、试剂与仪器

1. 菌种

纳豆杆菌芽孢(或市售纳豆发酵剂)。

2. 实验原辅材料

大豆(市售)，食盐，蔗糖。

3. 仪器及用具

高压灭菌锅，恒温培养箱，锡箔纸，橡胶手套，带盖不锈钢容器，烧杯，培养皿等。

四、实验方法与步骤

(一)工艺流程

芽孢、糖和盐 → 混匀┐(↓接种)

大豆→浸泡→蒸煮、灭菌→冷却→铺层→接种→发酵→后熟

(二)实验步骤

1. 浸泡

将大豆彻底清洗后用3倍量的水进行浸泡。浸泡时间：夏天8~12h、冬天20h。以大豆吸水质量增加2~2.5倍为宜。

2. 灭菌

将浸泡好的大豆放进铺有锡箔纸的容器中，入蒸锅内蒸1.5~2.5h或121℃高压处理15~20min。蒸到大豆容易用手捏碎为宜。

3. 冷却

大豆蒸熟后，不打开容器盖子，倾去其中多余的水，移入超净工作台自然冷却。

4. 接种、混料

在事先灭菌的杯子里用10mL开水溶解盐(约0.1%)、糖(约0.2%)和0.01%纳豆杆菌芽孢(或市售纳豆发酵剂，按其说明使用)，将其混合液喷洒于大豆中搅拌均匀。

5. 培养

将混料均匀平铺于灭菌锡箔纸上，厚2~3cm。再用锡箔纸铺盖于豆层表面，于37~42℃环境下培养20~24h。也可在30℃以上的自然环境中发酵，时间适当延长。当发酵完成时，纳豆就基本做成。

6. 后熟

发酵好的纳豆，还要在0℃(或一般冷藏温度)保存近1周进行后熟，便可呈现纳豆特有的黏滞性、拉丝性、香气和口味。

五、注意事项

(1)杀菌时容器内锡箔纸要用筷子等尖细物打气孔，并将容器密封好，以免灭菌后取出时染杂菌。

(2)大豆宜蒸不宜煮，以免水分太大。

(3)灭菌后大豆搅拌时所用橡胶手套也要用开水灭菌。

六、实验结果

成品纳豆产品应该呈现纳豆特有的黏滞性、拉丝性、香气和口味。

【思考题】

1. 怎样判断做好的纳豆有没有被杂菌污染?
2. 发酵好的纳豆为什么要进行后熟?

实验 62　红曲霉分离纯化及浅盘固体培养

一、目的要求

了解红曲霉浅盘固体培养过程，观察分析培养过程中曲料的变化规律。

二、基本原理

红曲霉为好氧微生物，在培养过程中需要提供充足的氧气。广泛应用于黄酒厂、酱油厂曲霉菌种扩大培养的浅盘固体制曲工艺，通过控制曲醅厚度，结合发酵过程中曲料温度、湿度控制及适时翻曲等工艺，保证菌种氧气供应，使之有利于菌种的生长和相关代谢产物的积累。

浅盘固体培养具有生产设备简单，方法容易掌握，投资小，推广容易等优点，所以自古一直沿用至今。但由于其存在操作相对粗放，容易染菌，产品质量不够稳定，并且劳动强度大、产量低等缺陷，只适用于小型企业使用。

三、实验材料、试剂与仪器

1. 样品

市售红曲米或红曲酒酒药。

2. 培养基(料)及试剂

麦芽汁培养基(5~8 °P 麦芽汁)(附录Ⅳ培养基 4)或豆芽汁培养基(附录Ⅳ培养基 3)，无菌水，优质籼米，醋酸，麸皮，米粉。

3. 仪器及用具

水浴锅，高压灭菌锅，超净工作台，显微镜，恒温恒湿培养箱，恒温摇床，冰箱，电饭锅，培养皿，试管，移液管，接种针，500mL 锥形瓶，纱布，角匙，浅盘(20cm × 15cm × 4cm)等。

四、实验方法与步骤

(一)红曲霉分离纯化

1. 平板制备

麦芽汁培养基或豆芽汁培养基，经灭菌后倒平板。

2. 红曲霉的分离

称取红曲米 5g，放入 45mL 无菌水中，振荡摇匀后于 60℃ 水浴中保温 30min，以杀死不耐热细菌及酵母菌，将上层孢子悬液采用稀释平板法分离，于 30℃ 培养 5d，以获取单菌落。挑取能产生红色色素的红曲霉菌单菌落，用显微镜检查确认后保存。

由于红曲霉菌的菌落较大，为了便于挑取单菌落，分离时稀释度以稍大些为好。

3. 菌种保藏

菌种可采用斜面保藏、矿油保藏、曲粉保藏、砂土管保藏、制曲保藏等。

(1)斜面保藏　取纯化的红曲霉，接种斜面培养基，30℃培养5d，待菌体呈紫红色时保藏于4℃冰箱，每2个月移植1次。

(2)曲粉保藏　称取麸皮或米粉2g，加1%乳酸2mL混匀制成曲粉，0.1MPa灭菌30min，冷却后接种。30℃培养7d，然后用无菌角匙挑取约0.5g培养物装入已灭菌的安瓿瓶中，再放入装有P_2O_5的干燥器中干燥(或抽真空)，封口后室温保藏。

(3)制曲保藏　用大米制成红曲后，放干燥处保存。

(二)红曲浅盘固体培养

1. 液体菌种制备

500mL锥形瓶装100mL豆芽汁培养基，以8层纱布封口，加牛皮纸包扎后0.08MPa灭菌30min。冷却后接入1/2支红曲斜面菌苔，30℃恒温摇床180r/min培养3~5d，至培养液深红色即可，4℃冷藏备用。

2. 浸米

称取5kg籼米，25℃以上浸米5h，保证大米吸水在25%左右。

3. 蒸饭

将浸好的米用清水淋去米浆水，沥干至无滴水，在电饭锅的蒸锅上蒸饭。待圆汽后继续蒸料30min，出饭率约为135%，饭粒呈玉色，粒粒疏松，不结团块。蒸饭不能夹生，也不能烂熟。

4. 器具处理

将浅盘洗净，晾干。4层纱布(长度为浅盘的1.5倍，宽度为浅盘的2.5~3倍)经高压蒸汽灭菌处理。

5. 摊凉接种

将灭菌过的纱布垫在浅盘内，倒入约1kg蒸熟的曲料，迅速打碎团块，摊平，使曲料厚2~3cm，盖上纱布后冷却到30~32℃。

6. 接种

曲料中接入红曲液体菌种，接种量2%~6%，充分翻搅混匀。注意接种量不能太多，以免太湿容易被细菌污染。

7. 培养

曲料混匀后，30℃恒温培养，每天拌曲2~3次，经6~9d培养，饭粒呈紫红色，即完成种曲制作。

8. 干燥

将培养好的曲粒风干后于40~45℃恒温烘干后，用塑料袋密封贮存。贮存时红曲的水分应该控制在8%~10%。

五、实验结果

观察测定不同喷洒液体、接种量的红曲发酵时色价变化，将结果填入表5-3，分析不同处理对红曲色素形成的影响。

表 5-3 不同处理红曲发酵过程中色价的变化

喷洒液体	接种量	不同发酵时间测定的色价		
		6d	7d	8d
水	2%			
	4%			
	6%			
2% 醋酸	2%			
	4%			
	6%			
2mol/L pH5.0 醋酸－醋酸钠缓冲液	2%			
	4%			
	6%			

【思考题】

1. 是否可从市售的红腐乳中分离红曲霉？为什么？
2. 怎样操作才能尽可能减少杂菌污染？

实验 63 红曲色素提取

一、目的要求

了解用层析法从发酵产物中分离红曲色素方法。

二、基本原理

大米经红曲霉固体发酵产生了一系列代谢产物，但这些产物的量非常少，大米仍占固体发酵产物的绝大部分体积，为降低运输成本，常常要对红曲霉的代谢产物进行萃取和浓缩。由于有些代谢产物在高温下易被破坏，为了使浓缩在较低温度下进行，一般先用低沸点的有机溶剂萃取。萃取是将某种特定溶剂加到发酵液(或红曲米)中，根据代谢产物在水相和有机相中的溶解度不同，将所需物质分离出来的过程。萃取具有传质速度快，生产周期短，便于连续操作，可自动控制，分离效率高，生产能力大等优点，应用相当普遍。

浓缩是发酵产物提纯前常用的预处理过程。常见的浓缩方式有蒸发浓缩、冷冻浓缩和吸收浓缩 3 种。红曲的代谢产物中既有水溶性组分，也有脂溶性组分，因此可用 80% 的丙酮(丙酮: 水 = 80:20)萃取。用 HCl 或 NaOH 调节 pH 值后可以将其中的酸溶性组分、碱溶性组分和中性组分分开，然后减压蒸去丙酮，就可得到红曲浓缩物。

层析分离是20世纪60年代才发展起来的快速、简便而高效的分离技术，应用非常广泛，可用于脱盐，去除热源物质，浓缩高分子溶液，测定相对分子量，纯化抗生素等领域。当发酵液浓缩物随流动相流经装有固定相的层析柱时，混合物中各组分大小不同而被分离，因为大分子物质不易进入凝胶颗粒(固定相)的微孔，向下流动的速度快；小分子物质除了可在凝胶颗粒间扩散外，还可进入凝胶微孔中，因此向下流动的速度慢。

三、实验材料、试剂与仪器

1. 原料及试剂

红曲米，硅胶，甲醇，氯仿，己烷，乙酸乙酯，丙酮，1mol/L HCl，无水硫酸钠等。

2. 仪器及用具

旋转蒸发仪，植物粉碎机，层析柱，分液漏斗，锥形瓶，天平等。

四、实验方法与步骤

(一)红曲产物的浓缩

(1)取200g红曲固体发酵产品(红曲米)，在植物粉碎机中将其粉碎。

(2)将红曲粉放于500mL锥形瓶中，加入提取液(丙酮∶水=80∶20)300mL，瓶口用保鲜膜封口。

(3)室温下浸提1d，每隔2h摇动1次，过滤，收集滤液。滤渣用同样提取液再抽提2次，每次100mL，浸提2h，过滤后合并滤液。

(4)将水浴温度调整到40℃，在旋转蒸发仪中减压蒸去丙酮，当馏出液速度很慢时，可停止蒸馏(因为水分蒸发的速度慢)。

(5)用1mol/L HCl调节残留液(约100mL)pH值至3.0，加至分液漏斗中，加入70mL乙酸乙酯，充分振摇后静置，收集有机相；水相中再分2次加入50mL和30mL乙酸乙酯，同法收集有机相，合并。

(6)在所得的乙酸乙酯抽提液中加入适量无水硫酸钠，静置过夜以吸取水分，过滤；滤液在旋转蒸发仪中减压浓缩，得到酸溶性浓缩物。

(7)以同样方法按照图5-1分离碱溶性和中性组分。

(8)将各分离到的组分在旋转减压蒸发仪中蒸去溶剂，得到碱溶性浓缩物和中性浓缩物，装于样品管中，低温保存。

(二)红曲色素的分离纯化

(1)选取浓缩分离所得的红色最深的组分，称重。

(2)称取样品质量50~100倍的硅胶，用98%氯仿/2%甲醇调匀，装柱。

(3)将样品加至硅胶层析上部，注意尽可能平整。

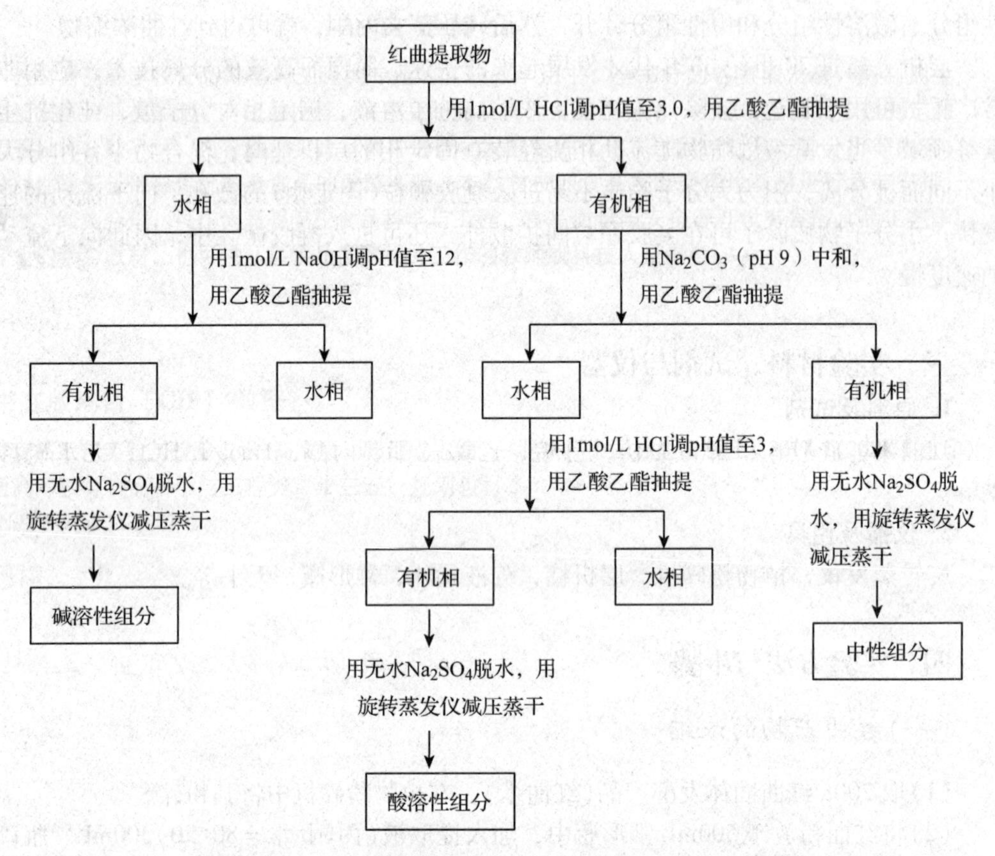

图 5-1　红曲霉产生的碱溶性、中性和酸溶性组分的分离方法

(4)加 3 倍硅胶体积的流动相(98% 氯仿/2% 甲醇)，开始层析，待红色部分流出时，用收集管收集。

(5)若样品部分(硅胶中)仍有红色，可依次用 95% 氯仿/2% 甲醇、90% 氯仿/2% 甲醇层析，洗脱液的体积大致为硅胶体积的 3 倍，收集红色流出液。

(6)将各收集液减压蒸发后得到红色素样品。

(7)若要进一步纯化，可用硅胶柱层析(改用其他流动相)，LH-20 柱层析、中压液相色谱(MPLC)、制备型高效液相色谱(HPLC)等方法单离，用薄层层析或分析型 HPLC 检验单离物的纯度(260nm 吸收)。

五、注意事项

(1)浓缩时使用的无水 Na_2SO_4 可回收，反复使用，不要扔掉。

(2)有机溶剂易燃，注意远离火种，原则上应在通风柜中进行。

(3)硅胶在装柱前应与层柱液混匀，装柱时避免气泡的产生。

(4)加样应平整，在样品上加流动相时应小心，避免搅起样品。

(5)层析分离时，红色流出液的头和尾部部分可能含有较多杂质，若要得到充分，可将头尾部分去掉。

六、实验结果

详细记录实验过程中各种参数变化，计算各色素得率，分析影响得率的可能因素。

【思考题】

1. 产物浓缩时为什么要用无水 Na_2SO_4脱水？进行酸碱调节有什么意义？
2. 怎样判断收集的红色部分是纯品？纯度是否可以用505nm 的吸收来检测？

实验64 毛霉的分离纯化和腐乳的制作

一、目的要求

1. 掌握毛霉的分离和纯化方法。
2. 了解豆腐乳发酵的工艺过程，观察豆腐乳发酵过程中的变化。

二、基本原理

豆腐乳是以豆腐为原料，利用毛霉等微生物发酵而制成的大豆蛋白发酵食品。腐乳制作中通常使用毛霉(如雅致放射毛霉、高大毛霉等)，也有使用根霉和细菌的，如克东腐乳使用藤黄微球菌。毛霉在豆腐坯上生长，洁白的菌丝可以包裹豆腐坯使其不易破碎，同时分泌出一定数量的蛋白酶、脂肪酶、淀粉酶等水解酶系，对豆腐坯中的大分子成分进行初步的降解。发酵后的豆腐毛坯经过加盐腌制后，有大量嗜盐菌、嗜温菌生长，由于这些微生物和毛霉所分泌的各种酶类的共同作用，大豆蛋白逐步水解，生成各种多肽类化合物，并可进一步生成部分游离氨基酸；大豆脂肪经降解后生成小分子脂肪酸，并与添加料中的醇合成各种芳香酯；大分子糖类在淀粉酶的催化下生成低聚糖和单糖，形成细腻、鲜香的豆腐乳特色。

三、实验材料、试剂与仪器

1. 菌种

AS 3.2778 或其他毛霉斜面菌种。

2. 培养基(料)及试剂

PDA 培养基(附录Ⅳ培养基 2)，无菌水，乳酸石炭酸棉蓝染液，豆腐坯，红曲米，面曲，甜酒酿，白酒，黄酒，食盐。

3. 仪器及用具

生物显微镜，恒温培养箱，培养皿，500mL 锥形瓶，接种环，解剖针，小笼格，喷枪，小刀，镊子，带盖广口玻瓶等。

四、实验方法与步骤

(一)毛霉的分离

1. 平板制备

配制 PDA 培养基，灭菌后倒平板备用。

2. 毛霉的分离

用无菌镊子从长满毛霉菌丝的豆腐坯上取一小块放入 5mL 无菌水中，振摇制成孢子悬液，用接种环取该孢子悬液在 PDA 平板表面做划线分离，20℃培养1~2d，以获取单菌落。

3. 初步鉴定

(1)菌落观察　毛霉菌落呈白色棉絮状，菌丝发达。

(2)显微镜检　于载玻片上加 1 滴乳酸石炭酸棉蓝染液。用解剖针从菌落边缘挑取少量菌丝于载玻片上，轻轻将菌丝体分开，加盖玻片，显微镜下观察孢子囊、孢囊梗的着生情况。若无假根和匍匐菌丝或菌丝不发达，孢囊梗直接由菌丝长出，单生或分枝，则可初步确定为毛霉。

腐乳加工视频

(二)豆腐乳的制备

1. 工艺流程

毛霉斜面菌种→扩大培养→孢子悬浮液
↓
豆腐→豆腐坯→接种→培养→晾花→加盐→腌坯→装瓶→后熟→成品

2. 悬液制备

(1)毛霉菌种的扩培　将毛霉菌种接入斜面培养基，于 25℃培养 2d；另取锥形瓶，装入 3~8 条切成约 0.5cm 厚的豆腐条，经高压蒸汽灭菌后，冷却，接入上述活化斜面菌种，于相同温度下培养至菌丝和孢子生长旺盛，冰箱冷藏备用。

(2)孢子悬液制备　于上述锥形瓶中加入无菌水 200mL 洗涤孢子，用无菌双层纱布过滤，重复操作一次，合并滤液，以血球计数板对孢子计数，通常种子液的孢子数应为 10^5~10^6个/mL。将制好的孢子悬液装入喷枪贮液瓶中供接种使用。

3. 接种孢子

用刀将豆腐坯划成 4.1cm×4.1cm×1.6cm 的块，将笼格经蒸汽消毒、冷却，用孢子悬液喷洒笼格内壁，然后把划块的豆腐坯均匀竖放在笼格内，块与块之间间隔 2cm。再用喷枪向豆腐块上喷洒孢子悬液，使每块豆腐周身沾上孢子悬液。

4. 培养与晾花

将放有接种豆腐坯的笼格放入培养箱中，于 20℃左右下培养，培养 20h 后，每隔 6h 上下层调换一次，以更换新鲜空气，并观察毛霉生长情况。44~48h 后，菌丝顶端已长出孢子囊，腐乳坯上毛霉呈棉花絮状，菌丝下垂，白色菌丝已包围住豆腐坯，此时将笼格取出，使热量和水分散失，坯迅速冷却，其目的是使菌丝老熟，分泌酶系，并使霉味散发，此操作在工艺上称为晾花。

5. 装瓶与压坯

将冷至20℃以下的坯块上互相依连的菌丝分开，用手指轻轻地把每块表面揩涂一遍，使豆腐坯上形成一层皮衣，装入玻璃瓶内，边揩涂边沿瓶壁呈同心圆方式一层一层向内侧放，摆满一层稍用手压平，撒一层食盐，每100块豆腐坯用盐约400g，使平均含盐量约为16%，如此一层层铺满瓶。下层食盐用量少，向上食盐逐层增多，腌制中盐分渗入毛坯，水分析出，为使上下层含盐均匀，腌坯3~4d时需加盐水淹没坯面，称为压坯。腌坯周期，冬季13d，夏季8d。

6. 装坛发酵

（1）红方　按每100块坯用红曲米32g、面曲28g、甜酒酿1kg的比例配制染坯红曲卤和装瓶红曲卤。先用200g甜酒酿浸泡红曲米和面曲2d，研磨细，再加200g甜酒酿调匀即为染坯红曲卤。将腌坯沥干，待坯块稍有收缩后，放在染坯红曲卤内，六面染红，装入经预先消毒的玻璃瓶中。再将剩余的红曲卤用剩余的600g甜酒酿兑稀，灌入瓶内，淹没腐乳，并加适量面盐和50% vol白酒，加盖密封，在常温下贮藏6个月成熟。

（2）白方　将腌坏沥干，待坯块稍有收缩后，将按甜酒酿0.5kg、黄酒1kg、白酒0.75kg、盐0.25kg的配方配制的汤料注入瓶中，淹没腐乳，加盖密封，在常温下贮藏2~4个月成熟。

腐乳行业标准

7. 质量鉴定

将成熟的腐乳开瓶，参考相关标准对腐乳的表面及断面色泽、组织形态（块形、质地）、滋味及气味、有无杂质等方面综合评价其感官质量。

五、实验结果

（1）绘制所分离毛霉的形态结构图，并注明各部分的名称。

（2）记录孢子悬液中孢子浓度、喷洒量及发酵过程中主要现象，分析发酵过程中环境条件对霉菌生长和腐乳质量的影响。绘出氨基酸态氮或水溶性蛋白质在酿制过程的变化规律。

（3）对照腐乳感官质量标准，对产品进行评定，分析产品出现瑕疵的原因。

【思考题】

1. 腐乳生产主要采用何种微生物？不同微生物菌株发酵对腐乳质量有何影响？
2. 腐乳生产发酵原理是什么？
3. 试分析腌坯时所用食盐含量对腐乳质量有何影响？

实验65　酱油的酿制

一、目的要求

1. 掌握酱油酿制的基本原理、设备。

2. 熟悉和掌握酱油生产工艺过程，包括种曲和成曲制备、酱油发酵控制的措施和方法，观察酿制过程中的变化。

二、基本原理

酿造酱油是以大豆和(或)脱脂大豆、小麦和(或)麸皮为原料，经微生物发酵制成的具有特殊色、香、味的液体调味品。国内外酱油生产的工序基本是一致的，包括原料处理、制曲、制醅(醪)发酵、取油、加热配制。但在具体的方法上有所不同，主要是以发酵的方法来区分。将成曲加入多量盐水，使呈浓稠的半流动状态的混合物，称为酱醪；将成曲拌加少量盐水，使呈不流动状态的混合物，称为酱醅。根据醪及醅状态的不同可分为稀醪发酵、固稀发酵、固态发酵；根据加盐多少的不同义可分为高盐发酵、低盐发酵、无盐发酵；根据发酵控温状况又有常温发酵及保温发酵之分。上述几种发酵方式各有优点，成品酱油风味上有所不同。酱油酿造的基本原理包括：淀粉的糖化、蛋白质的分解、脂肪的分解、纤维素的分解及色、香、味、体的形成等复杂的化学和生物化学反应，使酱油中除食盐外还含有18种氨基酸以及多肽、还原糖、多糖、有机酸、醇类、醛、酯、酚、酮、维生素、多种微量元素等成分。优质的酱油必定是鲜、咸、甜、酸、苦五味调和，色、香、味、体俱佳的产品。

三、实验材料、试剂与仪器

1. 菌种

米曲霉沪酿3.042，酵母菌种。

2. 材料及试剂

黄豆或脱脂大豆(豆饼、豆粕)，小麦，麸皮，面粉或干薯粉，霉菌培养基，酵母培养基，食盐。

3. 仪器及用具

温度计，台秤，天平，锥形瓶，生化培养箱，曲盘，蒸锅，发酵罐，过滤机，包装瓶等。

四、实验方法与步骤(以固态低盐发酵法为例)

(一)工艺流程

酱油酿造视频

麸皮 热水 → 混合、润水；种曲 → 接种；食盐溶解 → 制醅

豆饼或豆粕→粉碎→混合→润水→蒸煮→冷却→接种→通风培养→成曲→制醅→入池保温发酵(移池法中间移醅1~2次)→酱醅成熟→浸出淋油→生酱油→加热→配制→成品酱油

(二)种曲制备

1. 种曲原料配比

实验可选用下列配比：①麸皮80，面粉(干薯粉)20，水70左右；②麸皮85，豆饼(或豆粨)粉15，水90左右；③麸皮100，水95左右。

2. 原料处理

原料混匀后，用3.5目筛子过筛，适当堆积润水后即可蒸料，常压为60min，加压为30~60min(0.1MPa)，出锅后过筛，以便迅速冷却，熟料水分为50%~54%。有的处理是，混料后加40%~50%水，蒸熟后过筛，然后再加30%~45%冷开水，在冷开水中添加0.3%冰醋酸或醋酸钠0.5%~1%(以原料量计算)，能有效地抑制制曲中细菌的繁殖。

3. 接种

将试管原菌用锥形瓶扩大培养后作为菌种进行接种，温度为夏季38℃左右，接种量为0.5%。接种后快速充分拌匀，装入曲盘，上盖灭菌的干纱布后，送入种曲室或恒温恒湿培养箱。

4. 培养

曲盘制种曲操作方法。曲盘装料摊平后(厚度为6~7cm)，先用直立式堆叠，维持室温28~30℃及品温30℃，干湿相差1℃。培养16h左右，当品温上升至34~35℃，曲料表面稍有白色菌丝及结块时，进行第1次翻曲，翻曲后堆叠成十字形，室温按品温要求适当降低至26~28℃。翻曲后4~6h，当品温又上升至36℃时，进行第2次翻曲，每翻毕一盘，上盖灭菌湿纱布一块，曲盘改堆成品字形。掌握品温在30~36℃，培养50h揭去纱布，继续培养1d进行后熟，使米曲霉孢子繁殖良好，种曲全部达到鲜艳的黄绿色。实验室可以用大锥形瓶按照上述条件要求制备种曲。

(三)成曲制备

制曲工艺如下：

麸皮 热水 → 润水；种曲 → 接种

豆饼或豆粕→粉碎→混合→润水→蒸煮→冷却→接种→通风培养→成曲

1. 制曲原料及处理

主要原料为豆饼或豆粕和麸皮。豆饼与麸皮的配合比例也有采用8:2或7:3或6:4

者。以豆饼为原料要进行适度的粉碎，要求颗粒大小为 2～3 mm，粉末量不超过 20%。

2. 润水

原料配比用豆粕（或豆饼）100∶麸皮 10，按豆粕（或豆饼）计，加水量为 80%～85%，使曲料水分达到 50% 左右。一般润水时间为 1～2h，润水时要求水、料分布均匀，使水分充分渗入料粒内部。

3. 蒸料

用蒸锅蒸料，一般控制条件为 0.18MPa，5～10min；或 0.08～0.15MPa，15～30min。在蒸煮过程中，蒸锅应不断转动。蒸料完毕后，立即排汽，降压至零，然后关闭排汽阀，开动水泵用水力喷射器进行减压冷却。锅内品温迅速冷却至需要的温度（约 50℃）即可开锅出料。对蒸熟的原料要求达到一熟、二软、三疏松、四不粘手、五无夹心、六有熟料固有的色泽和香气。原料蛋白质消化率在 80%～90%，曲料熟料水分在 45%～50%。

4. 接种曲

熟料出锅后，打碎并冷却至 40℃左右，接入种曲。种曲在使用前可与适量经干热处理的鲜麸皮充分拌匀，保证接种均匀。种曲用量约为原料总质量的 0.3%。

5. 通风制曲

将曲料置于曲箱（恒温恒湿培养箱），厚度一般为 10～30cm，利用风机供给空气，调节温湿度，促使米曲霉在较厚的曲料上生长繁殖和积累代谢产物。接种后料层温度调节到 30～32℃，促使米曲霉孢子发芽，静止培养 6～8h，当曲料开始升温到 37℃左右时应开机通风，开始时采用间歇通风，以后再连续通风来维持品温在 35℃左右，并尽量缩小上下料层之间的温差。接种 12～14h 以后，品温上升迅速，米曲霉菌丝生长使曲料结块，此时应进行第 1 次翻曲，使曲料疏松，保持温度 34～35℃，继续培养 4～6h，根据品温上升情况进行第 2 次翻曲，翻曲后则继续连续通风培养，米曲霉开始着生孢子并大量分泌蛋白酶，此阶段品温以维持产酶适温 20～30℃为宜，使蛋白酶活力大幅度上升。培养至 24～30h，酶的积蓄达最高点，即可出曲。

（四）发酵

1. 盐水的配制

食盐加水溶解，调制成需要的浓度，要求食盐含量为 14～15g/100mL，盐水量为制曲原料的 150%，酱醅含水分在 57%，一般的经验数据是每 100kg 水加盐 1.5kg，即为 1°Bé。

2. 酵母菌和乳酸菌菌液的制备

酵母菌和乳酸菌菌种选定后，分别进行逐级扩大培养，使之得到大量强壮而纯粹的细胞，再经过混合培养，最后接种于酱醅中。制备酵母菌和乳酸菌菌液以新鲜为宜，必须及时接入酱醅内，使酵母菌和乳酸菌迅速参与发酵作用。

3. 制醅

先将准备好的盐水或稀糖浆盐水加热到 50～55℃再将成曲粗碎，拌入盐水或稀糖浆盐水，进入发酵罐(池)。

4. 发酵及管理

(1)前期保温发酵　成曲拌和盐水或稀糖浆盐水入池后，品温要求在40～45℃之间，如果低于40℃，即采取保温措施，务必使品温达到并保持此温度，使酱醅迅速水解。每天定时定点检测温度。前期保温发酵时间为15d。

(2)后期降温发酵　前期发酵完毕，水解基本完成。此时将制备的酵母菌和乳酸菌液浇于酱醅面层，并补充食盐，使总的酱醅含盐由8%左右提高到15%以上，使其均匀地淋在酱醅内。菌液加入后，酱醅呈半固体状态，品温要求降至30～35℃，并保持此温度进行酒精发酵及后熟作用。后期发酵时间为15d。

(五)浸出

酱醅成熟后，利用浸出法将其中的可溶性物质浸出。

(六)加热和配制

生酱油须经加热、配制、澄清等加工过程方可得到成品酱油。还可以在原来酱油的基础上，分别调配助鲜剂、甜味剂以及其他一些香辛料等以增加酱油的花色品种。常用的助鲜剂有谷氨酸钠、肌苷酸和鸟苷酸；甜味剂有砂糖、饴糖和甘草；香辛料有花椒、丁香、桂皮、大茴香、小茴香等。

酿造酱油标准

五、实验结果

依据GB 18186—2000《酿造酱油》和GB 2717—2003《酱油卫生标准》，对产品进行评定，分析产品出现瑕疵的原因。

酱油卫生标准

【思考题】

1. 简述酱油不同发酵方式的优点及对风味的影响。
2. 酱油特有的色、香、味、体由哪些成分构成和怎样形成的？

第6章

发酵实验相关参数测定

实验66 谷氨酸和谷氨酰胺含量测定

Ⅰ 用SBA-40C型生物传感分析仪测定谷氨酸和谷氨酰胺

一、基本原理

在分离纯化谷氨酸氧化酶过程中同时得到谷氨酰胺水解酶。该酶与谷氨酸氧化酶是制作谷氨酰胺酶膜的材料，制得的谷氨酰胺酶膜，可在具有差分分析功能的SBA-40C型生物传感分析仪上实现谷氨酰胺的分析。

该谷氨酸-谷氨酰胺双功能分析仪，有两个过氧化氢电极，一个电极装有复合酶膜，膜上固定着谷氨酰胺酶和谷氨酸氧化酶，另一个电极上固定着谷氨酸氧化酶，两个酶膜反应最终产物过氧化氢由过氧化氢电极检测，经差分程序处理，测定谷氨酰胺结果可自动把样品中本底谷氨酸值减去，从屏幕上直接显示测得谷氨酰胺含量及本底谷氨酸含量并自动打印结果。此方法快速准确，有利于自动化分析，可广泛用于食品成分监测、质量检验、发酵在线控制及动物细胞培养。

1. 测定原理

$$\text{L-谷氨酰胺} + H_2O \xrightarrow{\text{谷氨酰胺酶}} \text{L-谷氨酸} + NH_3$$

$$\text{L-谷氨酸} + O_2 + H_2O \xrightarrow{\text{谷氨酸氧化酶}} \alpha\text{-酮戊二酸} + NH_3 + H_2O_2$$

2. 谷氨酰胺测定系统的结构

谷氨酰胺测定系统由反应系统、两支过氧化氢电极和微机信号处理系统组成。结构示意如图6-1，左电极为谷氨酸氧化酶电极，右电极为谷氨酰胺酶电极。

二、实验材料、试剂与仪器

1. 试剂

缓冲液配制：取A液、B液体积比为7:3，配制成缓冲液。

A液：精确称取 $Na_2HPO_4 \cdot 12H_2O$ 23.876g，用蒸馏水溶解后定容到1 000mL。

B液：精确称取 KH_2PO_4 9.07g，用蒸馏水溶解后定容到1 000mL。

标准谷氨酸溶液(100mg/100mL)：取适量谷氨酸放入称量瓶中，在70℃烘箱烘至恒重，放干燥器中冷却。精确称取干燥后的谷氨酸0.100g，溶解后加入100mL容量瓶定容，即配制成100mg/100mL的标准溶液。

标准谷氨酰胺溶液(10mmol/L)：取适量谷氨酰胺放入称量瓶中，在70℃烘箱烘至恒重，放干燥器中冷却。精确称取干燥后的谷氨酰胺0.146g，溶解后加入50mL容量瓶定容，即配制成10mmol/L的标准溶液。

2. 仪器及用具

SBA-40C型生物传感分析仪，电子天平，容量瓶，注射器，移液枪。

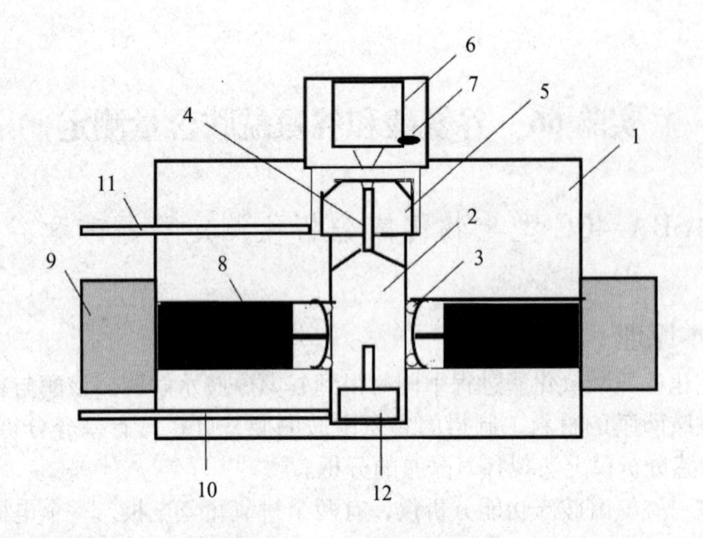

图 6-1 反应系统结构图

1. 反应池有机玻璃块 2. 反应池腔 3. 酶膜的 O 型圈 4. 样品和废液流出通道
5. 反应池顶帽 6. 进样帽 7. 进样光传感器 8. 电极 9. 电极旋钮
10. 缓冲液进口和废液排空管 11. 废液吸出管 12. 电磁搅拌子

三、实验方法与步骤

(一)标准溶液及样品稀释

(1)取标准谷氨酸溶液与标准谷氨酰胺溶液稀释至表 6-1、表 6-2 要求的各浓度，待测。

表 6-1 谷氨酰胺酶膜的线性实验

浓度/(mmol/L)	1	2	3	4	5	6	7	8	9	10	11	12	13	14	15	16	17	18	19	20
响应值																				

表 6-2 谷氨酸酶膜的线性实验

浓度/(mg/100mL)	1	2	3	4	5	6	7	8	9	10	11	12	13	14	15	16	17	18	19	20
响应值																				

(2)待测样品需要预先稀释，使其浓度在仪器测量范围内。

(二)测定方法

1. 定标

开机，自动清洗反应池一次。用100mg/100mL 谷氨酸标准液注入反应池，进样量25μL，20s 后显示打印数据，按动“定标”按钮定标 100，对谷氨酸定标完成。

按动“功能”→“3”→“100”→“输入”，再用 10mmol/L 谷氨酰胺标准液注入反应池，进样量 25μL，20s 后显示打印结果，按动“1”键，则对谷氨酰胺定标完成。

2. 样品测定

定标后，注入25μL待测样品于反应池中，20s后显示打印结果，左屏幕显示谷氨酸含量(mg/100mL)，右屏幕显示谷氨酰胺含量(mmol/L)。同一样品测定3针或3针以上，再进行统计，可以得到更准确的统计值。

3. 仪器的稳定性和线性

对谷氨酸标准液(100mg/100mL)和谷氨酰胺标准液(10 mmol/L)连续测定20次。将数据进行统计处理，检测仪器的稳定性。

用不同浓度谷氨酰胺标准液和谷氨酸标准液来测定其线性，并记录结果。

四、结果计算

谷氨酸 = 左显示屏读数 × 稀释倍数(mg/100mL)

谷氨酰胺 = 右显示屏读数 × 稀释倍数(mmol/L)

Ⅱ 华勃氏呼吸仪测定谷氨酸的含量

一、基本原理

在恒定温度和恒定体积下，L－谷氨酸脱羧酶催化L－谷氨酸的脱羧反应，放出CO_2。气体量的改变可通过密闭系统的压力改变反映出来，测定密闭系统的压力变化可以计算出CO_2的释放量，以CO_2的量可以推算出样品中谷氨酸的含量。

$$\underset{\text{谷氨酸}}{COOH(CH_2)_2CHNH_2COOH} \xrightarrow[37℃,\ pH\ 5.0]{L-\text{谷氨酸脱氢酶}} \underset{\gamma-\text{氨基丁酸}}{COOH(CH_2)_3NH_2} + CO_2$$

谷氨酸在谷氨酸脱羧酶催化下，脱去一个羧基生成CO_2，反应中谷氨酸的物质量与放出的CO_2的物质量呈线性关系。

华勃氏呼吸仪(图6-2)主要由两大部分组成，一部分是机械部分，主要用于恒温和振荡，另一部分是玻璃制成的测压计和反应瓶。

在机械部分的上部有一圆形的水浴，其中装有电热器、温度调节器和搅拌器，水浴边上有装测压计的架子，架子用马达带动，可以往复摇摆，使反应系统中物料和温度都保持均匀。由于气体压力与温度有关，所以要求水浴温度变化不能超过±0.05℃。

反应瓶是一个带有侧管的锥形小瓶，用于测微生物呼吸的。小瓶中间还带有一个中央小槽，用以放碱等吸收物。旁边有一侧管，侧管上有磨口玻璃塞，玻璃塞上有小孔，必要时可通过此孔向小瓶中通入其他气体，不用时可将其关闭。小瓶以磨口与测压计相通。

测压计是一根粗细均匀的U形毛细管组成的玻璃管，两臂具有相同的刻度，由下而上刻有从0到300mm的刻度。左臂与大气相通称为开臂，右臂通过支管与反应瓶连接，上端有一个三通活塞，可将系统与外界隔绝成为密闭系统，所以也称为闭臂。

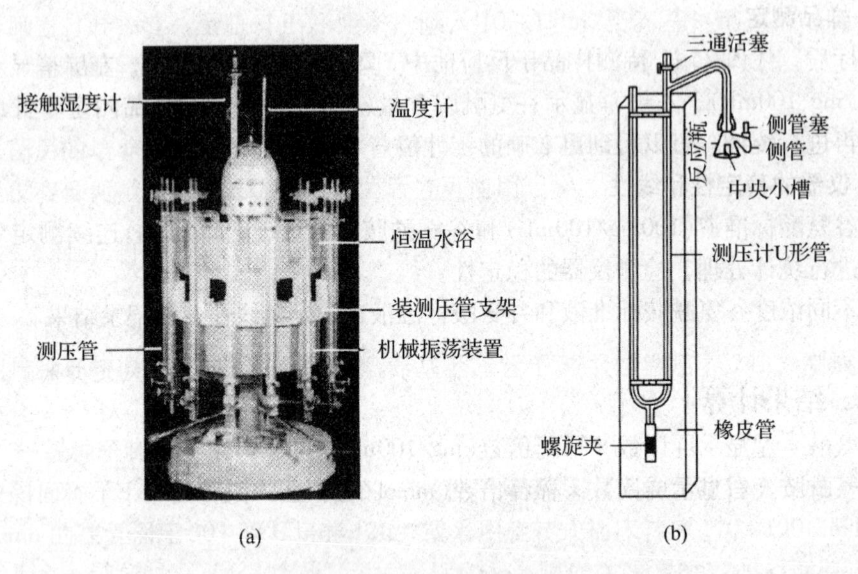

图 6-2 华勃氏呼吸仪

在 U 形管底部开口处接了一段橡皮管，管的下端用玻璃小棒塞住，管内充满 Brodie 氏溶液，调节压在橡皮管上的螺旋夹，可调节测压计内液柱的高低。

二、实验材料、试剂与仪器

1. 试剂

测压液(Brodie)：称取牛胆酸钠 5g，NaCl 23g，伊文氏蓝 0.2g，蒸馏水溶解后定容至 500mL，过滤后用 NaCl 和蒸馏水调密度至 $1.033g/cm^3$，再加 1~2 滴麝香草酚蓝乙醇溶液(麝香草酚蓝 1g 溶于 40% 乙醇 100mL)防腐。

0.2mol/L 乙酸 - 乙酸钠缓冲液(pH 5.0)：准确称取三水乙酸钠 27.00g 或无水乙酸钠 6.4g，加 6mol/L 的乙酸 10mL，用蒸馏水溶解后定容至 1 000mL，即为 pH 5.0 缓冲液。

2% 大肠杆菌谷氨酸脱羧酶液：称取大肠杆菌酶制剂 2g，加 pH 5.0 的上述缓冲液 100mL 制成。

大肠杆菌培养基配方：蛋白胨 10g，牛肉膏 5g，琼脂 20g，蒸馏水 1 000mL。

大肠杆菌酶干粉制备：每一茄形瓶斜面大肠杆菌中加入少量生理盐水，洗下菌体(可以洗 2 次)制成菌悬液，2 500r/min 离心 15min，弃去上清液，沉淀悬浮于少量生理盐水中，置冰箱中冷却到 -20℃。向已冷冻的菌体悬浮液中加入 10 倍体积的冷丙酮(-10℃)，边加边搅拌 10min，静置，待菌体沉淀后，弃去上清液，菌体用布氏漏斗抽滤，并用冷丙酮洗 1~2 次，滤液置于真空干燥器内减压干燥，所得的大肠杆菌丙酮干粉(即大肠杆菌酶干粉)装于密封瓶内，冰箱保存。

3% 谷氨酸样品溶液：称取待测谷氨酸样品 3g，溶于蒸馏水 100mL。

2. 仪器及用具

华勃氏呼吸仪，离心机，冰箱，真空干燥箱，真空抽滤装置，电子天平，容量瓶，茄形瓶，试管，锥形瓶，烧杯，电炉。

三、实验方法与步骤

（一）大肠杆菌丙酮干粉的制备

将纯化的大肠杆菌由试管斜面培养接种到10支200mL茄形瓶培养基上，于37℃培养16~18h。按照“大肠杆菌酶干粉制备”方法制得酶粉。

（二）谷氨酸浓度测定

（1）取谷氨酸样品2mL蒸馏水稀释至5mL，摇匀，取稀释液0.5mL加入反应瓶主室内，再加pH 5.0的乙酸－乙酸钠缓冲液1.75mL（测定对照时反应瓶主室内仅加入pH 5.0的乙酸－乙酸钠缓冲液2.25mL）。侧室内加入2%大肠杆菌脱羧酶液0.25mL。侧室瓶塞涂上少量羊毛脂，插入侧室瓶口，左右旋转至瓶口透明（注意：加液体时液体不能沾在瓶口上）。

（2）将反应瓶与测压管连接，均以无水羊毛脂密封，以小弹簧或橡皮筋固定。将测压管固定在振荡板上，放于37℃ ±0.01℃的恒温水槽内（事先调好温度），打开三通活塞与大气相通，将测压液调至250mm，开启振荡（频率约为100次/min），平衡10min。

（3）关闭右管上面的三通活塞，调节测压液于150mm处，记下左管读数，振荡5min后看读数是否变化，如果读数没有变化说明测压管密封良好可以进行反应，记下左管读数（此为反应前读数）。如果读数变化说明测压管漏气，要重新用羊毛脂密封、试漏。

（4）用左手食指按住测压管左侧口，取出测压管，把侧室酶液倒入主室内，稍加摇动后立即放入水槽中，放开左手食指，继续振荡让其准确反应10min。

（5）调节右管测压液于150mm处，左管减压液不再上升后，记下刻度（为反应后读数）。

（6）打开三通活塞，取下反应瓶，用丙酮擦去羊毛脂，清洗烘干备用。

四、结果计算

$$\text{谷氨酸（mg/mL）} = \frac{\Delta V \times 147\ 130}{22\ 400\ 000} \times 2 \times n = \frac{\Delta V}{152} \times 10 \times n$$

$$\Delta V = \Delta h_2 \times K_2 - \Delta h_1 \times K_1$$

$$\Delta h_2 = h_2 - h_1 \qquad \Delta h_1 = h'_2 - h'_1$$

式中 V——气体变化毫升数（mL）；

h_1——样品反应前读数（mm）；

h_2——样品反应后读数（mm）；

h'_1——对照瓶反应前读数（mm）；

h'_2——对照瓶反应后读数（mm）；

K_1——对照反应瓶常数；

K_2——样品反应瓶常数；

n——稀释倍数；

2——0.5mL 样品换算成 1mL；

147 130——谷氨酸毫克分子量；

22 400 000——1mol 谷氨酸脱羧放出 CO_2 的微升数（标准状态下）（mL）。

反应瓶常数 K 的物理意义是：在标准状况下，测压管液柱增加 1mm 时反应放出 CO_2 的微升数。一般由仪器制造商提供，不需要自己测定，在特殊情况下，如果要测定，方法如下：

$$K=\frac{(V-V_f)\times 273/T+V_f\times a(\mu L)}{P_0}(\text{mm 液柱})$$

式中 V_f——反应瓶中液体体积（μL），本实验是 2.5mL = 2 500μL；

V——反应瓶体积（μL），需在实验前事先测定；

T——反应温度，以绝对温度计，本实验是 273 + 37 = 310K；

a——CO_2 在 1 大气压及反应温度 37℃ 下在液体中的溶解度；

P——标准大气压，即 760mmHg，本实验测压液相对密度 1.033，所以 $P_0=\frac{13.6\times 760}{1.033}=10\ 000$（mm 液柱）。

反应瓶体积测定：

①将测压管和反应瓶洗净，在 60℃ 下烘干备用。

②汞的洗涤：将汞放入分液漏斗中加 3% 的 HNO_3，充分振荡，反复洗涤几次，再用蒸馏水洗至无酸性，然后用锥形滤纸，在尖端用针刺一个小孔，汞通过滤纸后，不洁物和水留在滤纸上，即得清洁的汞。

③取一干燥清洁的贮汞瓶下接橡皮管，管上夹紧螺旋夹子，将贮汞瓶夹在铁架上于瓶中加入清洁的汞，将橡皮管下端与测压管的右侧相通，橡皮管的连接处用铁丝扎紧，将测压管倒置，并倾斜一个角度，用自由夹固定在铁架上，先将贮汞瓶放低，放松螺旋夹，转动三通活塞，使与测压管相通，使汞缓缓流入右管和支管内，再调节贮汞瓶高度和测压管的倾斜度，使右侧管内汞的液面恰好在 150mm 处，支管上汞的液面位置在离开塞子 3~4cm 处，用记号笔在液面处做一记号，然后旋转塞子 45°，关闭测压管，放低贮汞瓶，再旋转塞子 45°，使塞子的侧孔与外界相通，放松螺旋夹，使汞回入贮汞瓶中，旋紧螺旋夹。然后，测压计右侧管三通活塞以上开口端的汞倾入贮汞瓶内。最后将测压管内的汞全部倾入已知质量的清洁干燥烧杯中，称重至小数点后 2 位（W_1）。将汞注入反应瓶中，用尖的玻璃棒赶走瓶中的气泡，盖上侧室上的玻璃塞使汞充满主室和侧室（如侧室内有空气时，应把侧室上的玻璃塞旋通大气，以赶走空气，然后关闭通气孔），使反应瓶测压管相连，用滴定管增减管内汞的量，使支管中汞的液面略高于记号处，然后，旋转侧室上的玻璃塞，用手指按住通气孔，慢慢地放松手指，使支管内汞液面恰好在记号处，关闭通气孔，取下测压计，将反应瓶中的汞全部倾入已知质量的清洁烧杯中，称重（W_2）。

计算举例：

测压管内汞重 $W_1 = 4.32$g

反应瓶内汞重 $W_2 = 205.42$g

汞总重 $W = W_1 + W_2 = 209.74$g

20℃时汞的密度 $\varphi = 13.5462$g/mL

所以，$V = W/\varphi = 209.74/13.5462 = 15.48$mL

测得体积 V 以后就可以计算出反应瓶常数 K。

以上操作应在通风柜内进行，因汞蒸气有毒，在操作时应放一瓷盘，勿使汞滴流失。如有流失，应用滴管收集，如是小滴汞，可用湿毛笔蘸取，至于无法收集的汞滴，应撒上硫黄粉。

五、注意事项

(1)测定时水浴温度要恒定。

(2)反应瓶与测压管是配套的，使用时勿搞错(对号)。

实验 67　糖化酶活力测定

一、基本原理

以可溶性淀粉为底物，在一定的 pH 值与温度条件下，糖化酶从非还原性末端开始依次水解 α-1,4-糖苷键，产物为葡萄糖，用碘量法测定生成葡萄糖量，用于表示酶活力。

碘量法定糖原理：淀粉经糖化酶水解生成葡萄糖，葡萄糖具有还原性，其羰基易被弱氧化剂次碘酸钠所氧化：

$$I_2 + 2NaOH = NaIO + NaI + H_2O$$

$$NaIO + C_6H_{12}O_6 = NaI + CH_2OH(CHOH)_4COOH$$

体系中加入过量的碘，氧化反应完成后用硫代硫酸钠滴定过量碘，即可推算出酶的活力。

$$I_2 + 2Na_2S_2O_3 = Na_2S_4O_6 + 2NaI$$

二、实验材料、试剂与仪器

1. 试剂

0.05mol/L 硫代硫酸钠标准滴定溶液，0.1mol/L 碘标准溶液，0.1mol/L NaOH 溶液，200g/L NaOH 溶液。

0.05mol/L 乙酸-乙酸钠缓冲溶液(pH 4.6)：称取乙酸钠($CH_3COONa \cdot 3H_2O$) 6.7g，吸取冰乙酸 2.6mL，用蒸馏水溶解并定容至 1 000mL。上述缓冲溶液的 pH 值，应使用酸度计加以校正。

硫酸溶液(2mol/L)：吸取分析纯浓硫酸(相对密度 1.84)5.6mL 缓缓加入适量蒸馏水中，冷却后定容至100mL，摇匀。

可溶性淀粉溶液(20g/L)：称取可溶性淀粉(2 ±0.001)g，然后用少量水调匀缓缓倾入已沸腾的水中，煮沸、搅拌直至透明，冷却后用水定容至100mL。此溶液需当天配制。

2. 仪器及用具

分析天平(精度 0.2mg)，pH 计(精度 0.01)，恒温水浴(40℃ ±0.1℃)，磁力搅拌器，移液枪，容量瓶，小烧杯，玻璃棒，碘量瓶，比色管等。

三、实验方法与步骤

1. 待测酶液的制备

液体酶：使用移液枪准确吸取适量酶样，移入容量瓶中，用缓冲溶液稀释至刻度，充分摇匀，待测。

固体酶：用50mL 小烧杯准确称取适量酶样，精确至1mg，用少量乙酸－乙酸钠缓冲溶液溶解，并用玻璃棒仔细捣研，将上层清液小心倾入适当的容量瓶中，在沉渣中再加入少量乙酸－乙酸钠缓冲溶液，如此反复捣研3~4 次，取上清液，最后全部移入容量瓶中，用乙酸－乙酸钠缓冲溶液定容，磁力搅拌30min 以充分混匀，取上清液测定。

制备待测酶液时，样品液浓度应控制在滴定空白和样品时消耗0.05mol/L，硫代硫酸钠标准滴定溶液(0.05mol/L)的差值在4.5~5.5mL 范围内(酶活力为120~150U/mL)。

2. 酶活力测定

取 A、B 两支50mL 比色管，分别加入可溶性淀粉溶液25mL 和乙酸－乙酸钠缓冲溶液5mL，摇匀。于40℃ ±0.1℃的恒温水浴中预热5~10min。在 B 管中加入待测酶液2.0mL，立即计时，摇匀。在此温度下准确反应30min 后，立即向 A、B 两管中各加 NaOH 溶液(200g/L)0.2mL，摇匀，同时将两管取出，迅速用水冷却，并于 B 管中补加待测酶液2.0mL(作为空白对照)。

吸取上述 A、B 两管中的反应液各5.0mL，分别于两个碘量瓶中，准确加入碘标准溶液 10.0mL，再加 NaOH 溶液(0.1mol/L)15mL，边加边摇匀，并于暗处放置15min，取出。用水淋洗瓶盖，加入硫酸溶液2mL，用硫代硫酸钠标准滴定溶液滴定蓝紫色溶液，直至刚好无色为其终点，分别记录空白和样品消耗硫代硫酸钠标准滴定溶液的体积(V_A、V_B)。

四、结果计算

$$X=\frac{(V_A-V_B)\times c\times 90.05\times 32.2}{5\times\frac{1}{2}\times n\times 2}=\frac{579.9\times(V_A-V_B)\times c}{n}$$

式中 X——样品的酶活力单位(U/mL或U/g);

V_A——滴定空白时消耗硫代硫酸钠标准滴定溶液的体积(mL);

V_B——滴定样品时消耗硫代硫酸钠标准滴定溶液的体积(mL);

c——硫代硫酸钠标准滴定溶液的准确浓度(mol/L);

90.05——葡萄糖的摩尔质量(g/mol);

32.2——反应液的总体积(mL);

5——吸取反应液的体积(mL);

$\frac{1}{2}$——折算成1mL酶液的量;

n——稀释倍数;

2——反应30min,换算成1h的酶活力系数。

实验68 耐高温α-淀粉酶活力测定

耐高温α-淀粉酶活力单位是指在70℃、pH 6.0条件下,1min液化1mg可溶性淀粉成为糊精所需要的酶量,即为1个酶活力单位。酶活力的测定有分光光度法和目视比色法两种方法。

Ⅰ 分光光度法

一、原理

α-淀粉酶能将淀粉分子链中的α-1,4-葡萄糖苷键随机切断成长短不一的短链糊精、少量麦芽糖和葡萄糖,而使淀粉对碘呈蓝黑色的特异性反应,随淀粉降解蓝色逐渐减退,渐变成红棕色,其颜色消失的速度与酶活性有关,故可在标准条件下通过测定反应后溶液的吸光度计算其酶活力。

二、实验材料、试剂与仪器

1. 试剂

原碘液:碘化钾22.0g溶于约300mL蒸馏水加入碘11.g,在搅拌下使其溶解,然后移入500mL容量瓶中定容,贮于棕色瓶中备用(每月制备一次)。

稀碘液:碘化钾20.0g溶于约300mL蒸馏水中,准确加入原碘液2.00mL,全部移入500mL容量瓶中定容,贮于棕色瓶中备用(须当天配制)。

20g/L可溶性淀粉溶液:可溶性淀粉(以绝干计)2.000 0g,精确至0.000 1g,用水调成浆状物,在搅动下缓缓倾入70mL沸水中,然后以30mL水分几次冲洗盛淀粉的小烧杯,洗液并入其中,加热煮沸2min直至完全透明,冷却至室温后全部移入100mL容量瓶定容。此溶液必须当天配制。

磷酸缓冲液(pH 6.0)：称取 $Na_2HPO_4 \cdot 12H_2O$ 45.23g，柠檬酸($C_6H_8O_7 \cdot H_2O$) 8.07g，用水溶解并定容至1 000mL，配好后用pH计校正。

盐酸溶液：0.1mol/L。

2. 仪器及用具

分光光度计，恒温水浴(50~100℃，精度±0.1℃)，电子分析天平，磁力搅拌器，试管，容量瓶，移液枪，玻璃棒，秒表，纱布等。

三、实验方法与步骤

(一)待测酶液的制备

1. 液体酶制剂

直接用缓冲液配制，使最终酶液浓度控制在65~70U/mL范围内。

2. 固体酶制剂

称取酶粉1~2g，精确至0.000 2g，先用少量磷酸缓冲液溶解，并用玻璃搅棒捣研(或用磁力搅拌器搅拌)，直至固体全部溶解(10~15min)，将上清液小心倾入容量瓶中，沉渣部分再加入少量缓冲液捣研，重复3~4次，最后全部移入容量瓶中，用缓冲液定容(使酶浓度控制在65~70U/mL范围内)，摇匀。通过四层纱布过滤，收集滤液供测定用。

(二)测定

吸取可溶性淀粉溶液20.0mL和缓冲液5.0mL于试管中，在70℃恒温水浴中预热平衡5min。加入稀释好的待测酶液1.00mL，立即用秒表记录时间，摇匀，准确反应5min。

酶制剂通用试验方法

立即用移液枪取上述反应液1.00mL加到预先盛有0.1mol/L盐酸0.5mL和稀碘液5.0mL的试管中，摇匀。以0.1mol/L盐酸0.5mL和稀碘液5.0mL的混合液作为试剂空白，于660nm波长下用10mm比色皿迅速测定其吸光度(A)。根据吸光度查QB/T 1803—1993表A1得测试酶液的浓度(c)。

四、结果计算

$$X = 16.67 \times c \times n$$

式中 X——样品的酶活力(U/mL或U/g)；

c——测试酶的浓度(U/mL)；

n——样品的稀释倍数；

16.67——换算常数。

Ⅱ 目视比色法

一、原理

同分光光度计法。

二、实验材料、试剂与仪器

1. 试剂

原碘液，稀碘液，20g/L 可溶性淀粉溶液，磷酸缓冲液(pH 6.0)配制同分光光度计法。

标准终点色溶液：

A 液：称取氯化钴($CoCl_2 \cdot 6H_2O$)0.243 9g 和重铬酸钾 0.487 8g，用蒸馏水溶解并定容至500mL。

B 液：称取铬黑 T($C_{20}H_{12}N_3NaO_7S$)40mg，用水溶解并定容至100mL。

C 液(标准终点色溶液)：取 A 液 40mL 与 B 液 5.0mL 充分混匀，备用。此混合液于冰箱中保存，15d 后需要重新配制。

2. 仪器及用具

恒温水浴(精度 ±0.1℃)，25mm×200mm 试管，容量瓶，秒表。

三、实验方法与步骤

(一)待测酶液的制备

1. 液体酶制剂

直接用缓冲液配制，使最终酶液浓度控制在300~350U/mL 范围内。

2. 固体酶制剂

称取酶粉1~2g，精确至0.000 2g，先用少量磷酸缓冲液溶解，并用玻璃棒捣研(或用磁力搅拌器搅拌)，直至固体全部溶解(10~15min)，将上清液小心倾入容量瓶中，沉渣部分再加入少量缓冲液捣研，如此重复3~4 次，最后全部移入容量瓶中，用缓冲液稀释至刻度，摇匀。通过四层纱布过滤，收集滤液供测定用。最终酶液浓度须控制在300~350U/mL 范围内。

(二)测定

吸取标准终点色溶液 6mL 于试管中，作为比色标准。吸取 20g/L 可溶性淀粉溶液20mL 和 pH 6.0 的磷酸缓冲溶液 5mL 置于 25mm×200mm 试管中，在70℃恒温水浴中预热平衡 5min，然后加入预先稀释好的酶液 0.5mL，立即用秒表记录时间，充分摇匀，当反应接近 2min 时，就开始不时地用吸管取出反应液 1.00mL 加到预先盛有稀碘液 5.00mL 的试管中，当试管中反应溶液颜色由紫色渐变为红棕色、恰与标准终点色溶液相同时，即为反应终点，并记录到达终点所需时间(min)。

酶反应全部时间控制在2~2.5min之内。

四、结果计算

$$X=\frac{\left(\frac{1}{T}\times 20\times \frac{20}{1\ 000}\right)\times n}{0.5\times 10^{3}}$$

式中 X——样品的酶活力(U/mL或U/g)；

T——到达反应终点所需时间(min)；

20——可溶性淀粉溶液体积(mL)；

$\frac{20}{1\ 000}$——可溶性淀粉溶液浓度(g/mL)；

n——样品稀释倍数；

10^3——1g等于10^3 mg；

0.5——测定稀酶液用量(mL)。

实验69 蛋白酶活力测定

Ⅰ 福林法

一、基本原理

蛋白酶活力以蛋白酶活力单位表示，定义为1g固体酶粉(或1mL液体酶)在一定温度和pH值条件下，1min水解酪蛋白产生1μg酪氨酸即为1个酶活力单位，以U/g(U/mL)。

在一定温度和pH值条件下，水解酪蛋白底物产生含有酚基的氨基酸(如酪氨酸、色氨酸等)，在碱性条件下将福林试剂(Folin)还原，生成钼蓝与钨蓝，蓝色物质在680nm处有最大光吸收，其吸光值与酪氨酸含量呈正比。因此，通过测定一定条件下产物酪氨酸的含量变化，可计算出蛋白酶的活力。

二、实验材料、试剂与仪器

1. 试剂

42.4g/L Na_2CO_3溶液，65.4g/L三氯乙酸溶液，20g/L NaOH溶液，1mol/L HCl溶液。

福林(Folin)试剂：在2 000mL磨口回流装置中加入钨酸钠($Na_2WO_4\cdot 2H_2O$)100.0g、钼酸钠($Na_2MoO_4\cdot 2H_2O$)25.0g、蒸馏水700mL、85%磷酸50mL、浓盐酸100mL，充分混匀后，微火回流加热10h，取下回流冷却器，在通风橱中加入硫酸锂

50g、蒸馏水50mL和液溴(99%)数滴，摇匀后再微沸15min，以驱赶过剩的溴(冷后仍有绿色需要再加溴水，再煮沸除去过量的溴)。冷却后加蒸馏水定容至1 000mL，混匀过滤，制得的试剂应呈金黄色，置于棕色试剂瓶中暗处贮藏。

福林使用溶液：1份福林试剂与2份水混合、摇匀。也可使用市售福林溶液配制。

pH 7.5磷酸缓冲液(适用于中性蛋白酶制剂)：分别称取$Na_2HPO_4 \cdot 12H_2O$ 6.02g和$NaH_2PO_4 \cdot 2H_2O$ 0.5g，加水溶解并定容至1 000mL。

pH 3.0乳酸钠缓冲液(适用于酸性蛋白酶制剂)：取乳酸(80%~90%)4.71g和乳酸钠0.89g，加水至900mL，搅拌均匀。用乳酸或乳酸钠调整pH到3.0±0.05，定容至1 000mL。

pH 10.5硼酸缓冲溶液(适用于碱性蛋白酶制剂)：取硼酸钠9.54g、NaOH 1.60g，加水900mL，搅拌均匀。用1mol/L HCl溶液或0.5mol/L NaOH溶液调整pH值到10.5±0.05，定容至1 000mL。

酪蛋白溶液(10.0g/L)：称取标准酪蛋白1.000g，精确到0.001g，用少量NaOH溶液(若酸性蛋白酶制剂则用浓乳酸2~3滴)湿润后，加入相应的磷酸缓冲液约80mL，在沸水浴中加热煮沸30min，并不时搅拌至酪蛋白完全溶解。冷却至室温后转入100mL容量瓶中，用适宜的pH缓冲液稀释到刻度。定容前检查并调整pH值至相应缓冲液的规定值。此溶液冰箱保存，有效期3d。使用前重新确认并调整pH值至规定值。

标准L-酪氨酸溶液(100μg/mL)：精确称取预先于105℃干燥至恒重的L-酪氨酸0.100 0g±0.000 2g，用1mol/L HCl溶液60mL溶解后定容至100mL，即为1mg/mL酪氨酸溶液。

吸取1mg/mL L-酪氨酸溶液10.00mL，用0.1mol/L HCl溶液定容至100mL，即得到100μg/mL L-酪氨酸标准溶液。

2. 仪器及用具

分析天平(精度0.000 1g)，酸度计(精度0.01)，恒温水浴(40℃±0.2℃)，紫外-可见分光光度计，移液枪，磁力搅拌器。

三、实验方法与步骤

1. 标准曲线绘制

取100μg/mL的酪氨酸标准母液，然后分别稀释成浓度为50，40，30，20，10，0μg/mL的标准液。取18支试管编号，分别吸取不同浓度酪氨酸溶液1.00mL(须做平行实验)，各加入碳酸钠5mL、福林试剂使用溶液1mL，振荡均匀，置于40℃±0.2℃水浴中保温显色20min，取出用分光光度计在波长680nm、10mm比色皿，以不含酪氨酸的0管为空白，分别测定吸光值。以吸光值为纵坐标，酪氨酸浓度为横坐标，绘制标准曲线。利用回归方程计算出当吸光度为1时的酪氨酸的量(μg)，即为吸光常数K值。其K值应在95~100范围内。如不符合，须重新配制试剂进行实验。

2. 酶液制备

称取蛋白酶样品1~2g，精确至0.000 2g。用相应的缓冲溶液溶解并稀释到一定浓度，推荐浓度范围为酶活力 10~15U/mL。对于粉状样品，可用相应的缓冲液充分溶解，然后取滤液(慢速定性滤纸)稀释至适当浓度。

3. 测定

先将酪蛋白溶液放入 40℃ ±0.2℃恒温水浴中预热 5min。取 4 支试管，分别加入 1.00mL 稀释酶液，其中 1 支为空白管，3 支为平行试样管，40℃ ±0.2℃水浴保温 2min。在 3 支平行试样管中分别加入 1.00mL 酪蛋白溶液，摇匀，准确计时 40℃保温 10min。立即加入 2.00mL 三氯乙酸溶液摇匀，静止 10min 后用滤纸过滤。分别吸取 1.00mL 滤液，加 5.0mL 碳酸钠溶液，最后加入 1.00mL 福林酚试剂，摇匀，于 40℃水浴中显色 20min，于 680nm 波长，用 10mm 比色皿测定吸光度。空白管中先加入 2.00mL 三氯乙酸溶液，再加 1.00mL 酪蛋白溶液，静止 10min 后用滤纸过滤，以下操作与平行实验管相同。

四、结果计算

从标准曲线上读出样品最终稀释液的酶活力，单位 U/mL。

$$X = \frac{A \times V \times 4 \times n}{m} \times \frac{1}{10}$$

式中 X——样品的酶活力(U/g)；

A——由标准曲线得出的样品最终稀释液的活力(U/mL)；

V——溶解样品所使用的容量瓶体积(mL)；

n——样品的稀释倍数；

m——样品的质量(g)；

4——试管反应液总体积(mL)；

10——反应 10min。

五、注意事项

(1)对于同一台分光光度计与同一批福林试剂，其工作曲线 K 值可以沿用，当另配福林试剂时，工作曲线应重作。

(2)当用不同来源或批号的酪蛋白对同一蛋白酶测定时，其结果会有差异，故蛋白酶活力表示时应注明所用酪蛋白的生产厂。

Ⅱ 紫外分光光度法

一、基本原理

蛋白酶在一定温度和 pH 值条件下，水解酪蛋白生成酪氨酸，然后加入三氯乙酸终止反应，并沉淀未水解的酪蛋白，滤液中的酪氨酸用紫外 - 可见分光光度计在 275nm 下测定，根据吸光度与酶活力的比例关系计算其酶活力。

不同的蛋白酶制剂其紫外法结果与福林法结果的换算系数不同。

二、实验材料、试剂与仪器

1. 试剂

同福林法。

2. 仪器及用具

分析天平(精度0.000 1g)，酸度计(精度0.01)，恒温水浴(40℃ ±0.2℃)，紫外-可见分光光度计，移液枪，磁力搅拌器。

三、实验方法与步骤

1. 标准曲线绘制

取100μg/mL的L-酪氨酸标准母液，然后分别稀释成浓度为50，40，30，20，10，0μg/mL的标准液。直接用紫外-分光光度计在波长275nm测定吸光值。以吸光值为纵坐标，酪氨酸浓度为横坐标，绘制标准曲线。利用回归方程计算出当吸光度为1时的酪氨酸的量(μg)，即为吸光常数*K*值。其*K*值应在130~135范围内。如不符合，须重新配制试剂进行实验。

2. 酶液制备

称取蛋白酶样品1~2g，精确至0.000 2g。用相应的缓冲溶液溶解并稀释到一定浓度，样品稀释液最终浓度应该在10~20U/mL范围内。

3. 测定

先将酪蛋白溶液放入40℃ ±0.2℃恒温水浴中预热5min。取4支试管，分别加入1.00mL稀释酶液，其中1支为空白管，3支为平行试样管，40℃ ±0.2℃水浴保温2min。在3支平行试样管中分别加入1.00mL酪蛋白溶液，摇匀，准确计时40℃保温10min。立即加入2.00mL三氯乙酸溶液摇匀，静止10min后用滤纸过滤。滤液用紫外-可见分光光度计于275nm波长下测定吸光度。如果结果不平行，可以考虑将加入三氯乙酸的试样溶液返回到水浴中保温30min，然后再测定吸光度。空白管中先加入2.00mL三氯乙酸溶液，再加1.00mL酪蛋白溶液，静止10min后用滤纸过滤，以下操作与平行试样管相同。

四、结果计算

从标准曲线上读出样品最终稀释液的酶活力，单位U/mL。

$$X = \frac{A \times V \times n \times 8}{2 \times m} \times \frac{1}{10}$$

式中 X——样品的酶活力(U/g)；

A——由标准曲线得出的样品最终稀释液的活力(U/mL)；

V——溶解样品所使用的容量瓶体积(mL)；

n——样品的稀释倍数；

m——样品质量(g)；

8——反应试剂的总体积(mL)；

2——吸取酶液体积(mL)；

10——反应10min。

实验70 果酒酒精度的测定

Ⅰ 密度瓶法

一、基本原理

采用蒸馏法去除样品中的不挥发性物质，用密度瓶法测定馏出液的密度。根据馏出液(乙醇水溶液)的密度，查乙醇水溶液密度与酒精度(乙醇含量)对照表，即可求得20℃时乙醇的体积百分数，即酒精度，用%(体积分数)表示。

二、实验材料、试剂与仪器

1. 样品及试剂

果酒，蒸馏水。

2. 仪器及用具

500mL全玻璃蒸馏器，恒温水浴(精度±0.1℃)，分析天平，附温度计密度瓶，100mL容量瓶，玻璃珠，冰袋，滤纸等。

三、实验方法与步骤

1. 试样的制备

用一洁净、干燥的100mL容量瓶准确量取100mL样品(液温20℃)于500mL蒸馏瓶中，用50mL水分3次冲洗容量瓶，洗液并入蒸馏瓶中，再加几颗玻璃珠，连接冷凝器，以取样用的原容量瓶做接收器(外加冰浴)。开启冷却水，缓慢加热蒸馏。收集馏出液接近刻度，取下容量瓶盖塞，于20.0℃±0.1℃水浴中保温30 min，补加水至刻度，混匀，备用。

2. 蒸馏水质量的测定

(1)将密度瓶洗净并干燥，带温度计和侧孔罩称量。重复干燥和称量，直至恒重(m)。

(2)取下温度计，将煮沸冷却至15℃左右的蒸馏水注满恒量的密度瓶，插上温度计，瓶中不得有气泡。将密度瓶浸入20.0℃±0.1℃的恒温水浴中，待内容物温度20℃，并保持10min不变后，用滤纸吸去侧管溢出的液体，使侧管中的液面与侧管管口齐平，立即盖好侧孔罩，取出密度瓶，用滤纸擦干瓶壁上的水，立即称量(m_1)。

3. 试样质量的测量

将密度瓶中的水倒出，用试样反复冲洗密度瓶3~5次，然后装满，按上文2. 中

(2)同样操作，称量(m_2)。

四、结果结算

$$\rho_{20}^{20}=\frac{m_2-m+A}{m_1-m+A}\times\rho_0$$

$$A=\rho_u\times\frac{m_1-m}{997.0}$$

果酒分析方法

式中 ρ_{20}^{20}——试样馏出液在20℃时的密度(g/L)；

m——密度瓶的质量(g)；

m_1——20℃时密度瓶与充满密度瓶蒸馏水的总质量(g)；

m_2——20℃时密度瓶与充满密度瓶试样馏出液的总质量(g)；

ρ_0——20℃时蒸馏水的密度(998.20 g/L)；

A——空气浮力校正值；

ρ_u——干燥空气在20℃，101.3Pa时的密度值(≈1.2 g/L)；

997.0——在20℃时蒸馏水与干燥空气密度值之差(g/L)。

根据试样馏出液的密度ρ_{20}^{20}，查GB/T 15038—2006附录A(规范性附录)，求得酒精度。

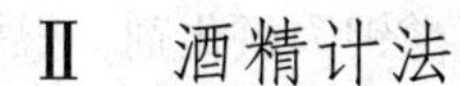

Ⅱ 酒精计法

一、基本原理

以蒸馏法去除样品中的不挥发性物质，用酒精计法测得酒精体积分数示值，按温度、酒精度换算表加以校正，求得20℃时乙醇的体积分数，即酒精度。

二、实验材料、试剂与仪器

1. 样品及试剂

果酒，蒸馏水。

2. 仪器及用具

酒精计(分度值为0.1°)，1 000mL全玻璃蒸馏器，恒温水浴(精度±0.1℃)，温度计，500mL容量瓶，500mL量筒，玻璃珠，冰袋等。

三、实验方法与步骤

1. 试样的准备

用一洁净、干燥的500mL容量瓶准确量取500mL样品(液温20℃)于1 000mL蒸馏瓶中，用100mL水分3次冲洗容量瓶，洗液全部并入蒸馏瓶中，再加几颗玻璃珠，连接冷凝器，以取样用的原容量瓶做接收器(外加冰浴)。开启冷却水，缓慢加热蒸馏。

收集馏出液接近刻度，取下容量瓶盖塞，于20.0℃ ±0.1℃水浴中保温30min，补加水至刻度，混匀，备用。

2. 试样酒精度的检测

将准备好的试样倒入洁净、干燥的500mL量筒中，静置数分钟，待其中气泡消失后，放入洗净、干燥的酒精计，再轻轻按一下，不得接触量筒壁，同时插入温度计，平衡5min，水平观测，读取与弯月面相切处的刻度示值，同时记录温度。

四、结果计算

根据测得的酒精计示值和温度，查酒精计温度、酒精度换算表，换算成20℃时酒精度(所得结果表示至一位小数)。

实验71　果酒中单宁的测定

一、基本原理

单宁分子和唾液蛋白发生的化学反应，会使口腔表面产生一种收敛性的触感。果酒中如缺乏单宁，酒味就会平淡，含量过高又会使酒味发涩。因此，单宁在果酒酿造中具有重要的影响。本测定以高锰酸钾为氧化剂，根据样品中单宁可被活性炭吸附的特点，测定吸附前后的氧化值之差，计算单宁物质的含量。实验以靛红作为指示剂，滴定时当溶液颜色由蓝变黄时即为终点。

二、实验材料、试剂与仪器

1. 试剂

3mol/L H_2SO_4溶液，活性炭。

0.05mol/L高锰酸钾标准溶液：称取0.8g高锰酸钾，加入少量蒸馏水溶解，并加热煮沸30~40min，冷却过滤(用精制石棉或玻璃砂芯漏斗，不可用滤纸)，注入500mL棕色瓶中，加水至500mL，摇匀静置4~6d，待标定。精确称取经105~110℃干燥2h后冷却的草酸钠0.14~0.16g共3份，分别置于250mL锥形瓶中，各加60mL蒸馏水溶解，加入15mL 3mol/L H_2SO_4溶液，置于水浴锅中加热至75~80℃，趁热用0.05mol/L高锰酸钾溶液滴定至粉红色，并在30s不褪色，即为终点，记录消耗高锰酸钾毫升数，计算高锰酸钾溶液浓度。

靛红溶液：称取靛红1.0g溶解于500mL浓H_2SO_4中(如难溶，可加热至60℃)，保持4h，然后稀释至1 000mL。

2. 仪器及用具

天平，200mL烧杯，漏斗，100mL容量瓶，滤纸，玻璃棒，5mL移液管，100mL锥形瓶，酸式滴定管，100mL量筒。

三、实验方法与步骤

(1)准确量取20mL果酒样品于250mL容量瓶中，充分振荡，定容备用。

(2)吸取稀释样液10.0mL于烧杯中，加靛红溶液25mL、水750mL，用0.05mol/L高锰酸钾标准溶液快速滴定至呈黄绿色时，再慢慢滴定至明亮的金黄色即为终点，记下体积V_1。

(3)另取稀释样液10.0mL于烧杯中，加3g活性炭，加热搅拌10min，过滤，热水冲洗3次。滤液与洗液合并后，加靛红溶液25mL、水750mL，用0.05mol/L高锰酸钾标准溶液快速滴定至呈黄绿色时，再慢慢滴定至明亮的金黄色即为终点，记下体积V_2。

四、结果计算

$$\text{单宁含量(g/100mL)} = \frac{c \times (V_1 - V_2) \times 0.0416}{\text{滴定所用样品稀释液体积}} \times \frac{b}{a} \times 100$$

式中 c——$KMnO_4$标准溶液的摩尔浓度(mol/L)；

V_1——滴定样品所消耗高锰酸钾溶液的体积(mL)；

V_2——样品经活性炭吸附单宁后所消耗高锰酸钾溶液的体积(mL)；

a——果酒样品体积(mL)；

b——样品稀释液的总体积(mL)；

0.041 6——1mL 0.05mol/L高锰酸钾所相当的单宁量(g)。

实验72　葡萄酒中总糖、还原糖的测定

一、基本原理

利用费林溶液与还原糖共沸，生成氧化亚铜沉淀的反应，以次甲基蓝为指示液，以样品或经水解后的样品滴定煮沸的费林溶液，达到终点时，稍微过量的还原糖将蓝色的次甲基蓝还原为无色，以示终点。根据样品消耗量求得总糖或还原糖的含量。

二、实验材料、试剂与仪器

1. 试剂

HCl溶液(1:1)，NaOH溶液(200mg/L)。

2.5g/L葡萄糖标准溶液：称取在105~110℃烘箱内烘干3h并在干燥器中冷却的无水葡萄糖2.5g(精确至0.000 1g)，用水溶解并定容至1 000mL。

10 g/L次甲基蓝指示液：称取1.0g次甲基蓝，用水溶解并定容至100mL。

费林溶液(Ⅰ、Ⅱ)：

溶液Ⅰ：称取34.79g $CuSO_4 \cdot 5H_2O$，溶于水，稀释至500mL。如有不溶物可用滤纸过滤。

溶液Ⅱ：称取173g酒石酸钾钠($C_4H_4KNaO_6 \cdot 4H_2O$)和50g NaOH，溶于水，稀释定容至500mL(配制该溶液时，先溶解NaOH，酒石酸钾钠需分次加入)。

2. 仪器及用具

恒温水浴锅，烘箱，容量瓶，锥形瓶，烧杯，滴定管，电炉等。

三、实验方法与步骤

(一)费林试剂的标定

1. 预备实验

吸取费林溶液Ⅰ、Ⅱ各5.00mL于250mL锥形瓶中，加50mL水，摇匀，在电炉上加热至沸，在沸腾状态下用葡萄糖标准溶液滴定，当溶液的蓝色将消失呈红色时，加2滴次甲基蓝指示液，继续滴加标准葡萄糖溶液至蓝色消失，记录消耗葡萄糖标准溶液的体积。此操作需在1min内完成。

2. 正式实验

吸取费林溶液Ⅰ、Ⅱ各5.00mL于250mL锥形瓶中，加50mL水和比预备实验少1mL的葡萄糖标准溶液，加热至沸，并保持2 min，加2滴次甲基蓝指示液，在沸腾状态下于1min内用葡萄糖标准溶液滴至终点，记录消耗葡萄糖标准溶液的总体积(V)。

3. 计算

$$F = \frac{m}{1\ 000} \times V$$

式中 F——费林溶液Ⅰ、Ⅱ各5mL相当于葡萄糖的克数(g)；

m——称取无水葡萄糖的质量(g)；

V——消耗葡萄糖标准溶液的总体积(mL)。

(二)样品的测定

1. 试样的准备

测总糖用试样：准确吸取一定量液温20℃的样品(V_1)于100mL容量瓶中，使之所含总糖量为0.2~0.4g，加5mL HCl溶液，加水至20mL，摇匀。于68℃ ±1℃水浴上水解15 min，取出冷却。用NaOH溶液中和至中性，调温至20℃，加水定容至刻度(V_2)，备用。

测还原糖用试样：准确吸取一定量的液温20℃的样品(V_1)于100mL容量瓶中，使之所含总糖量为0.2~0.4g，加水定容至刻度，备用。

2. 试样的检测

以试样代替葡萄糖标准溶液，按上述费林溶液标定方法进行操作，记录消耗试样的体积(V_3)。

测定干葡萄酒或含糖量较低的半干葡萄酒，先吸取一定量的液温20℃的样品(V_3)于预先装有费林溶液Ⅰ、Ⅱ各5.0mL的250mL锥形瓶中，再用葡萄糖标准溶液按费林溶液标定方法进行操作，记录消耗葡萄糖标准溶液的体积(V)。

四、结果计算

$$X_1 = \frac{F - c \times V}{(V_1/V_2) \times V_3} \times 1\,000$$

$$X_2 = \frac{F}{(V_1/V_2) \times V_3} \times 1\,000$$

式中 X_1——干葡萄酒、半干葡萄酒总糖或还原糖的含量(g/L)；

F——费林溶液Ⅰ、Ⅱ各5mL相当于葡萄糖的克数(g)；

c——葡萄糖标准溶液的浓度(g/mL)；

V——消耗葡萄糖标准溶液的体积(mL)；

V_1——吸取样品的体积(mL)；

V_2——样品稀释后或水解定容的体积(mL)；

V_3——消耗试样的体积(mL)；

X_2——其他葡萄酒总糖或还原糖的含量(g/L)。

所得结果应表示至一位小数。

实验73 白酒中甲醇的测定

一、基本原理

甲醇是一种无色易挥发的透明液体，能无限地溶解于酒精与水中，对人体有害，主要是麻痹神经。甲醇的来源为原料和辅料果胶质内甲基酯分解而成，用含有粮食壳的原料酿造的白酒，大多数含有甲醇，其含量往往会超过国家标准的规定。国家标准GB 2757—2012规定：以粮谷类为原料制造的白酒，甲醇含量≤6g/L；其他原料制得的白酒，甲醇含量≤2g/L。

目前，最常用的白酒中甲醇的检测方法包括气相色谱法和目测比色检测法，本实验利用目测比色检测法进行检验。甲醇氧化成甲醛后，与品红-亚硫酸作用生成蓝紫色化合物，与标准系列比较定量。最低检出量为0.02g/100mL。允许相对误差：含量≥0.1g/100mL，为≤15%；含量<0.1g/100mL，为≤20%。

二、实验材料、试剂与仪器

1. 试剂

100g/L亚硫酸钠溶液。

高锰酸钾-磷酸溶液：称取3g高锰酸钾加入15mL磷酸(质量分数为85%)与

70mL 水的混合液中，溶解后加水至 100mL。贮存于棕色瓶内，防止氧化力下降。保存时间不宜过长。

草酸 - 硫酸溶液：称取 5g 无水草酸或 7g 含 2 分子结晶水草酸，溶于 1∶1 冷 H_2SO_4 定容至 100mL。混匀后贮于棕色瓶中备用。

品红 - 亚硫酸溶液：称取 0.1g 碱性品红研细后，分次加入共 60mL 80℃的水，边加水边研磨使其溶解。用滴管吸取上层溶液滤于 100mL 容量瓶中，冷却后加 10mL 亚硫酸钠溶液(100g/L)、1mL HCl，再加水至刻度，充分混匀，放置过夜。如溶液有颜色，可加少量活性炭搅拌后过滤，贮存于棕色瓶中，置暗处保存。溶液呈红色时弃去重新配制。

甲醇标准储备液：称取 1.000g 甲醇，置于 100mL 容量瓶中，加水稀释至刻度。此溶液每毫升相当于 10mg 甲醇，置低温保存。

甲醇标准使用液：吸取 10mL 甲醇标准溶液，置于 100mL 容量瓶中，加水稀释至刻度。再取 25mL 稀释液于 50mL 容量瓶中，加水至刻度。此溶液每毫升相当于 0.5mg 甲醇。

无甲醇的乙醇溶液：取 0.3mL 95% 乙醇按操作方法检查，加入品红 - 亚硫酸后不应显色，如显色需进行处理。处理方法：取 300mL 乙醇(体积分数为 95%)，加高锰酸钾少许，蒸馏，收集馏出液。在馏出液中加入硝酸银溶液(取 1g 硝酸银溶于少量水中)和 NaOH 溶液(取 1.5g NaOH 溶于少量水中)，摇匀，取上清液蒸馏，弃去最初 50mL 馏出液。收集中间馏出液 200mL，用乙醇比重计测其质量浓度，然后加水配成无甲醇的乙醇溶液(体积分数为 60%)。

2. 仪器及用具

分光光度计，25mL 具塞比色管，移液管，烧杯，容量瓶等。

三、实验方法与步骤

(1)根据样品中乙醇质量分数适当取样(质量分数为 30% 取 1mL，质量分数为 40% 取 0.8mL，质量分数为 50% 取 0.6mL，质量分数为 60% 取 0.5mL)，置于 25mL 具塞比色管中。

(2)精确吸取 0，0.1，0.2，0.4，0.6，0.8，1.0mL 甲醇标准使用液(相当于 0，0.05，0.10，0.20，0.30，0.40，0.50mg 甲醇)分别置于 25mL 具塞比色管中，并加入 0.5mL 质量分数为 50% 的无甲醇的乙醇溶液。

(3)于样品管及标准管中各加水至 5mL。再依次各加入 2mL 高锰酸钾 - 磷酸溶液，混匀，放置 10min。各加 2mL 草酸 - 硫酸溶液，混匀使之褪色。再各加 5mL 品红 - 亚硫酸溶液，混匀，于 20℃以上静置 30min，用 2cm 比色杯，以零管调节零点，于波长 590nm 处测吸光度，绘制标准曲线比较，或与标准系列目测比较。

四、结果计算

$$X = \frac{m}{V \times 1\,000} \times 100$$

式中 X——100mL样品中甲醇的质量浓度(g/100mL);

m——测定样品中甲醇的质量(g);

V——样品的体积(mL)。

五、注意事项

(1)品红－亚硫酸溶液呈红色时应重新配制，新配制溶液放冰箱中24~48h后再用为好。

(2)白酒中其他醇类以及经高锰酸钾氧化后生成的醛类(如乙醛、丙醛等)与品红－亚硫酸溶液作用也显色，但在一定浓度的硫酸酸性溶液中，除甲醛可形成经久不退的紫色外，其他醛类则很快消退或不显色，故无干扰，因此操作中时间条件必须严格控制。

(3)酒样和标准溶液中的乙醇浓度对比色有一定影响，故样品与标准管中乙醇含量要大致相同。

实验74　白酒中杂醇油的测定

一、基本原理

酒中杂醇油成分复杂，以异戊醇为主，其次还有丁醇、戊醇、丙醇等。

本法标准以异戊醇和异丁醇表示，异戊醇和异丁醇在浓硫酸作用下脱水生成异戊烯和异丁烯，再与对二甲氨基苯甲醛作用显橙红色，与标准比较定量。

二、实验材料、试剂与仪器

1. 试剂

对二甲氨基苯甲醛－硫酸溶液(5g/L)：称取0.5g对二甲氨基苯甲醛，加浓H_2SO_4溶解至100mL，贮于棕色瓶中，如有色应重新配制。

无杂醇油的乙醇：取0.1mL分析纯无水乙醇，按本方法检查，不得显色，如显色取分析纯无水乙醇200mL，加0.25g盐酸间苯二胺，加热回流2h，蒸馏，收集中间馏出液100mL。再取0.1mL馏出液按本方法测定不显色即可使用。

杂醇油(异戊醇、异丁醇)标准溶液：准确称取0.080g异戊醇和0.020g异丁醇加入预先装有50mL无杂醇油的乙醇的100mL容量瓶中，再加水至刻度。此溶液每毫升相当于1mg杂醇油，置低温保存。

杂醇油(异戊醇、异丁醇)标准应用液：吸取杂醇油标准溶液5.0mL于50mL容量瓶中，加水稀释至刻度。此应用液即为每毫升相当于杂醇油0.10mg的标准溶液。

2. 仪器及用具

分光光度计，容量瓶，移液管，烧杯，10mL比色管，冰袋，水浴锅等。

三、实验方法与步骤

(1)将蒸馏酒稀释10倍后再准确吸取0.30mL置于10mL比色管中。

(2)准确吸取0，0.10，0.20，0.30，0.40，0.50mL杂醇油标准应用液(相当于0，0.01，0.02，0.03，0.04，0.05mg杂醇油)于10mL比色管中。

(3)于样品管和标准管中准确加水至1mL，摇匀。

(4)各管放入冰浴中，沿管壁各加入2mL对二甲氨基苯甲醛-硫酸溶液(5g/L)，使其流至管底，再将各管同时摇匀。

(5)各管同时放入沸水浴中加热15min，取出，立即放入冰水中冷却，并立即各加入2mL水，混匀，放置10min。

(6)以零管调零点，于520nm波长下测各管吸光度，与标准曲线比较进行定量。

四、结果计算

$$X = \frac{m}{\frac{V}{10} \times 1\,000} \times 100$$

式中 X——样品中杂醇油的含量(g/100mL)；

m——测定样品管相当于标准管的毫克数(mg)；

V——样品稀释后的取样体积(mL)。

五、注意事项

(1)对二甲氨基苯甲醛显色剂用浓H_2SO_4配制，应临用前新配，放置最好不超过2d。对二甲氨基苯甲醛-硫酸溶液(5g/L)要求沿管壁缓慢加入，否则温度升得太快会影响显色。

(2)如样品有色，则精密称取样品50mL，加蒸馏水10mL，进行蒸馏，收集馏出液50mL，再按操作方法进行。

实验75 啤酒中双乙酰含量的测定

一、基本原理

双乙酰(丁二酮)是赋予啤酒风味的重要物质。但含量过大，能使啤酒有一种馊饭味。GB 4927—2008规定淡色优级啤酒中双乙酰含量小于等于0.10mg/L。

双乙酰的测定方法有气相色谱法、极谱法和比色法等。邻苯二胺比色法快速简便，是GB/T 4928—2008规定的方法。

用蒸汽将双乙酰蒸馏出来，与邻苯二胺反应，生成2，3-二甲基喹喔啉，在波长

335nm下测其吸光度。由于其他联二酮类都具有相同的反应特性，另外蒸馏过程中部分前驱体要转化成联二酮，因此上述测定结果为总联二酮含量(以双乙酰表示)，结果偏高。

二、实验材料、试剂与仪器

1. 试剂

4mol/L HCl溶液，有机硅消泡剂(或甘油聚醚)。

10g/L邻苯二胺溶液：称取邻苯二胺0.100g，用HCl溶液溶解并定容至10mL，摇匀，放于暗处。此溶液须当天配制与使用；若配制出来的溶液呈红色，应重新更换。

2. 仪器及用具

带有加热套管的双乙酰蒸馏器，备有20mm或10mm石英比色皿的紫外分光光度计，2 000mL(或3 000mL)锥形瓶或平底蒸馏烧瓶(蒸汽发生瓶)，25mL容量瓶，冰袋，吸管，电炉等。

三、实验方法与步骤

1. 蒸馏

将双乙酰蒸馏器安装好，加热蒸汽发生瓶至沸。通汽预热后，置25mL容量瓶于冷凝器出口接收馏出液(外加冰浴)，加1~2滴消泡剂于100mL量筒中，再注入未经除气的预先冷至5℃的酒样100mL，迅速转移至蒸馏器内，并用少量水冲洗带塞漏斗，盖塞。然后用水密封，进行蒸馏，直至馏出液接近25mL时取下容量瓶，达到室温后用重蒸水定容，摇匀。

2. 显色与测量

分别吸取馏出液10.0mL于2支干燥的比色管中，并于第1支管中加入邻苯二胺溶液0.50mL，第2支管中不加(做空白)，充分摇匀后，同时置于暗处放置20~30min，然后于第1支管中加入2mL HCl溶液，于第2支管中加入2.5mL HCl溶液，混匀后，用20mm石英比色皿(或10mm石英比色皿)，于波长335nm下，以空白做参比，测定其吸光度。

四、结果计算

试样的双乙酰含量按下式计算：

$$X = A_{335} \times 1.2$$

式中 X——试样的双乙酰含量(mg/L)；

A_{335}——试样在波长335nm下，用20mm石英比色皿测得的吸光度；

1.2——用20mm石英比色皿时，吸光度与双乙酰含量的换算系数。如用10mm石英比色皿时，吸光度与双乙酰含量的换算系数为2.4。

所得结果表示至两位小数。

五、注意事项

(1)蒸馏时加入试样要迅速，勿使双乙酰损失。蒸馏要求在3min内完成。

(2)严格控制蒸汽量，勿使泡沫过高，被蒸汽带走而导致蒸馏失败。

(3)显色反应在暗处进行，否则导致结果偏高。且比色测定操作须在20min内完成。

实验76 啤酒中CO_2含量的测定

Ⅰ 基准法

一、基本原理

在0~5℃下用碱液固定啤酒中的CO_2，加稀酸释放后，用已知量的$Ba(OH)_2$溶液吸收，过量的$Ba(OH)_2$溶液再用HCl标准滴定溶液滴定。根据消耗HCl标准滴定溶液的体积，计算出试样中CO_2的含量。

二、实验材料、试剂与仪器

1. 试剂

无CO_2蒸馏水，Na_2CO_3(国家二级标准物质)，300g/L NaOH溶液，10g/L酚酞指示液，0.1mol/L HCl标准滴定溶液，10%(质量分数)H_2SO_4溶液，有机硅消泡剂(二甘油聚醚)，0.055mol/L $Ba(OH)_2$溶液。

2. 仪器及用具

二氧化碳收集测定仪，150mL锥形瓶，25mL酸式滴定管，容量瓶，滤纸等。

三、实验方法与步骤

(一)$Ba(OH)_2$溶液配制

1. 配制

称取$Ba(OH)_2$ 19.2g，加无CO_2蒸馏水600~700mL，不断搅拌直至溶解，静置24h。加入$BaCl_2$ 29.2g，搅拌30min，用无CO_2蒸馏水定容至1 000mL。静置沉淀后，过滤于一个密闭的试剂瓶中，贮存备用。

2. 标定

吸取上述溶液25.0mL于150mL锥形瓶中，加酚酞指示液2滴，用HCl标准滴定溶液滴定至刚好无色为其终点，记录消耗HCl标准滴定溶液的体积(该值应在27.5~29.5mL之间，若超出30mL，应重新调整$Ba(OH)_2$溶液的浓度)。在密封良好的情况下贮存（试剂瓶顶端装有钠石灰管，并附有25mL加液器）。若HCl标准溶液滴定浓度不变，可连续使用一周。

（二）仪器的校正

按仪器使用说明书，用Na_2CO_3标准物质校正仪器。每季度校正一次（发现异常也应校正）。

（三）试样的准备

将待测啤酒恒温至0~5℃。瓶装酒开启瓶盖，迅速加入一定量的NaOH溶液和消泡剂2~3滴，立刻用塞塞紧，摇匀，备用。听装酒可在罐底部打孔，按瓶装酒同样操作。

注：NaOH溶液添加量，样品净含量为640mL时，加10mL；355mL时，加5mL；2L时，加25mL。

（四）样品的测定

1. CO_2的分离与收集

吸取试样10.0mL于反应瓶中，在收集瓶中加入25.0mL $Ba(OH)_2$溶液；将收集瓶与仪器的分气管接通。通过反应瓶上分液漏斗向其中加入10mL H_2SO_4溶液，关闭漏斗活塞，迅速接通连接管，设定分离与收集时间10min，按下泵开关，仪器开始工作，直至自动停止。

2. 滴定

用少量无CO_2蒸馏水冲洗收集瓶的分气管，取下收集瓶，加入酚酞指示液2滴，用HCl标准滴定溶液滴定至刚好无色，记录消耗HCl标准滴定溶液的体积。

四、结果计算

试样中CO_2含量按下式计算：

$$\omega = \frac{(V_1 - V_2) \times c \times 0.022}{\frac{V}{V + V_3} \times 10 \times \rho} \times 100$$

式中 ω——试样的CO_2质量分数（%）（结果保留两位小数）；

V_1——标定$Ba(OH)_2$溶液时，消耗的HCl标准滴定溶液的体积（mL）；

V_2——试样消耗HCl标准滴定溶液的体积（mL）；

c——HCl标准滴定溶液的浓度（mol/L）；

0.022——与1.00mL HCl标准溶液（1.0mol/L）相当的以克表示的CO_2质量（g）；

V——试样的净含量（总体积）（mL）；

V_3——在试样准备时，加入NaOH的体积（mL）；

10——测定时吸取试样的体积（mL）；

ρ——被测试样的密度（当被测试样的原麦汁浓度为11°P或12°P时，此值为

1.012，其他浓度的试样须先按 GB/T 4928—2008 啤酒分析方法测定其密度)(g/mL)。

Ⅱ 压力法

一、基本原理

根据亨利定律，在25℃时用CO_2压力测定仪测出试样的总压、瓶颈空气体积和瓶颈空容体积，然后计算出啤酒中CO_2的含量。

二、实验材料、试剂与仪器

1. 试剂

400g/L NaOH 溶液。

2. 仪器及用具

二氧化碳测定仪(压力表的分度值为0.01MPa)，分析天平(感量0.1g)，记号笔。

三、实验方法与步骤

1. 仪器的准备

将CO_2测定仪的3个组成部分之间用胶管(或塑料管)接好，在碱液水准瓶和刻度吸管中装入NaOH溶液，用水或NaOH溶液(也可以使用瓶装酒)完全顶出连接刻度吸收管与穿孔装置之间胶管中的空气。

2. 试样的准备

取瓶(或听)装酒样置于25℃水浴中恒温30min。

3. 测表压

将试样酒瓶(或听)置于穿孔装置下穿孔。用手摇动酒瓶(或听)直至压力表指针达到最大恒定值，记录读数(即表压)。

4. 测瓶颈空气

慢慢打开穿孔装置的出口阀，让瓶(或听)内气体缓缓流入吸收管，当压力表指示降至零时，立即关闭出口阀，倾斜摇动吸收管，直至气体体积达到最小恒定值。调整水准瓶，使之静压相等，从刻度吸收管上读取气体的体积。

5. 测瓶颈空容

在测定前，先在酒的瓶壁上用记号笔标记出酒的液面。测定后，用水将酒瓶装满至标记处，用100mL量筒量取100mL水后倒入试样瓶至满瓶口，读取从量筒倒出水的体积。

6. 听(铝易开盖两片罐)装酒“听顶空容”的测定与计算

在测定前，先称量整听酒的质量(m_1)，精确至0.1g；穿刺，测定听装酒的表压；将听内啤酒倒出，用水洗净，空干，称量“听+拉盖”的质量(m_2)，精确至0.1g；再用水充满空听，称量“听+拉盖+水”的质量(m_3)，精确至0.1g。

听装酒的“听顶空容”按下式计算：

$$R = \frac{m_3 - m_2}{0.998\ 23} - \frac{m_1 - m_2}{\rho}$$

式中 R——听装酒的“听顶空容”(mL)；

m_3——“听+拉盖+水”的质量(g)；

m_2——“听+拉盖”的质量(g)；

0.998 23——水在20℃下的密度(g/mL)；

m_1——“酒+听”的质量(g)；

ρ——试样的密度(g/mL)。

四、结果计算

试样的CO_2含量按下式计算：

$$X = \left(P - 0.101 \times \frac{V_1}{V}\right) \times 1.40$$

式中 X——试样的CO_2质量分数(%)；

P——绝对压力(表压+0.101)(MPa)；

V_1——瓶颈空气体积(mL)；

V——瓶颈空容(听顶空容)体积(mL)；

1.40——25℃，1MPa压力时，100g试样中溶解的CO_2克数(g)。

注：1大气压=0.101MPa。

所得结果表示至两位小数。

实验77 啤酒中苦味物质含量的测定

一、基本原理

啤酒中苦味物质主要成分是异α-酸。苦味物质的测定采用分光光度法，即酸化了的啤酒用异辛烷萃取其苦味物质，以紫外分光光度计在275nm波长下用1cm的比色皿测定其吸光度，用以测定其相对含量。

二、实验材料、试剂与仪器

1. 试剂

3mol/L HCl溶液，辛醇(色谱纯)，重蒸馏水。

异辛烷(分光光度纯或同等纯度)：在1cm比色皿中，以275nm波长测定其吸光度低于0.005或接近重蒸馏水吸光度。在20mL异辛烷中加1滴辛醇，用1cm比色皿，在 275nm 波长下测其吸光度低于 0.005 或接近重蒸馏水的吸光度。

2. 仪器及用具

离心机，振荡器，紫外－可见分光光度计，250mL 碘量瓶，吸管，移液管等。

三、实验方法与步骤

用尖端带有 1 滴辛醇的移液管，吸取未除气的冷（小于 10℃）的啤酒样品 10.0mL 于 50mL 离心管中，加入 3mol/L HCl 溶液 1mL 和 20mL 异辛烷，盖紧盖，在振荡器上振动 15min（应呈乳状），然后移到离心机上以 3 000r/min 离心 15min，使其分层。尽快吸出上层清液（异辛烷层）用 1cm 石英比色皿，在波长 275nm 处，以异辛烷－辛醇（20mL 异辛烷加入 1 滴辛醇）做空白，测其吸光度。

四、结果计算

由下列公式计算苦味物质含量：

$$X = A_{275} \times 50$$

式中 X——试样中苦味物质的含量，以 BU 单位表示；

A_{275}——在 275nm 波长下，测得试样的吸光度；

50——换算系数。

实验 78 啤酒原麦汁浓度的测定

一、基本原理

利用在 20℃时乙醇水溶液与同体积纯水质量之比，求得相对密度。然后，查表得出试样中乙醇含量的体积分数，即啤酒的酒精度。再以密度瓶法测出啤酒试样中的真正浓度，按经验公式计算出啤酒试样的原麦汁浓度。

二、实验材料、试剂与仪器

1. 样品及试剂

果酒，蒸馏水。

2. 仪器及用具

500mL 全玻璃蒸馏器，恒温水浴（精度 ±0.1℃），分析天平，附温度计密度瓶，100mL 容量瓶，100mL 移液管，玻璃珠，冰袋，滤纸等。

三、实验方法与步骤

1. 酒精度的测定

方法同实验 70 密度瓶法。

2. 试样的制备

将蒸馏除去乙醇后的残液(在已知质量的蒸馏烧瓶中)，冷却至20℃，准确补加水使残液至100.0g，混匀。

3. 测定

用密度瓶或密度计测定出残液的相对密度，查糖溶液相对密度和浸出物百分含量表，求得100g试样中浸出物的克数(g/100g)，即为啤酒的真正浓度，以柏拉图度或质量分数(°P或%)表示。

啤酒分析方法

四、结果计算

试样的原麦汁浓度根据测得的酒精度和真正浓度，按下式计算：

$$X_1 = \frac{(A \times 2.0665 + E) \times 100}{100 + A \times 1.0665}$$

式中 X_1——试样的原麦汁浓度，单位为柏拉图度或质量分数(°P或%)；

A——试样的酒精度质量分数(%)；

E——试样的真正浓度质量分数(%)。

实验79 啤酒色度测定

一、基本原理

啤酒的色泽越深，则在一定波长下的吸光值越大，因此可直接测定吸光度，然后转换为EBC单位表示色度。

二、实验材料、试剂与仪器

可见分光光度计，玻璃比色皿(10mm)，离心机。

三、实验方法与步骤

将除气后的试样注入10mm玻璃比色皿中，以水为空白调整零点，分别在波长430nm和700nm处测定试样的吸光度。

若A_{430}的吸光度值在0.8以上时，需用水稀释后，再测定。

若$A_{430} \times 0.039 < A_{700}$表示试样是混浊的，需要离心或过滤后，重新测定。

当$A_{430} \times 0.039 > A_{700}$表示试样是透明的，根据$A_{430}$即可计算出啤酒色度。

四、结果计算

试样的色度按下式计算：

$$S = A_{430} \times 25 \times n$$

式中 S——试样的色度，单位为EBC，所得结果保留一位小数；

A_{430}——试样在波长430nm，10mm玻璃比色皿测得的吸光度；

25——换算成标准比色皿的厚度(mm)；

n——稀释倍数。

实验80 啤酒中甲醛含量的测定

一、基本原理

甲醛是一种无色、具有刺激性且易溶于水的气体，具有凝固蛋白质的作用，可引起人体过敏、肠道刺激反应等。

啤酒中甲醛主要来源于两个方面：一是啤酒在发酵过程中会产生甲醛，二是在啤酒生产过程中为了加速絮状物的沉淀，使用甲醛作为食品加工助剂，使啤酒加快澄清。

啤酒中甲醛含量测定方法参照GB/T 5009.49—2008，其原理为：甲醛在过量乙酸铵的存在下，与乙酰丙酮和氨离子生成黄色的3,5-二乙酰基-1,4-二氢吡啶化合物。在波长415nm处有最大吸收，颜色的深浅与甲醛成正比，相应可得出试样中甲醛的含量。该法检出限量为0.2mg/L。

二、实验材料、试剂与仪器

1. 试剂

甲醛(36%~38%)，0.100 0mol/L硫代硫酸钠标准溶液，0.100 0mol/L碘标准溶液，1mol/L H_2SO_4溶液，1mol/L NaOH溶液，200g/L H_3PO_4溶液，5g/L淀粉指示剂。

乙酰丙酮溶液：称取0.4g新蒸馏乙酰丙酮、25g乙酸铵、3mL乙酸溶于水中，定容至200mL备用，用时配制。

2. 仪器及用具

721型分光光度计，水蒸气蒸馏装置，500mL蒸馏瓶，容量瓶，25mL比色管，碘量瓶。

三、实验方法与步骤

1. 甲醛标准溶液的标定

吸取36%~38%的分析纯甲醛7.0mL，加入1mol/L H_2SO_4溶液0.5mL，用水稀释至250mL。吸此溶液10.0mL于100mL容量瓶中，加水稀释定容。再吸10.0mL稀释溶液于250mL碘量瓶中，加水90mL、0.1mol/L的碘溶液20mL和1mol/L NaOH溶液15mL，摇匀，放置15min。再加入1mol/L H_2SO_4溶液20mL酸化，用0.100 0mol/L硫代硫酸钠标准溶液滴定至淡黄色，然后加约5g/L淀粉指示剂1mL，继续滴定至蓝色褪去即为终点。同时做试剂空白实验。

甲醛标准溶液的浓度计算：

$$X = (V_1 - V_2) \times c_1 \times 15$$

式中 X——甲醛标准溶液的浓度(mg/mL)；

V_1——空白实验所消耗的硫代硫酸钠标准溶液的体积(mL)；

V_2——滴定甲醛溶液所消耗的硫代硫酸钠标准溶液的体积(mL)；

c_1——硫代硫酸钠标准溶液的浓度(mol/L)；

15——与1.000mol/L硫代硫酸钠标准溶液1.0mL相当的甲醛质量(mg)。

用上述已经标定甲醛浓度的溶液，用水配制成含甲醛1μg/mL的甲醛标准使用液。

2. 样品处理

吸取已除去CO_2的啤酒25mL，移入500mL蒸馏瓶中，加200g/L H_3PO_4溶液20mL于蒸馏瓶，接水蒸气蒸馏装置中蒸馏，收集馏出液于100mL容量瓶中(约100mL)，冷却后加水稀释至刻度。

3. 测定

精密吸取1μg/mL的甲醛标准溶液0.00，0.50，1.00，2.00，3.00，4.00，8.00mL于25mL比色管中，加水至10mL。

吸取样品馏出液10mL移入25mL比色管中。标准系列和样品的比色管中，各加入乙酰丙酮溶液2mL，摇匀后在沸水浴中加热10min，取出冷却，于分光光度计波长415nm处测定吸光度，绘制标准曲线。从标准曲线上查出试样的含量。

四、结果计算

$$甲醛含量(\mu g/mL) = m/V$$

式中 m——从标准曲线上查出的相当的甲醛质量(μg)；

V——测定样液中相当的试样体积(mL)。

实验81 乳酸菌发酵液中胞外多糖的测定

乳酸细菌胞外多糖(EPS)是一种高分子杂聚多糖，其测定方法较多，本节主要介绍硫酸-苯酚法、硫酸-蒽酮法、干燥称重法和高效液相色谱(HPLC)法。干燥法的测定结果一般较HPLC法测定结果偏高，主要是因为干燥法中还有少量其他物质随EPS一起留在冻干物中，因此结果略高。干燥法要求反复沉淀，离心并透析，再需冻干，操作烦琐。HPLC法水解步骤烦琐，对设备要求高，并要求有专一的糖或氨基柱，且需考虑单糖影响。而硫酸-苯酚法具有简单方便，显色稳定，灵敏度高，重现性好，不受蛋白质干扰等优点而使用较多。有关乳酸菌胞外多糖的研究大多采用硫酸-苯酚法测定多糖的含量。

Ⅰ 硫酸－苯酚法

一、基本原理

多糖在硫酸的作用下先水解成单糖，并迅速脱水生成糖醛衍生物，然后与苯酚生成橙黄色化合物，再以比色法测定。己糖在490nm处(戊糖及糖醛酸在480nm处)有最大吸收，吸收值与糖含量呈线性关系。

二、实验材料、试剂与仪器

1. 试剂

6%苯酚(临用前用80%苯酚配制)，浓硫酸(分析纯)，葡萄糖(色谱纯)。

2. 仪器及用具

恒温水浴锅，分光光度仪，透析袋(8 000～12 000 Da)。

三、实验方法与步骤

1. 标准曲线的制作

以葡萄糖量计算，精密称取于105℃干燥至恒重的葡萄糖0.02g置于500mL容量瓶中，加水溶解并稀释至刻度，摇匀。各种试剂表按照表6-3所列加入后静置10min，摇匀，室温放置20min后于490nm波长下检测吸光值，以2.0mL水按同样显色操作作为空白。以多糖微克数为横坐标，吸光值为纵坐标做标准曲线。

表6-3 苯酚－硫酸法标准曲线制作参考表

编号	葡萄糖溶液(40mg/L)/mL	蒸馏水/mL	6%苯酚/mL	浓硫酸/mL	OD_{490}
1	2.0	0.0	1.0	5.0	
2	1.8	0.2	1.0	5.0	
3	1.6	0.4	1.0	5.0	
4	1.4	0.6	1.0	5.0	
5	1.2	0.8	1.0	5.0	
6	1.0	1.0	1.0	5.0	
7	0.8	1.2	1.0	5.0	
8	0.6	1.4	1.0	5.0	
9	0.4	1.6	1.0	5.0	
10	0.2	1.8	1.0	5.0	

2. EPS含量的测定

将发酵液在10 000g离心10min，取上清液加入3倍体积的95%冷乙醇，4℃静置过夜后，12 000g离心10min，收集沉淀，用蒸馏水溶解，将溶解液装于透析袋中，用去离子水透析过夜。分离得到的多糖定容后取1mL样品，加去离子水1mL，同制作标准曲线的方法测定吸光值，并根据标准曲线及稀释倍数计算发酵液中多糖的含量。

若乳酸菌发酵时采用牛乳培养基或乳清培养基，应在乙醇沉淀步骤前向溶液中加三氯乙酸以去除蛋白，以免 EPS 与发酵液中酪蛋白发生共沉淀。

四、注意事项

(1)实验前用重蒸酚配制 80% 苯酚，4℃贮存。实验中 6% 苯酚临用前用 80% 苯酚配制。

(2)溶液多糖含量过高，检测时其吸光值会超出标准曲线线性范围，导致准确性差，故一般以多糖溶液接近无色为准。

Ⅱ 干燥称重法

一、基本原理

乳酸菌发酵液中的 EPS 经提取分离纯化后，经冷冻干燥后称重，即表示多糖的产量。

二、实验材料、试剂与仪器

1. 试剂

乙醇。

2. 仪器及用具

冷冻离心机，冷冻干燥机，透析袋(8 000~12 000 Da)，电子天平。

三、实验方法与步骤

将发酵液于 4℃，12 000g 离心 30min，取上清液，加入 3 倍体积 95% 的冷乙醇沉淀 24h，然后于 4℃，12 000g 离心 30min，收集沉淀，用原发酵液体积的蒸馏水溶解，重复操作 2~3 次，蒸馏水透析 24h，换水 3 次，得到的多糖放入 -80℃ 冰箱中预冷，随后用冷冻干燥机干燥称重，冻干条件：-55℃、13 Pa 真空度，冻干时间 48h，最后称重。结果以 mg/mL 表示。

Ⅲ 硫酸-蒽酮法

一、基本原理

多糖在浓硫酸作用下，可经脱水反应生成糖醛或羟甲基糖醛，生成的糖醛或羟甲基糖醛可与蒽酮反应生成蓝绿色糖醛衍生物，在一定范围内，颜色的深浅与糖的含量成正比，故可用于多糖的定量。

二、实验材料、试剂与仪器

1. 试剂

蒽酮，浓硫酸，葡萄糖。

蒽酮试剂：称取蒽酮 0.2g，加 100mL 硫酸溶解。

2. 仪器及用具

分光光度计，水浴锅。

三、实验方法与步骤

1. 标准曲线的制作

取 0.1 g/L 的葡萄糖溶液 0.05，0.10，0.20，0.30，0.40，0.60，0.80mL，用蒸馏水补至 1.00mL，分别加入 4.00mL 蒽酮试剂，迅速浸于冰水中冷却，各管加完后一起浸于沸水浴中，管口加盖玻璃球，以防蒸发。自水浴重新煮沸开始计时，准确煮沸 10min 取出，用自来水冷却，室温放置 10min 左右，于 620nm 比色，以同样处理重蒸水为空白，进行比色。以每毫升含有葡萄糖的微克数为横坐标，纵坐标为光密度值，绘制葡萄糖标准曲线，建立回归方程。

2. 多糖含量的测定

将发酵液于 4℃，12 000g 离心 30min，取上清液加入 3 倍体积 95% 的冷乙醇沉淀过夜，然后于 12 000g 离心 20min，收集沉淀，用热蒸馏水溶解，重复操作 2~3 次，蒸馏水透析 24h，换水 3 次，定容。取多糖浓度为 50μg/mL 左右的样品溶液 1.00mL，分别加入蒽酮试剂，按照标准曲线的操作进行比色测定，并根据标准曲线及稀释倍数计算发酵液中多糖的含量。

四、注意事项

(1)用硫酸－蒽酮法测定水溶性碳水化合物时，应注意切勿将样品的未溶解残渣加入反应液中，不然会因为细胞壁中的纤维素、半纤维素等与蒽酮试剂发生反应而增加了测定误差。

(2)硫酸－蒽酮法测定多糖含量时，不同的糖类与蒽酮试剂的显色程度不同，果糖显色最深，葡萄糖次之，半乳糖、甘露糖较浅，五碳糖显色更浅，故测定糖的混合物时常因不同糖类的比例不同造成误差，但测定单一糖类时则可避免此种误差。

Ⅳ 高效液相色谱法(HPLC 法)

一、基本原理

运用 HPLC 法测定样品中总单糖的含量，然后计算出总糖的含量。

二、实验材料、试剂与仪器

1. 试剂

乙腈(色谱纯)，碳酸钡(分析纯)，葡萄糖(色谱纯)，木糖(色谱纯)，果糖(色谱纯)，浓硫酸(色谱纯)，无水乙醇(分析纯)。

2. 仪器及用具

恒温水浴锅，Waters 600 高效液相色谱仪，电子天平。

三、实验方法与步骤

(一)色谱条件

色谱柱：Zorbax 氨基柱；流动相：乙腈∶水为 80∶20；流速：1.0mL/min；柱温：35℃；检测器：示差折光检测器；进样量：10μL。

(二)标准溶液的配制

1. 标准储备液(浓度约为 40mg/mL)

准确称取 2g(精确至 0.000 1g)经过干燥至恒重的木糖、葡萄糖和果糖，分别用纯净水定容于 50mL 容量瓶中。

2. 标准使用液

用移液管分别准确吸取 1，2，3，5mL 上述标准溶液(约 40mg/mL 木糖、果糖和葡萄糖)，用重蒸馏水定容于 10mL 容量瓶中(浓度分别约为 4，8，12，20mg/mL)，用 0.22μm 微孔过滤后备用。

(三)样品的前处理

称取胞外多糖样品 20.00mg，溶于 20mL 的 2.0mol/L H_2SO_4，沸水浴水解 8h，用碳酸钡中和至中性，用 0.22 μm 微孔过滤，备用。

(四)定量分析

采用外标法进行定量分析。标准曲线制作：分别取上述标准工作液，上机分析。以峰面积为横坐标，单糖浓度为纵坐标绘制标准曲线。将经过预处理的样品上机，得到峰面积响应值，根据标准曲线得到的线性回归方程，计算出单糖的含量，将单糖的含量相加，最后计算得到总糖的含量。

实验82 食品中游离酸和总酸的测定

Ⅰ 游离酸的测定——pH电位法

一、基本原理

游离酸度是指食品中呈游离状态的氢原子的浓度（严格地说应该是活度），用pH值表示。测定溶液的pH值，常用的方法有pH试纸法、指示剂比色法和pH计测定法。其中，pH计测定法准确度高，操作简便，不受试样本身颜色的影响，普遍用于食品行业。利用pH计测定溶液的pH值，是将玻璃电极和甘汞电极插在被测样品中，组成一个电化学原电池，其电动势的大小与溶液的pH值的关系为：

$$E = E^{\theta} - 0.059\text{pH}\ (25℃)$$

即在25℃时，每相差一个pH单位，就产生59mV电极电位，从而可通过对原电池电动势的测量，在pH计上直接读出被测试的pH值。

二、实验材料、试剂与仪器

1. 试剂

pH 4.02的标准缓冲溶液（25℃）：称取在115℃ ±5℃烘干2~3h的优级纯邻苯二甲酸氢钾10.14g，溶于不含CO_2的蒸馏水中，稀释至1 000mL。

pH 6.88的标准缓冲溶液（25℃）：称取在115℃ ±5℃烘干2~3h的优级纯磷酸二氢钾3.39g和优级纯无水磷酸氢二钠3.53g，溶于蒸馏水中，稀释至1 000mL。

2. 仪器及用具

pHs-3B/3C/2C/2S型酸度计，221型或231型pH玻璃电极，222型或232型甘汞电极，组织捣碎机，烧杯。

三、实验方法与步骤

1. 样品处理

将样品倒入组织捣碎机中，加蒸馏水（一般100g样品加蒸馏水的量少于20mL为宜），捣碎均匀，过滤，取滤液进行测定。

2. 仪器校正

置开关于pH位置，温度补偿器旋钮指示溶液的温度，根据标准缓冲溶液选择pH范围。用标准缓冲溶液洗涤烧杯和电极，然后将标准溶液注入烧杯内，两电极浸入溶液，但不碰杯底。调节零点调节器，使指针指在pH 7位置。将电极接头同仪器相连（甘汞电极接入接线柱，玻璃电极接入插孔内）。按下读数开关，调节电位调节器，使指针指示缓冲溶液的pH值。放开读数开关，指针应指示pH 7处，如有变动，再次按下读数开关，调节电位调节器，使指针指示缓冲溶液的pH值。校正完后定位调节旋钮不可再旋转，否则必须重新校正。

3. 测量

用新鲜蒸馏水冲洗电极和烧杯，再用样品试液洗涤电极和烧杯，然后将电极浸入样品试液中，轻轻摇动烧杯，使试液均匀。调节温度补偿旋钮至被测试液的温度，按下读数开关，指针所指示的数值，即为被测样品试液的pH值。测定完毕后，将电极和烧杯洗干净，妥善保存。

Ⅱ 总酸的测定——酸碱滴定法

一、基本原理

总酸是食品中所有酸性成分的总量，包括未解离的酸的浓度和已解离的酸的浓度。泡菜中有很多有机酸，根据酸碱中和原理，利用碱液滴定试液中的酸，以酚酞为指示剂确定滴定终点。按碱液的消耗量计算样品中总酸的质量分数(以乳酸计算)。实验方法参考GB/T 12456—2008。

二、实验材料、试剂与仪器

1. 试剂

0.1mol/L NaOH标准滴定溶液：吸取5.6mL澄清的NaOH饱和溶液，加适量新煮沸过的冷却的蒸馏水至100mL，摇匀。

0.01mol/L NaOH标准滴定溶液，0.05mol/L NaOH标准滴定溶液，用时当天配制。

1g/100mL酚酞溶液：称取1g酚酞，溶于60mL体积分数为95%乙醇中，用水稀释至100mL。

2. 仪器及用具

组织捣碎机，水浴锅，电炉，研钵，碱式滴定管，冷凝管，100mL和500mL烧杯，250mL锥形瓶，250mL容量瓶。

三、实验方法与步骤

1. 样品制备

称取200g样品置于组织捣碎机中，加入与样品等量的煮沸过的水，捣碎混匀后，置于密闭玻璃容器内。

液体样品充分混匀后取样200mL，置于密闭玻璃容器内备用。

2. 试液制备

若样品中总酸的质量分数≤4g/kg，则可用快速滤纸过滤后，收集滤液，用于测定。

若样品中总酸的质量分数 >4g/kg，则称取样品 10~15g，精确至 0.001g，置于 100mL 烧杯中，用 80℃煮沸过的水将烧杯中的内容物转移到 250mL 容量瓶中（总体积 150mL）。置于沸水浴中煮沸 30min（摇动 2~3 次，使试样中的有机酸全部溶解于溶液中），取出，冷却至室温，用煮沸过的水定容至 250mL，用快速滤纸过滤，收集滤液，用于测定。

3. 测定

取 25.00~50.00mL 试液，使之含酸的质量为 0.035~0.070g，置于 250mL 锥形瓶中。加入 40~60mL 煮沸过的蒸馏水及 0.2mL 质量分数为 1% 酚酞指示剂，用 0.1mol/L NaOH标准滴定溶液（如样品酸度较低，可用物质的量浓度为 0.01mol/L 或 0.05mol/L 的 NaOH 标准滴定溶液）滴定至微红色，30s 不褪色。记录消耗 0.1mol/L NaOH 标准滴定溶液体积的数值（V_1），同一被测样品应测定 2 次，取平均值。用等量的煮沸过的蒸馏水代替试液按上述步骤操作，记录消耗 0.1mol/L NaOH 标准滴定溶液的体积的数值（V_2），做空白实验。

四、实验结果

食品中总酸的质量分数按下式计算：

$$X = \frac{c \times (V_1 - V_2) \times K \times F}{m} \times 1\,000$$

式中 X——食品中总酸的质量分数（g/kg）；

c——NaOH 标准滴定溶液物质的量浓度（mol/L）；

V_1——滴定试液时消耗 NaOH 标准滴定溶液的体积（mL）；

V_2——空白试液时消耗 NaOH 标准滴定溶液的体积（mL）；

K——酸的换算系数，乳酸为 0.090；

F——试液的稀释倍数；

m——试样的质量（g）。

计算结果表示到小数点后 2 位。

实验 83 泡菜液中乳酸的测定

一、基本原理

定性检测：在乳酸中加入 H_2SO_4 和 $KMnO_4$ 等氧化剂后，乳酸被氧化成乙醛，乙醛将银离子还原而沉淀析出。

$$2\,KMnO_4 + 3H_2SO_4 \longrightarrow K_2SO_4 + 2MnSO_4 + 3H_2O + 5[O]$$

$$CH_3CHOHCOOH + [O] \longrightarrow CH_3CHO + CO_2 + H_2O$$

$$CH_3CHO + 2Ag(NH_3)_2OH \longrightarrow CH_3COONH_4 + 2Ag\downarrow + H_2O + 3NH_3$$

定量检测：乳酸在碱性溶液里被乳酸脱氢酶氧化成丙酮酸，同时使 NAD 还原成

NADH。后者在340nm波长下有最大吸收峰。吸光度的增加与乳酸含量成正比，因此，可以根据NADH的生成量检测乳酸量。

二、实验材料、试剂与仪器

1. 样品

泡菜盐水。

2. 试剂

含氨的硝酸银溶液：称取2g硝酸银溶解在100mL蒸馏水中。取出10mL备用，向其余90mL硝酸银中加入浓氨水，使之成浓厚的悬浮液，再继续滴加氨水，直到沉淀溶解，溶液变清为止。再将备用的10mL硝酸银缓慢滴入，则出现薄雾，但轻轻摇动后，薄雾状沉淀又消失，再滴入，直到摇动后仍出现轻微而稳定的薄雾状沉淀为止。此溶液可在冰箱保存10d，如果雾重，硝酸银析出，则不宜使用。

pH 9.0甘氨酸－氢氧化钠缓冲液：甘氨酸11.4g，24% NaOH 2mL，溶解后用蒸馏水定容至300mL。

NAD溶液：600mg NAD(烟酰胺腺嘌呤二核苷酸)溶于20mL蒸馏水中。

L（+）LDH：5mg L(+）LDH(乳酸脱氢酶)溶于1mL蒸馏水中。

D（－）LDH：2mg D（－）LDH溶于1mL蒸馏水中。

3. 仪器及用具

超净工作台，恒温培养箱，分光光度计，泡菜坛，1mL吸管，培养皿，酒精灯。

三、实验方法与步骤

1. 乳酸定性检验

(1)检查泡菜坛中样品气味正常，无臭味，测定发酵液pH值。

(2)吸取发酵液10mL至试管中，加入10% H_2SO_4和2% $KMnO_4$各1mL，使乳酸转化为乙醛。

(3)取滤纸1条，在含氨的硝酸银溶液中浸湿，横搭在试管口。

(4)将试管徐徐加热至沸腾使乙醛挥发，如管口滤纸变黑，证明有乳酸存在。

2. 乳酸的定量测定

取稀释10倍的发酵液0.2mL，加至3mL pH 9.0的甘氨酸－氢氧化钠缓冲液中，加入NAD溶液0.2mL，混匀，在340nm下测吸光值A_1，然后加入L（+）LDH和D（－）LDH各0.02mL，25℃保温1h后测定吸光度值A_2，同时用蒸馏水代替乳酸上清液做对照，在同样的条件下测出吸光度B_1和B_2。

四、结果计算

$$乳酸含量(g/100mL) = \frac{V \times M \times \Delta\varepsilon \times D}{1\,000 \times \varepsilon \times \iota \times V_0}$$

式中 V——比色液最终体积(mL)；

M——乳酸的摩尔质量(g/mol)；

$\Delta\varepsilon$——$(A_1-A_2)-(B_1-B_2)$；

D——稀释倍数；

ε——NADH 在 340nm 下测吸光系数(6.3×10^3L/mol·cm)；

ι——比色皿的厚度(cm)；

V_0——取样体积(mL)。

实验 84　氧传递系数 K_La 测定

Ⅰ　亚硫酸钠氧化法测定氧传递系数 K_La

一、基本原理

O_2在水中的溶解速率可表示为：

$$N_V = K_La(C^* - C_L) \quad (1)$$

这是在研究通气液体中传氧速率的基本方程之一，该方程指出：就氧的物理传递过程而言，溶氧系数 K_La 的数值一般是起着决定性作用的因素。所以，求出 K_La 作为某种反应器或某一反应条件下传氧性能的标度，对于衡量反应器的性能、控制发酵过程，有着重要的意义。

在有 Cu^{2+}存在下，O_2与 SO_3^{2-} 快速反应生成 SO_4^{2-}。

$$2Na_2SO_3 + O_2 \xrightarrow{Cu^{2+}} 2Na_2SO_4 \quad (2)$$

并且在 20~45℃下，相当宽的 SO_3^{2-} 浓度范围(0.035~0.9mol/L)内，O_2与 SO_3^{2-} 的反应速度和 SO_3^{2-} 浓度无关。利用这一反应特性，可以从单位时间内被氧化的 SO_3^{2-} 量求出传递速率。

当反应(2)达稳态时，用过量的 I_2与剩余的 Na_2SO_3作用。

$$Na_2SO_3 + I_2 + H_2O = Na_2SO_4 + 2HI \quad (3)$$

然后，再用标定的 $Na_2S_2O_3$滴定剩余的碘：

$$2Na_2S_2O_3 + I_2 = Na_2S_4O_6 + 2NaI \quad (4)$$

由反应式(2)、式(3)、式(4)可知，每消耗 4mol Na_2SO_3相当于 1mol O_2被吸收，故可由 Na_2SO_3的量来求出单位时间内氧吸收量。

$$N_V = \frac{\Delta V \times N}{m \times \Delta t \times 4 \times 1\,000} \quad [\text{mol/(mL}\cdot\text{min)}] \quad (5)$$

在实验条件下，$P=1$ atm，$C^*=0.21$ mmol/L，$C_L=0$ mmol/L

据方程(1)有：

$$K_La = N_V/C^* \quad (\text{L/min}) \quad (6)$$

式中　N_V——体积溶氧传递速率[mol/(mL·min)]；

K_La——体积溶氧系数(L/min)；

C^*——气相主体中含氧量(mmol/L);

C_L——液相主体中含氧量(mmol/L);

Δt——取样间隔时间(min);

ΔV——Δt 内消耗的 Na_2SO_3毫升数(mL);

m——取样量(mL);

N——Na_2SO_3标准液的当量数(mol/L)。

二、实验材料、试剂与仪器

1. 试剂

1%可溶性淀粉指示剂：准确称取1g可溶性淀粉，加少量水调匀，倾入80mL沸水中，继续煮沸至透明，冷却后用水定容至100mL(需现配)。

0.2mol/L碘液：144g KI溶于100mL水中，加入50.764g I_2逐渐溶解，用水定容至1 000mL，贮存于棕色瓶中。

0.8mol/L Na_2SO_3溶液：称取100.832g无水Na_2SO_3，加水溶解，定容至1 000mL。

0.025mol/L $Na_2S_2O_3$标准液：称取6.25g硫代硫酸钠($Na_2S_2O_3 \cdot 5H_2O$)、0.05g Na_2CO_3，溶于1 000mL新鲜煮沸并冷却后的水中，贮存于棕色瓶中。

$CuSO_4 \cdot 5H_2O$，化学纯。

2. 仪器及用具

发酵罐，移液管，碱式滴定管等。

三、实验方法与步骤

(1)在发酵罐内配制0.8mol/L Na_2SO_3溶液，再加入$CuSO_4$(使Cu^{2+}浓度约为10^{-3} mol/L)，然后对发酵罐通空气，打开机械搅拌，调节通气速率和搅拌速度。选择一定的通气速率和搅拌速度研究操作条件对氧传递系数的影响。

(2)在上述步骤完成后，过15min后开始取样，同时计零。以后每隔15min取样2mL。

(3)将两次所取样品分别加入装有8mL 0.2mol/L碘液的250mL锥形瓶中，用0.025mol/L硫代硫酸钠标准液分别滴定，在样品液颜色由深蓝色变成浅蓝色时，加入1%淀粉指示剂，继续滴定至蓝色褪去即为终点。分别记录所消耗硫代硫酸钠标准液的体积(V_0，V_t)。

四、结果计算

按式(5)和式(6)，即可计算得出K_La。

Ⅱ 溶氧电极法的动态法测定氧传递系数 K_La

一、基本原理

微生物反应器中氧的供需平衡的一般表达式为：

$$\frac{dC_L}{dt} = K_La(C^* - C_L) - r$$

式中 C_L，C^*——培养液中溶解氧浓度和一定条件下水中氧的饱和溶解度(mol/L)；

r——反应器中氧的消耗速度。

若培养液仅为纯水，可以用氮气赶去培养液中的溶解氧，然后通入空气，记录溶解氧随时间的变化，这时因 $r=0$，上式就可以简写成

$$\frac{dC_L}{dt} = K_La(C^* - C_L)$$

当 $t=0$ 时，$C_L=0$ 上式积分后得到

$$\ln\frac{C^* - C_L}{C^*} = -K_Lat \tag{7}$$

将 $(C^* - C_L)/C^*$ 对时间 t 在半对数坐标上做图，可得一直线，它的斜率为 $-1/K_La$。

二、实验材料、试剂与仪器

反应器，秒表，氮气钢瓶。

三、实验方法与步骤

(1)在反应器中装入水，控制温度至恒定值。

(2)向反应器内稳定通入空气。调节溶氧电极标定时所用的斜率键至溶解氧显示值为100。

(3)关闭空气，切换与空气流量相同流量的纯氮气。开始计时并记录切换时间。

(4)等待液体中的溶解氧浓度下降至0。

(5)当溶解氧浓度下降至0时，记录时间。

四、结果计算

按式(7)，即可计算得出 K_La。

实验85 柠檬酸合成酶活力测定

一、基本原理

柠檬酸合成酶催化如下反应：

$$乙酰CoA + H_2O + 草酰乙酸 \xrightarrow{柠檬酸合成酶} 柠檬酸 + CoA$$

反应中生成的CoA与无色的5,5－二巯基－2,2－二硝基苯甲酸(DTNB，也称Ellman试剂)反应产生黄色5－巯基－2－硝基苯甲酸，在412nm处具有最大吸收，且DTNB的吸收光谱并不干扰巯基的测定，因此通过测定412nm的光吸收可以测定CoA的含量。

二、实验材料、试剂与仪器

1. 试剂

50mmol/L Tris缓冲液(pH 8.0)：称取三(羟甲基)氨基甲烷(Tris) 0.605 7 g用80mL蒸馏水溶解后，用6mol/L HCl溶液调pH值至8.0，然后定容至100mL。

1mmol/L DTNB(5,5－二巯基－2,2－二硝基苯甲酸)：称取DTNB 4.0mg用50mmol/L Tris缓冲液(pH 8.0)溶解后定容至10mL，用前配制，需冷藏。

0.2mol/L乙酰辅酶A浓溶液：将整瓶试剂(100mg)用617.5μL水溶解，－80℃保存。

0.4mmol/L乙酰辅酶A溶液：取乙酰辅酶A浓溶液20μL用水稀释，定容至10mL。需新鲜配制且冷藏。

0.5mol/L草酰乙酸浓溶液：称取草酰乙酸132mg溶解在2mL水中，－80℃保存。

2mmol/L草酰乙酸溶液：取草酰乙酸浓溶液40μL用50mmol/L Tris缓冲液(pH 8.0)稀释，定容至10mL。需新鲜配制且冷藏。

2. 仪器及用具

分光光度计，微量比色杯，恒温水浴锅，容量瓶，烧杯等。

三、实验方法与步骤

按表6-4准备酶活测定的反应体系。

表6-4 柠檬酸合成酶测定体系 mL

试剂	Tris缓冲液	DTNB	乙酰CoA	草酰乙酸	待测酶液
样品	0.6	0.1	0.1	0.1	0.1
空白	0.7	0.1	0	0.1	0.1

两试管中加入除草酰乙酸和乙酰CoA外的其他工作试剂，完全混合，37℃预热

3min 后，在样品管中先加入乙酰 CoA，记录 A_{412} 的增加，待其呈线性后，再加入草酰乙酸，读取 A_{412} 的增加。

此时，A_{412} 的增加正比于酶活。以不加乙酰 CoA 的测定为空白。

四、结果计算

酶活力单位的定义：在 37℃，pH 8.0 的条件下，每分钟生成 1μmol 的 CoA 所需要的酶量。

比活力的计算公式为：

$$比活(U/mg) = 稀释倍数 \times (\Delta A_{412}/min_{样品} - \Delta A_{412}/min_{空白}) \times 10^3 \times V_t/(e \times V_s \times d \times C)$$

式中 ΔA_{412}——吸光度变化率；

V_t——反应体系总体积(mL)；

V_s——酶液体积(mL)；

e——摩尔吸光系数 = $13.6 \times 10^3 (mol^{-1} \cdot L \cdot cm^{-1})$；

d——比色杯光径(cm)；

C——蛋白浓度(mg/mL)。

实验 86 酱油中发酵液的氨基氮浓度测定

一、基本原理

利用氨基酸的两性作用，加入甲醛以固定氨基的碱性，使羧基显示出酸性，用 NaOH 标准溶液滴定后定量，以酸度计测定终点。

二、实验材料、试剂与仪器

1. 试剂

甲醛(36%)(应不含有聚合物)，0.05mol/L NaOH 标准滴定溶液。

2. 仪器及用具

酸度计，磁力搅拌器，微量滴定管，移液管。

三、实验方法与步骤

1. 样品处理

吸取 5.0mL 试样，置于 100mL 容量瓶中，加水至刻度，混匀后吸取 20.0mL，置于 200mL 烧杯中，加 60mL 水，开动磁力搅拌器，用 0.05mol/L NaOH 标准溶液滴定至酸度计指示 pH 8.2，记下消耗 NaOH 标准滴定溶液的毫升数，可计算总酸含量。

2. 氨基酸滴定

加入 10mL 甲醛溶液，混匀。再用 NaOH 标准滴定溶液继续滴定至 pH 9.2，记下消耗 NaOH 标准滴定溶液的毫升数。

3. 空白滴定

取 80mL 水于 250mL 烧杯中，先用 NaOH 溶液调节至 pH 8.2，再加入 10.0mL 甲醛溶液，用 NaOH 标准滴定溶液滴定至 pH 9.2，同时做试剂空白实验。

四、结果计算

试样中氨基酸态氮的含量按下式进行计算：

$$X = \frac{(V_1 - V_2) \times c \times 0.014}{5 \times V_3/100} \times 100$$

式中 X——试样中氨基酸态氮的含量，结果保留两位有效数字(g/100mL)；

V_1——测定用试样稀释液加入甲醛后消耗 NaOH 标准滴定溶液的体积(mL)；

V_2——试剂空白实验加入甲醛后消耗 NaOH 标准滴定溶液的体积(mL)；

V_3——试样稀释液取用量(mL)；

c——NaOH 标准滴定溶液的浓度(mol/L)；

0.014——与 1.00mL NaOH 标准滴定溶液(1.000mol/L)相当的氮的质量(g)。

实验 87 酱油中食盐含量的测定

一、基本原理

用硝酸银标准溶液滴定试样中的氯化钠，生成氯化银沉淀，待全部氯化银沉淀后，多滴加的硝酸银与铬酸钾指示剂生成铬酸银使溶液呈橘红色即为终点。由硝酸银标准滴定溶液消耗量计算氯化钠的含量。

二、实验材料、试剂与仪器

1. 试剂

0.100mol/L 硝酸银标准滴定溶液，50g/L 铬酸钾溶液。

2. 仪器及用具

微量滴定管，容量瓶，锥形瓶，移液管。

三、实验方法与步骤

1. 样品处理

吸取 5.0mL 样品，置于 100mL 容量瓶中，加蒸馏水至刻度，摇匀。

2. 样品测定

吸取 2.0mL 的酱油稀释液于 250mL 锥形瓶中，加 100mL 水及 1mL 铬酸钾溶液，混匀。在白色瓷砖的背景下用 0.1mol/L 硝酸银标准滴定溶液滴定至初显橘红色。

量取 100mL 水，同时做空白实验。

四、结果计算

试样中食盐（以氯化钠计）的含量按下式进行计算：

$$X = \frac{(V_1 - V_2) \times c \times 0.0585}{2 \times 5/100} \times 100$$

式中 X——试样中食盐（以氯化钠计）的含量，结果保留三位有效数字（g/100mL）；

V_1——测定用试样稀释液消耗硝酸银标准滴定溶液的体积（mL）；

V_2——试剂空白消耗硝酸银标准滴定溶液的体积（mL）；

c——硝酸银标准滴定溶液的浓度（mol/L）；

0.058 5——与 1.00mL 硝酸银标准溶液（1.000mol/L）相当的氯化钠的质量（g）。

实验 88　发酵液中铵离子测定

一、基本原理

在碱性溶液（pH 10.4～11.5）中铵离子与次氯酸盐反应生成一氯（代）胺。在苯酚和过量次氯酸盐存在的情况下，硝普盐做催化剂，一氯（代）胺生成蓝色化合物靛酚蓝。铵离子的浓度由测定 630nm 处吸光度来确定。本法适用于0.00～100mg NH_4^+/L。

二、实验材料、试剂与仪器

1. 试剂

苯酚（C_6H_5OH），亚硝基铁氰化钠［$Na_2Fe(NO)(CN)_5 \cdot 2H_2O$］，NaOH，次氯酸钠（NaOCl），$NH_4Cl$，$Na_2S_2O_3$。化学试剂为分析纯，水为双蒸水或去离子水。

试剂 A：称取苯酚 10g 和二水亚硝基铁氰化钠 100mg 用蒸馏水溶解后定容至 1 000mL。

试剂 B-Ⅰ：称取 Na_2HPO_4 56.8g 和 NaOH 8g 用蒸馏水溶解后定容至 1 000mL。

试剂 B-Ⅱ：NaOCl（含有活性氯≥5.2%，NaOH 7.0%～8.0%）。

试剂 B　Ⅱ∶Ⅰ＝1∶100，pH 11.5～11.7，混匀备用。

标准氨溶液（100mg NH_4^+/L）：NH_4Cl 在 100℃ 干燥 1h 后放入干燥器冷却。将干燥的 NH_4Cl 0.296 5g 溶于 1 000mL 容量瓶中，稀释至刻度。可在冰箱中贮存 6 个月。

2. 仪器及用具

分光光度计，比色杯，水浴锅，10mL 试管，容量瓶，移液管，微量移液器。

三、实验方法与步骤

1. 标准曲线

将 0.0，5.0，10.0，25.0，50.0，75.0，100.0mL 标准溶液转移至 100mL 容量瓶

中，用水稀释至刻度，溶液的 NH_4^+ 浓度分别是0，5，10，25，50，75，100mg/L。各取20μL该溶液加入试管中。向试管中加入试剂A 2.5mL，混匀。加入试剂B 2.5mL，混匀，37℃反应30min。630nm比色测定(用水做对照)。用吸光度 A_{630} 和对应的 NH_4^+ 浓度绘制标准曲线。

为了检验试剂中 NH_4^+ 的浓度，测定 NH_4^+ 为0.00mg/L的吸光度，不应超过0.020。

2. 样品测定

取样品20μL同法测定其吸光度 A_{630}。

若样品中 NH_4^+ 浓度超过100 mg/L，则必须稀释。

四、结果计算

利用标准曲线将吸光度 A_{630} 换算成 NH_4^+ 浓度(mg/L)。

实验89　纳豆激酶活性测定

纳豆激酶活性测定方法主要有经典的纤维蛋白平板法、纤维蛋白块溶解时间法、试管法、酶标板法等，还有以纳豆激酶水解活性为基础的TAME法、酪蛋白水解法、四肽底物法等。

Ⅰ　纤维蛋白平板法

一、基本原理

纤维蛋白平板法是参照尿激酶(UK)的活力测定方法建立的。实验是以琼脂糖作为相应的骨架，加入一定浓度的凝血酶与血纤维蛋白原，二者之间相互作用，会产生凝固状的血纤维蛋白。加入纳豆激酶溶液，纳豆激酶能降解血纤维蛋白，形成可溶性的纤维蛋白片段，出现溶解圈，利用游标卡尺测量溶解圈直径，得到溶解圈面积，从而可计算出酶活。

二、实验材料、试剂与仪器

1. 试剂

0.2mol/L的乙酸溶液，0.04mol/L巴比妥钠溶液，0.2mol/L HCl溶液，纤维蛋白原，琼脂糖，凝血酶，尿激酶，生理盐水。

2. 仪器及用具

冷冻高速离心机，水浴锅，10μL微量进样器，磁力搅拌器，容量瓶，烧杯，游标卡尺，胶头滴管等。

三、实验方法与步骤

1. 纳豆样品粗酶液制备

称取制备好的纳豆，连同外部黏稠丝状物一起收集于2 000mL锥形瓶中，称重，加入等重量4℃预冷的生理盐水，充分混匀。4℃冰箱放置20min后，转入搅拌器，充分搅拌2min，得到泥状搅拌物，再加入2倍纳豆质量的预冷生理盐水，混匀后4℃冰箱放置20min。6 000r/min冷冻离心20min，取离心管上清液即为纳豆粗提取物溶液。

2. 纤维蛋白原平板制作

(1)pH 7.8巴比妥钠缓冲液的配制　量取0.04mol/L(8.25g/L)巴比妥钠溶液100mL和0.2mol/L HCl溶液11.47mL，混匀；所用溶剂为生理盐水(0.85%)。

(2)纤维蛋白原溶液配制　量取巴比妥钠缓冲液16.2mL，加入纤维蛋白原0.05g，混匀，45℃水浴保温20min。

(3)取巴比妥钠缓冲液配制1%琼脂糖溶液16.2mL，煮沸溶解后搅拌冷却至50~60℃；

(4)将上述配好纤维蛋白原溶液与琼脂糖溶液混匀，去除泡沫，加入凝血酶溶液1.0mL(含10U凝血酶)，迅速混匀后倒入9cm平皿，所得到的纤维蛋白原平板于室温放置30min，平板凝固后，于4℃冷藏保存备用。

3. 尿激酶标准曲线的绘制

将标准尿激酶依次稀释成浓度为10，20，30，40，50，60，70IU/mL的标准品。

用胶头滴管作为打孔器，在纤维蛋白原平板上打一系列2mm小孔，用10μL微量进样器分别将不同浓度的尿激酶标准样品溶液10μL注入在小孔中，37℃孵育18h后取出。用游标卡尺测量并记录每个溶解圈的垂直直径，计算各溶解圈的面积。以溶解圈面积为纵坐标，以尿激酶浓度为横坐标，绘制尿激酶标准曲线。

4. 样品测定

取经过稀释的待测样品10μL，同制作标准曲线的方法培养后测定溶解圈的垂直直径，计算溶解圈面积，并根据标准曲线及稀释倍数计算出样品相当的尿激酶单位。

四、注意事项

(1)纤维蛋白原平板制作过程中，混合和搅拌均要温和，尽量不要产生气泡。

(2)人工血栓的制作差异及平板的厚度、水平度等对酶活力的测定有一定影响，孵育时间也有严格要求，操作时一定注意。

Ⅱ　纤溶活力测定法

一、基本原理

血纤维蛋白原与凝血酶作用产生凝固状的纤维蛋白聚合体，纳豆激酶可降解这种聚合体得到酸性可溶低分子量物质，该降解物在波长275nm处吸光度的大小来推测酶活力的大小。该方法于2003年由JHFA（Japan Health Food Authorization）正式宣布为纳豆激酶官方测定方法。

二、实验材料、试剂与仪器

1. 试剂

0.05mol/L硼酸缓冲液（pH 7.4），0.5%血纤维蛋白原液，30U/mL凝血酶液，三氯乙酸溶液。

2. 仪器及用具

分光光度计，冷冻高速离心机，水浴锅，磁力搅拌器，容量瓶，烧杯等。

三、实验方法与步骤

1. 纳豆样品粗酶液制备

称取制备好的纳豆，连同外部黏稠丝状物一起收集于2 000mL锥形瓶中，称重，加入等重量4℃预冷的生理盐水，充分混匀。4℃冰箱放置20min后，转入搅拌器，充分搅拌2min，得到泥状搅拌物，再加入2倍纳豆质量的预冷生理盐水，混匀后4℃冰箱放置20min。6 000r/min冷冻离心20min，取离心管上清液即为纳豆粗提取物溶液。

2. 测定

（1）比色管中加入硼酸缓冲液7mL，再加入血纤维蛋白原液3mL，摇匀，37℃水浴5min。

（2）加入凝血酶液1mL，摇匀，37℃水浴15min。

（3）空白管中先加入三氯乙酸溶液20mL，终止反应，摇匀后37℃水浴30min；样品管中先加入纳豆样品稀释液1mL，摇匀后37℃水浴80min。

（4）空白管中加入纳豆样品稀释液1mL，摇匀后37℃水浴80min；样品管中加入三氯乙酸溶液20mL，终止反应，摇匀后37℃水浴30min。

（5）反应结束后摇匀，10 000r/min离心5min，取上清液测定275nm处的吸光度值。

四、结果计算

酶活力定义：反应过程中每分钟*OD*值每增加0.01为1FU。

$$\text{NK 活性(FU/g)} = \frac{(AT - AB) \times D}{0.01 \times t \times V}$$

式中 AT——样品管吸光度值；

AB——对照管吸光度值；

D——样品稀释倍数；

t——酶样品稀释液作用时间（min）；

V——酶样品稀释液毫升数（mL）。

五、注意事项

(1)实验过程中，需根据所使用的凝血酶活力及紫外分光光度计测定范围调整酶加量。

(2)275nm下的光吸收除了纤维蛋白原和凝血酶反应产生的血纤维蛋白肽的降解产物外，还可以测定多种羰基化合物，所以该测定结果不能单一表达纳豆激酶活力。

实验90 红曲米色价的测定

一、基本原理

红曲色素能溶于80%乙醇中，可通过萃取从米粒中提取出来，红曲色素在505nm处有最大吸收峰，可用分光光度计来测定。

二、实验材料、试剂与仪器

1. 试剂

80%乙醇。

2. 仪器及用具

分光光度计，离心机，水浴锅，量筒，研钵。

三、实验方法与步骤

1. 研碎

取红曲米样品0.5g放于研钵中，加入80%的乙醇1mL，将米粒研碎。

2. 乙醇洗涤

将米粒连同乙醇倒入具塞试管中，用80%的乙醇6mL分2次洗涤研钵，将洗涤液合并入试管中。

3. 萃取

60℃水浴保温萃取30min，每隔5min摇动1次。

4. 过滤

取出试管冷却，用普通定性滤纸过滤入10mL量筒中，用80%乙醇洗涤残渣2次，合并滤液，并用80%乙醇定容至10mL。

5. 测定

用80%乙醇做对照，在505nm波长下，用1cm比色皿测定样品的吸光度A_{505}。

注意：发酵后期，若红色素产生量多，可稀释后测定。

四、结果计算

$$\text{红曲色价(以1g样品计)} = A_{505} \times 10 \times 2$$

第 7 章
综合实验设计

第一节　综合实验设计程序

综合设计性实验是对学生所学专业课知识的综合运用和实践，让学生理论联系实际，明确发酵生产的特殊性，对发酵生产的基本工艺流程有一个完整的感性和理性的认识。发酵综合实验设计遵循的是“独立性、重实践、有特色”的原则，把各基础实验组合起来，综合设计。

一、明确实验目的，进行实验构思

实验构思是指以理论思维为指导，利用实验者的知识对实验的全过程指出指导原理，从而进行巧妙的设计实验技术的过程。在实验中如果指导实验的原理发生了错误，势必造成实验的失败。

进行实验构思首先应深入分析实验对象。当确定了实验目的之后，首先应用已知的科学知识和辨证的思维方法对实验对象做尽可能全面的估计。实验对象不是孤立的事物，也不是超出自然规律之外的别的什么，因此只要对其认真仔细地分析是可以把握其部分属性作出初步实验设想的。

二、实验方案筛选

将前一阶段收集的实验构思进行评估，研究其可行性，尽可能地发现和放弃错误的或不切实际的构思，以较早避免资金的浪费。一般分两步对构思进行筛选：第一步是初步筛选，首先根据实验研究背景、目的、意义和实验条件评价实验可操作性的大小，从而淘汰那些操作性不强或者实验价值较小的构思；第二步是仔细筛选，即对剩下的构思利用加权平均评分等方法进行评价，筛选后得到合理的实验构思。

三、实验方案论证

实验方案筛选完成后，需要对实验方案进行论证，即对实验对象、方法和手段进行论证，选择合理的实验方法。实验方案论证是整个实验设计的核心，应包括实验所需设备材料、产品工艺、配方设计、计算过程及最终设计的工艺和配方等内容。要求内容详细，层次清楚。

四、实验实施

实验实施的课题设计方案一旦经讨论研究通过就要遵照执行，付诸实验，这叫实验实施。在综合性实验设计方案的实施过程中，从仪器设备的安装调试、原辅料的选择、原辅料加工处理，以及后面的整个研究过程和实验结果的处理，都在教师的引导下学生自行完成。特别是在研究过程中，要充分发挥学生的主观能动性，要善于发现问题、提出问题、分析和解决问题，科学地、实事求是地评价自己的实验结果，有理有据地进行科学的推论。

在实验实施中要恪守实事求是的原则，必须严格按照实验方案进行实验并如实地测取实验数据，翔实地记录研究结果。

五、产品评价与实验反思

完成实验后，需对实验产品进行科学评价并反思实验过程。通过实验，反思在实验过程中不合理的工艺或者不合理的配方，最后，对实验方案进行改良。

六、实验报告

实验报告是把实验的目的、方法、过程、结果等记录下来，经过整理，写成的书面汇报。实验报告应该有正确性、客观性、确证性、可读性等特点。

正确性：实验报告的写作对象是科学实验的客观事实，内容科学，表述真实、质朴，判断恰当。

客观性：实验报告以客观的科学研究的事实为写作对象，它是对科学实验的过程和结果的真实记录，虽然也要表明对某些问题的观点和意见，但这些观点和意见都是在客观事实的基础上提出的。

确证性：指实验报告中记载的实验结果能被任何人所重复和证实，也就是说，任何人按给定的条件去重复这项实验，无论何时何地，都能观察到相同的科学现象，得到同样的结果。

可读性：指为使读者了解复杂的实验过程，实验报告的写作除了以文字叙述和说明以外，还常常借助画图像、列表格、做曲线图等文式，说明实验的基本原理和各步骤之间的关系，解释实验结果等。

第二节　综合实验设计方法

一、选题

选题在一定程度上决定着产品开发的成败。题目选得好，可以起到事半功倍的作用。有人认为，完成了选题，就等于完成了研发工作的一半。特别是对于初涉研发工作的人来说，掌握产品设计与开发选题的方法是非常必要的。

(一)选题步骤

产品的设计与开发方向确定之后，要查找与所确定的研究方向有关的文献资料，经过加工筛选，寻找出在这些研究中还有哪些空白点和遗留问题有待解决。然后，进行论证看其是否符合产品开发的基本方向，对创造性和可行性等进行论证，以确保选题的正确性。例如啤酒的酿造，需要查阅啤酒酿造相关文献资料，发现全麦黑啤研究较少，对全麦黑啤产品进行论证，看其是否具有创新性和可行性。经过论证认为全麦黑啤较普通啤酒更健康、更营养，具有一定的创新性且可行性强，可以作为研究对象。

(二)选题技巧

选题是进行综合性实验的第一步，选题不仅能反映学生对发酵工艺学理论知识、实验技能的掌握情况，也能反映学生对整个发酵工艺的总体把握程度，以及对社会和环境的观察能力、关心程度和综合能力的强弱。在学生自主选题中，避免选题过于简单，或者选题题目太大、过于笼统等。在综合性和设计性实验中，一定要重视"选题"这一环节，把握好"选题"这一环节。选题的范围很广，应该从多层次、多视角进行选题。以下是常见的选题方式。

1. 学生自主选题

学生根据自己对发酵工艺学某一领域的了解、兴趣与爱好，自主选题。如有的学生对葡萄酒工艺感兴趣，可以"干红葡萄酒制备"为题，有的学生对食醋感兴趣，可以"固态发酵酿造粮食醋"为题等。

2. 替换设计与开发要素选题

在研究及开发实践中，有意识地替换原产品中的某一要素，就有可能找出具有理论意义和应用价值的新问题，这种选题方法称为研究要素替换法，又称旧题发挥法。

例如，某企业生产芒果酸奶系列产品，"芒果""酸奶"等都是研究要素。只要替换其中一个或几个要素，都可能产生一个新的设计与开发题目。

(1)替换要素"芒果"，则产生新题目：蓝莓酸奶设计与开发；红枣酸奶设计与开发、草莓酸奶设计与开发等。

(2)替换要素"酸奶"，则产生新题目：芒果米酒设计与开发；芒果醋设计与开发；芒果酒设计与开发等。

3. 从不同学科方向的交叉处选题

从不同学科、不同学科方向的交叉处选题，应敢于突破传统科学观念和思维方式的束缚，充分运用综合思维、发散思维、横向移植等多种创新思维方法，去激发灵感。例如红枣酸奶的开发，就需要将红枣汁的制备技术与酸奶生产中的发酵、罐装等技术相结合。又如，将啤酒生产技术和保健食品生产技术结合，可生产出苦瓜保健啤酒等新产品。

4. 从生产实践中遇到的机遇或问题中选题

日常科研工作中务必注意观察以往没有观察到的现象，发现以往没有发现的问题，外观现象的差异往往是事物内部矛盾的表现。及时抓住这些偶然出现的现象和问题，经过不断细心分析比较，就可能产生重要的原始意念。有了原始意念，就有可能提出科学问题，进而发展成为科研选题。如人们对健康食品越来越关注，联想到将调味醋研发为保健醋。

5. 从已有产品延伸中选题

延伸性选题是根据已完成课题的范围和层次，从其广度和深度等方面再次挖掘产生新课题，开发出更有价值的新产品。如某厂生产豆腐乳，其中的钠含量超标，于是在产品上延伸，设想更换钠盐或改善工艺，研究开发绿色健康豆腐乳。

(三)选题原则

1. 科学性原则

设计与开发课题必须符合已为人们所认识到的科学理论和技术事实。科学性原则是衡量科研工作的首要标准。可以说科学性原则是科研选题和设计的生命。例如，若将红酒酿造酵母用到啤酒酿造中，这个选题就违背了科学性原则，肯定会因酵母不适应、代谢产物差异等而导致发酵食品不能制备成功。发酵食品工艺实验中，菌种的选择至关重要，选择合适的菌种才能发酵出良好的产品。科研实践证明，违背科学性原则的科研选题是不可能成功的。

2. 实用性原则

设计与开发选题要从社会发展、人民生活和科学技术等的需要出发，在发酵食品的科研中，选择能改善食品的营养功能、感官功能、保健功能、方便功能的题目，选择易于产生经济效益和社会效益的题目。如将果汁和酸奶融合在一起开发新产品，既增强了保健功能，又改善了口感，迎合了人们快节奏的生活方式，深受人们欢迎，具有较高的实用价值。

3. 创新性原则

创新是科研的灵魂。选题应该是前人尚未涉及或已经涉及但尚未完全解决的问题，通过研究，得到前人没有提供过或在别人成果的基础上有所发展的成果。

创新性原则对于应用技术研究的课题，则是要求能发明新技术、新产品、新工艺，其创新性可以从下面几个角度来体现：内容新、角度新、原料新、方法新、结果新、时效新、其他要素新。例如，市场上有了以大米为原料的米酒产品，那么小米和黑米发酵为米酒即属于内容新颖。

4. 可行性原则

可行性原则指研究者从自己所具有的主客观条件出发，全面考虑是否可能取得预期的成果，去恰当地选择研究题目。可行性主要包括3个方面的条件：

(1)客观条件　是指研究所需要的资料、仪器设备、原辅材料、经费、时间、技术、人力等，缺乏任何一个条件都有可能影响课题的完成。

(2)主观条件　即指研究人员本身所具有的知识、能力、经验、专长的基础，所掌握的有关该课题的材料等。研究者要具备所选的课题的相关知识，具备邻近学科的相关知识，了解前人对该课题的研究成果。

(3)时机　是指在选择科研课题时，要注意考虑当前本领域的重点、难点和热点，整体发展趋势和方向。

综合实验一般在实验课或生产实习期间进行，时间2~3周，因此，实验内容不宜太复杂，要完成综合实验的全部内容，保证综合实验的完整性。

二、常用实验设计方法

发酵工业的发展仍然受制于产品生产的效率、产量和质量、生产成本等因素，而挖掘因素潜力一方面靠优良的菌种、优良的设备和准确的工艺控制，另一方面就要靠实验设计优化工艺条件，无论是培养基还是工艺参数，其构成一般都是由复杂因子组成，也就是说实验设计的因素和水平众多，常规研究方法的工作量极大，所以需要根据不同的研究目的，选用不同的设计，更好地提高发酵生产状况。在发酵技术研究过程中，对影响因子的确定、影响因子的显著性、各因子之间的交互作用等，需要通过实验来分析验证。如今很多基于数学统计的优化方法已开始广泛应用于发酵研究工作中，其中以正交实验、均匀设计、响应面分析等方法最为常见，优化效果也非常显著。

（一）单因素实验法

单因素实验方法是在假设因素间不存在交互作用的前提下，通过一次只改变一个因素的水平而其他因素维持在恒定水平的条件下，研究不同实验水平对结果的影响，然后逐个因素进行考察的优化方法，是实验研究中最常用的优化策略之一。

例如，教材中“实验 10 生产菌株发酵条件优化”中种子培养条件优化、“实验 23 蛋白酶发酵培养基优化”等均采用单因素实验法进行示范说明，在数据可信性区间内能类比出不同因素对结果产生的差异性程度，便于对目标作出客观选择。然而，对于大多数发酵的培养基或发酵条件而言，实际影响因素相当复杂，仅通过单因素实验往往无法达到预期的效果，特别是在实验因素很多的情况下，需要进行较多的实验次数和实验周期才能完成各因素的逐个优化筛选，因此，单因素实验经常被用在正交实验之前或与均匀设计、响应面分析等结合使用。利用单因子实验和正交实验相结合的方法，可用较少的实验找出各因素之间的相互关系，从而较快地确定出最佳组合。

（二）正交实验设计

正交设计实验法是利用一套表格，设计多因素、多指标、多因素间存在交互作用而具有随机误差的实验，并利用普通的统计分析方法来分析实验结果。利用正交表可于多种水平组合中，挑出具有代表性的实验点进行实验，它不仅能以全面实验大大减少实验次数，而且能通过实验分析把好的实验点（即使不包含在正交表中的）找出来。利用正交设计实验得出的结果可能与传统的单因素实验法的结果一致，但正交实验设计考察因素及水平合理、分布均匀，不需进行重复实验，误差便可估计出来，因而计算精度较高，特别是在实验因素越多、水平越多、因素之间交互作用越多时，优势表现越明显，此时，使用单因素实验法几乎不可能实现。在正交实验中，如果所考察的指标涉及模糊因子时，不能直接使用正交设计实验法，可以把正交实验结果模糊化，然后用模糊数学的理论和方法处理实验数据。这样不仅能估计因素的主效应，还可以估计因素的最佳搭配，能在同样实验工作量情况下获得更多的信息。

正交实验一般需经过以下两个阶段。

1. 实验方案设计

（1）明确实验目的，确定实验指标　实验设计前必须明确实验目的，即本次实验要解决什么问题。实验目的确定后，对实验结果如何衡量，即需要确定出实验指标。

实验指标可为定量指标，如产量、出品率等；也可为定性指标，如颜色、口感、光泽等。一般为了便于实验结果的分析，定性指标可按相关的标准打分或模糊数学处理进行数量化，将定性指标定量化。如啤酒麦芽汁制备，实验目的是为了提高麦芽汁糖化率。所以，可以以啤酒感官评价第一麦汁浓度为实验指标，来评价糖化工艺条件的好坏。第一麦汁浓度越高，麦芽汁糖化率越好。

(2)选因素、定水平，列因素水平表　根据专业知识、以往的研究结论和经验，从影响实验指标的诸多因素中，通过因果分析筛选出需要考察的实验因素。

一般确定实验因素时，应以对实验指标影响大的因素、尚未考察过的因素、尚未完全掌握其规律的因素为先。实验因素选定后，根据所掌握的信息资料和相关知识，确定每个因素的水平，一般以2~4个水平为宜。对主要考察的实验因素，可以多取水平，但不宜过多(≤6)，否则实验次数骤增。

因素的水平间距，应根据专业知识和已有的资料，尽可能把水平值取在理想区域。对本实验分析，影响糖化的因素很多，如麦芽的破碎度、糖化加水量、原料 pH 值、酶解温度、糖化时间等。经全面考虑，最后确定糖化料液比、醪液 pH 值、糖化温度和糖化时间为本实验的实验因素，分别记作 A、B、C 和 D，进行四因素正交实验，各因素均取三水平(表7-1)。

表7-1　糖化因素水平表

水平	实验因素			
	料液比	醪液 pH 值	糖化温度/℃	糖化时间/min
1	1:4	5.0	56	60
2	1:5	5.3	62	80
3	1:6	5.6	68	100

(3)选择合适的正交表　正交表的选择是正交实验设计的首要问题。确定了因素及其水平后，根据因素、水平及需要考察的交互作用的多少来选择合适的正交表。正交表的选择原则是在能够安排下实验因素和交互作用的前提下，尽可能选用较小的正交表，以减少实验次数。

一般情况下，实验因素的水平数应等于正交表中的水平数；因素个数(包括交互作用)应不大于正交表的列数；各因素及交互作用的自由度之和要小于所选正交表的总自由度，以便估计实验误差。若各因素及交互作用的自由度之和等于所选正交表总自由度，则可采用有重复正交实验来估计实验误差。

正交表选择依据：

列：正交表的列数 c≥因素所占列数+交互作用所占列数+空列。

自由度：正交表的总自由度($\alpha-1$)≥因素自由度+交互作用自由度+误差自由度。

此例有4个3水平因素，可以选用 $L_9(3^4)$ 或 $L_{27}(3^{13})$；因本实验仅考察4个因素对液化率的影响效果，不考察因素间的交互作用，故宜选用 $L_9(3^4)$ 正交表。若要考察交互作用，则应选用 $L_{27}(3^{13})$。

(4)表头设计　所谓表头设计，就是把实验因素和要考察的交互作用分别安排到正交表的各列中去的过程。

在不考察交互作用时，各因素可随机安排在各列上；若考察交互作用，就应按所选正交表的交互作用列表安排各因素与交互作用，以防止设计“混杂”(表7-2)。

表7-2　表头设计

列号	1	2	3	4
因素	料液比(A)	醪液 pH 值(B)	糖化温度(C)	糖化时间(D)

(5)编制实验方案，按方案进行实验，记录实验结果　把正交表中安排各因素的列(不包含欲考察的交互作用列)中的每个水平数字换成该因素的实际水平值，便形成了正交实验方案(表7-3)。

表7-3　麦芽汁糖化正交实验方案

实验号	因素			
	A	B	C	D
1	1	1	1	1
2	1	2	2	2
3	1	3	3	3
4	2	1	2	3
5	2	2	3	1
6	2	3	1	2
7	3	1	3	2
8	3	2	1	3
9	3	3	2	1

2. 实验结果分析

分清各因素及其交互作用的主次顺序，分清哪个是主要因素，哪个是次要因素；判断因素对实验指标影响的显著程度；找出实验因素的优水平和实验范围内的最优组合，即实验因素各取什么水平时，实验指标最好；分析因素与实验指标之间的关系，即当因素变化时，实验指标是如何变化的。找出指标随因素变化的规律和趋势，为进一步实验指明方向；了解各因素之间的交互作用情况；估计实验误差的大小(表7-4)。

表7-4　麦芽汁糖化正交实验结果

实验号	因素				麦芽汁浓度/%
	A	B	C	D	
1	1	1	1	1	20.1
2	1	2	2	2	21.2
3	1	3	3	3	20.5
4	2	1	2	3	17.6
5	2	2	3	1	18.4

（续）

实验号	因素				麦芽汁浓度/%
	A	B	C	D	
6	2	3	1	2	16.7
7	3	1	3	2	14.4
8	3	2	1	3	15.1
9	3	3	2	1	13.8
$K1$	61.8	52.1	51.9	52.3	
$K2$	46.7	54.7	52.6	52.3	
$K3$	43.3	51	53.3	53.2	
$k1$	20.6	17.4	17.3	17.4	
$k2$	15.6	18.2	17.5	17.4	
$k3$	14.4	17	17.8	17.7	
极差 R	6.2	1.2	0.5	0.3	
主次顺序	A > B > C > D				
优水平	A_1	B_2	C_3	D_3	
优组合	A_1 B_2 C_3 D_3				

不考察交互作用的实验结果分析：

(1)确定实验因素的优水平和最优水平组合　分析A因素各水平对实验指标的影响。由表7-3可以看出，A_1的影响反映在第1、2、3号实验中，A_2的影响反映在第4、5、6号实验中，A_3的影响反映在第7、8、9号实验中。

A因素的1水平所对应的实验指标之和为 $K_{A_1}=y_1+y_2+y_3=20.1+21.2+20.5=61.8$，$k_{A_1}=K_{A_1}/3=20.6$；

A因素的2水平所对应的实验指标之和为 $K_{A_2}=y_4+y_5+y_6=17.6+18.4+16.7=46.7$，$k_{A_2}=K_{A_2}/3=15.6$；

A因素的3水平所对应的实验指标之和为 $K_{A_3}=y_7+y_8+y_9=14.4+15.1+13.8=43.3$，$k_{A_3}=K_{A3}/3=14.4$。

根据正交设计的特性，对 A_1、A_2、A_3 来说，3组实验的实验条件是完全一样的（综合可比性），可进行直接比较。如果因素A对实验指标无影响时，那么 k_{A_1}、k_{A_2}、k_{A_3}应该相等，但由上面的计算可见，k_{A_1}、k_{A_2}、k_{A_3}实际上不相等，说明A因素的水平变动对实验结果有影响。因此，根据 k_{A_1}、k_{A_2}、k_{A_3}的大小可以判断 A_1、A_2、A_3对实验指标的影响大小。由于实验指标为麦芽汁浓度，而 $k_{A_1}>k_{A_2}>k_{A_3}$，所以可断定 A_1为A因素的优水平。

同理，可以计算并确定 B_2、C_3、D_3分别为B、C、D因素的优水平。4个因素的优水平组合 A_1 B_2 C_3 D_3为本实验的最优水平组合，即麦芽汁糖化的最优工艺条件为料液比1:4，醪液pH值5.3，糖化温度68℃，糖化时间100min。

(2)确定因素的主次顺序　根据极差 R_j的大小，可以判断各因素对实验指标的影响主次。本例极差 R_j计算结果见表7-4，比较各 R 值大小，可见 $R_A>R_B>R_C>R_D$，所以因素对实验指标影响的主→次顺序是 ABCD，即料液比影响最大，其次是醪液 pH 值和糖化温度，而糖化时间的影响较小。

(3)绘制因素与指标趋势图　以各因素水平为横坐标，实验指标的平均值(k_{jm})为纵坐标，绘制因素与指标趋势图。由因素与指标趋势图可以更直观地看出实验指标随着因素水平的变化而变化的趋势，可为进一步实验指明方向。

实际确定最优方案时，还应考虑因素的主次。对于主要因素，一定要按有利于指标的要求选取最好的水平。而对于不重要的因素，则可根据有利于提高效率、降低成本等目的来考虑取别的水平。

(三)均匀设计法

在有些实验中，需考虑的因素变化较多，且每个因素的变化范围较大，因而要求每个因素有较多的水平。这类难题若用正交设计法需要做大量实验，难以实施。而均匀设计法就是只考虑实验点在实验范围内充分均匀散布的实验设计方法，适用于这类多因素、多水平的实验设计。

均匀设计法基本思路是尽量使实验点充分均匀分散，使每个实验点具有更好的代表性，但同时舍弃整齐可比的要求，以减少实验次数，然后通过多元统计方法来弥补这一缺陷，使实验结论同样可靠。

由于每个因素每一水平只做一次实验，因此，当实验条件不易控制时，不宜使用均匀设计法。对波动相对较大的微生物培养实验，每一实验组最好重复 2~3 次以确定实验条件是否易于控制，此外，适当地增加实验次数可提高回归方程的显著性。均匀设计法与正交设计实验法相比，实验次数大为减少，因素、水平容量较大，利于扩大考察范围，如当因素数为 5，各因素水平为 31 的实验中，如果采取正交设计来安排实验，则至少要做 $31^2=961$ 次实验，而用均匀设计只需要做 31 次实验。在实验数相同的条件下，均匀设计法的偏差比正交设计实验法小。在使用均匀设计法进行条件优化时，应注意几个问题：①正确使用均匀设计表，可参考方开泰制定的常用均匀设计表，每个均匀设计表都应有一个实验安排使用表，要注意变量、范围和水平数的合理选择。②不要片面追求过少的实验次数，实验次数最好是因素的 3 倍。③要重视回归分析，为了避免回归时片面追求回归模型的项数、片面追求大的 R^2 值和误差自由度过小等问题，可通过选择 n 稍大的均匀设计表，误差自由度≥5，回归模型最好不大于 10，在已知实际背景时少用多项式，在采用多项式回归时尽量考虑二次的。④善于利用统计图表，在均匀设计中，各种统计点图，如残差图、等高线图、正态点图、偏回归图等，对数据特性判定和建模满意度的判断非常有用。⑤均匀设计包的使用，如 DPS、SPSS、Sigmaplot、SAS 等。

均匀设计和正交设计一样，也是通过事先制订的标准表格形式来进行实验设计，方法简单。设计步骤主要为：①选择因素、水平。②选择合适的均匀设计表，并按照表的水平组合编制出实验方案。③用随机的方法决定实验的次序，并进行实验。④进行实验数据统计建模和有关统计推断。⑤用选中的模型求得因素的最佳水平组合和相应预报值，如果因素的最佳水平组合不在实验方案中，要适当追加实验。

均匀设计在多因素水平发酵实验中有较多的应用，如采用该法对发酵培养基配方中多因素多水平进行优化，能快速分析不同类型的营养基质对发酵产物和菌体生长的影响关系。

(四)响应面优化设计法

响应面优化设计法是一种寻找多因素系统中最佳条件的数学统计方法，是数学方法和统计方法结合的产物，它可以用来对人们受多个变量影响的响应问题进行数学建模与统计分析，并可以将该响应进行优化。它能拟合因素与响应间的全局函数关系，有助于快速建模，缩短优化时间和提高应用可信度。

一般可以通过 Plackett-Burman(PB)设计法或 Central composite design(CCD)等从众多考察因素中快速、有效地筛选出最重要的几个因素，供进一步研究。响应面分析法以回归法作为函数估算的工具，将多因子实验中因子与实验结果的相互关系，用多项式近似，把因子与实验结果(响应值)的关系函数化，依此可对函数的面进行分析，研究因子与响应值之间、因子与因子之间的相互关系，并进行优化。Box-Behnken 实验设计是可以评价指标和因素间的非线性关系的一种实验设计方法，与中心复合设计不同的是不需连续进行多次实验，并且在因素数相同的情况下，其实验组合数比中心复合设计少，因而更经济。实验 10 中发酵培养基优化，即可采用响应面设计对影响谷氨酸合成的关键因素最佳水平进行研究，并通过二次方程回归求解得到最优化条件，分析预测值与实验值的拟合性，验证所建模型的可信度。

(五)二次正交旋转组合法

前面介绍的几种方法具有实验设计和结果分析简单、实际应用效果好的优点，在微生物培养基及发酵条件优化中得到了广泛的应用，但它们不能对各因素进行定量分析，不能对结果进行预测。所以，在正交设计实验法的基础上，加入组合设计和旋转设计的思想，并与回归分析方法有机结合，建立了二次回归正交旋转组合设计法。它是旋转设计的一种，不仅基本保留了回归正交设计的优点，还能根据测量值直接寻求最优区域，适用于分析参试因子的交互作用，既能分析各因子的影响，又能建立定量的数学模型，属更高层次的实验设计技术。

基本思路是利用回归设计安排实验，对实验结果用方程拟合，得到数学模型，利用计算机对模型进行图形模拟或数学模拟，求得模型的最优解和相应的培养基配方，并在一定范围内预估出在最佳方案时的产量，与响应面法有相似之处。

第三节　综合实验报告书写

实验报告的书写是一项重要的基本技能训练。它不仅是对每次实验的总结，更重要的是它可以初步地培养和训练学生的逻辑归纳能力、综合分析能力和文字表达能力，是科学论文写作的基础。因此，参加实验的每位学生，均应及时认真地书写实验报告。实验报告要求内容实事求是，分析全面具体，文字简练通顺。一份完整的综合实验报告应包括产品开发方案、设计方案、实验报告、结果检验、产品经济分析等方面内容。

一、产品开发方案

基本内容包括：产品开发选题的目的、意义；选题依据及国内外研究的现状及存在问题；欲开发产品在理论或实际应用方面的价值；产品发酵工艺、研究方法、手段和措施等；实验的工作量和进度安排及经费预算；成员之间的任务分工及要求；实验预期结果及表现形式等。

二、产品设计方案

要求叙述具体的技术方案(技术路线、技术措施)；具体的实施方案所需要的条件；拟解决的关键问题等。这里涉及有关实验的实验设计，即科学的选择作为组成实验条件的指标、因素和水平，以及实验方法的新特点和实验设计的基本原理。

三、实验报告

实验报告主要包括以下几个方面的内容：

1. 仪器设备

仪器设备是衡量实验进行有效手段的依据，应在实验报告中体现。

2. 实验目的

实验目的是实验研究的主要任务，是实验的主体，能使实验者明白要干什么及要取得什么结果，因此应给予简述，起到画龙点睛的作用。

3. 实验原理

实验原理是实验的依据，是理论与实际的衔接，是理论的结果怎样在实际中应用，是根据实验室客观条件，以理论为基础而设计的可行性实验方案，是把学生从理论的框架引向实际轨道的桥梁。实验原理力求简明扼要，点到为止。

4. 实验内容及数据记录

实验内容、实验步骤及数据记录是实验具体实施的一个整体，应该以具体操作为依据，将其内容、步骤及测量的数据如实给予叙述，详细报告所做的过程及结果，层次清晰。

5. 实验结果

实验现象的描述、发酵产品的质量评价、实验数据的处理等。原始资料应附在本次实验主要操作者的实验报告上，同组的合作者要复制原始资料。

对于实验结果的表述，一般有 3 种方法：

(1)文字叙述　根据实验目的将原始资料系统化、条理化，用准确的专业术语客观地描述实验现象和结果，要有时间顺序以及各项指标在时间上的关系。

(2)图表　用表格或坐标图的方式使实验结果突出、清晰，便于相互比较，尤其适合于分组较多，且各组观察指标一致的实验，使组间异同一目了然。每一图表应有表目和计量单位，应说明一定的中心问题。

(3)曲线图　应用记录仪器描记出的曲线图，这些指标的变化趋势形象生动、直观明了。

在实验报告中，可任选其中一种或几种方法并用，以获得最佳效果。

6. 讨论

根据相关的理论知识对所得到的实验结果进行解释和分析。如果所得到的实验结果和预期的结果一致，那么它可以验证什么理论，实验结果有什么意义，说明了什么问题，这些是实验报告应该讨论的。但是，不能用已知的理论或生活经验硬套在实验结果上；更不能由于所得到的实验结果与预期的结果或理论不符而随意取舍甚至修改实验结果，这时应该分析其异常的可能原因。如果本次实验失败了或者结果异常，应通过分析找出失败的原因及以后实验应注意的事项或改进设想。不要简单地复述课本上的理论而缺乏自己主动思考的内容。

另外，也可以写一些本次实验的心得以及提出一些问题或建议等。

7. 结论

结论不是具体实验结果的再次罗列，也不是对今后研究的展望，而是针对这一实验所能验证的概念、原则或理论的简明总结，是从实验结果中归纳出的一般性、概括性的判断，要简练、准确、严谨、客观。

参考文献

白丽娟 . 2006. 马奶酒乳酸细菌胞外多糖生物合成条件的研究[D]. 呼和浩特：内蒙古农业大学 .

蔡成岗，郑晓冬 . 2009. 以羽毛为底物发酵产角蛋白酶培养基的优化[J]. 科技通报，25(4)：451 – 455.

曹斌辉，刘长虹，黄松伟，等 . 2010. 酵母发酵力测定新方法的探讨[J]. 粮食加工，35(5)：76 – 78.

陈长华 . 2009. 发酵工程实验[M]. 北京：高等教育出版社 .

陈福生 . 2011. 食品发酵设备与工艺[M]. 北京：化学工业出版社 .

陈坚，堵国成，刘龙，等 . 2013. 发酵工程实验技术[M]. 3 版 . 北京：化学工业出版社 .

陈景勇 . 2008. 谷氨酸萃取与沉淀分离研究[D]. 无锡：江南大学 .

陈军 . 2013. 发酵工程实验指导[M]. 北京：科学出版社 .

陈晓博 . 2011. 生产 L-精氨酸的脯氨酸营养缺陷型菌株的选育[J]. 北京化工大学学报，38(6)：83 – 86.

陈玉梅 . 2007. 丙酸杆菌发酵培养基优化及其代谢物在食品中的应用[D]. 上海：华东师范大学 .

程晨 . 2014. 发酵果蔬低醇饮料专用酵母菌的选育及其发酵技术研究[D]. 南昌：南昌大学 .

崔培梧，曹婧，米洁，等 . 2015. 发酵型茯苓葡萄酒的研制及品质评价[J]. 中国酿造，34(7)：48 – 52.

丁武 . 2012. 食品工艺学综合实验[M]. 北京：中国林业出版社 .

樊陈，王茂广 . 2013. 产低温弹性蛋白酶菌株的高效诱变及酶学特性[J]. 食品科学，34(19)：190 – 194.

樊明涛，赵春燕，朱丽霞 . 2015. 食品微生物学实验[M]. 北京：科学出版社 .

傅亮，易九龙，陈思谦，等 . 2012. 传统广式米醋中醋酸菌的分离与鉴定[J]. 中国调味品，37(6)：57 – 60.

高大海 . 2005. 纳豆激酶的分离纯化和酶学性质的研究[D]. 杭州：浙江大学 .

顾瑾麟，夏永军，张红发，等 . 2014. 开菲尔粒中高产蛋白酶菌株的筛选及培养基优化[J]. 现代食品科技，29 (3)：558 – 562.

顾其芳，王颖，陈敏，等 . 2002. 阻抗法快速检测食品中乳酸菌的计数、菌落总数的研究[J]. 中国卫生检验杂志，12(6)：650 – 652.

顾瑞霞 . 2001. 乳酸细菌胞外多糖生物合成及生理功能特性研究[D]. 哈尔滨：东北农业大学 .

郭冬琴 . 2012. 橙汁中酵母菌的分离鉴定及其快速分子检测技术研究[D]. 重庆：西南大学 .

郭兴华，凌代文 . 2013. 乳酸细菌现代研究实验技术[M]. 北京：科学出版社 .

郭颖 . 2007. 纳豆激酶制剂及活性测定方法的研究[D]. 大连：大连轻工业学院 .

何国庆 . 2012. 食品发酵与酿造工艺学[M]. 北京：中国农业出版社 .

何义 . 2006. 鸭梨果酒酿造专用产香酵母菌分离鉴定及香气成分分析[D]. 保定：河北农业大学 .

贺莹 . 2011. 黑曲霉产糖化酶发酵工艺优化及酶学特性研究[D]. 太原：山西大学 .

胡爱军，郑捷 . 2014. 食品工业酶技术[M]. 北京：化学工业出版社 .

胡博，刘逸寒，徐艳静，等 . 2012. 枯草芽孢杆菌工程菌产耐酸性高温 α – 淀粉酶发酵条件的优化[J]. 天津科技大学学报，27 (6)：1 – 6.

黄俊，梅乐和，胡升，等.2005. 纳豆中纳豆枯草杆菌的筛选和纳豆激酶的分离过程研究[J]. 高等化学工程学报，19(4)：518-522.

黄晓钰，刘邻渭.2009. 食品化学分析实验[M]. 北京：中国农业大学出版社.

黄泽元.2013. 食品分析实验[M]. 郑州：郑州大学出版社.

邝海菊.2010. 新疆野生酵母的分离鉴定[D]. 乌鲁木齐：新疆大学.

李静.2012. 新疆酸马奶中酵母菌分离鉴定及安全性分析[D]. 乌鲁木齐：新疆农业大学.

李林珂.2007. 一株蛋白酶产生菌的筛选及酶学性质的研究[D]. 成都：四川大学.

李林珂.2011. 蛋白酶产生菌的筛选和紫外线诱变育种[J]. 生物技术，21(1)：73-76.

李平兰.2011. 食品微生物学教程[M]. 北京：中国林业出版社.

李平兰，贺稚非.2011. 食品微生物学实验原理与技术[M]. 北京：中国农业出版社.

李鑫殿.2013. 食品微生物检验技术[M]. 武汉：华中科技大学出版社.

李寅，高海军，陈坚.2006. 高细胞密度发酵技术[M]. 北京：化学工业出版社.

蔺毅峰，王俊贤，高文庚.2005. 食品工艺实验与检验技术[M]. 北京：中国轻工业出版社.

领加俭，王宁，王林涛.2009. 高活性α-淀粉酶的分离与纯化[J]. 苏州大学学报，29 (5)：930-932.

刘彬.2005. 葡萄酒的感官分析[J]. 酿酒科技 (8)：89-91.

刘建峰，葛向阳，梁运祥.2006. 响应面分析法优化酸性蛋白酶固态发酵培养基的研究[J]. 饲料工业，27(24)：7-10.

刘凯.2012. 固定化酵母连续发酵生产纯生啤酒工艺研究[D]. 南京：南京农业大学.

刘天蒙，宋俊梅，秦思思，等.2010. 米曲霉固态发酵豆粕产蛋白酶条件的研究[J]. 现代农业科技 (20)：333-334.

刘秀侠，穆熙军，孙学森，等.2013. 噬菌体的应用于防治[J]. 安徽农业科学，41(32)：12604-12606.

刘旭东.2008. *Bacillus* sp. YX-1 中温酸性α-淀粉酶的分离纯化及基因克隆和表达的研究[D]. 无锡：江南大学.

刘莹莹，刘颖，张光，等.2014. 毛霉高产中性蛋白酶发酵培养基的优化[J]. 食品工业科技(6)：166-170.

刘玉峰，李黎，李东，等.2007. 高效液相色谱法测定食品中的单糖、多糖[J]. 食品科学，3(28)：293-295.

陆冬梅.2012. 酒精工业分析[M]. 北京：化学工业出版社.

吕利华，梁丽绒，赵良启.2007. 高糖化酶活菌株的选育及其在山西老陈醋酿造中的应用[J]. 食品与发酵工业，33 (9)：83-85.

马聪玲，饶汉文.2006. 谈谈如何书写实验报告[J]. 科技咨询导报 (18)：231.

马俪珍，刘金福.2011. 食品工艺学实验[M]. 北京：化学工业出版社.

美国酿造家协会.2012. ASBC 分析方法[M]. 李崎，等译. 北京：中国轻工业出版社.

秦耀宗.2005. 啤酒工艺学[M]. 北京：中国轻工业出版社.

任蓓蕾.2014. 生香酵母的筛选及真空冷冻干燥法制备其活性干酵母工艺的研究[D]. 保定：河北农业大学.

邵丽.2015. 产胞外多糖乳杆菌的筛选及其多糖的分离、结构和生物活性研究[D]. 无锡：江南大学.

沈昌.2007. 优良果酒酵母筛选与紫甘薯酒发酵工艺研究[D]. 南京：南京农业大学.

苏畅.2004. 葡萄酒活性干酵母的研究[D]. 天津：天津科技大学.

孙文敬，莫秋云，刘长峰，等 . 2013. 发酵工业噬菌体污染的来源、检测与防治[J]. 食品科技，38(8)：323 - 327.

孙欣，祝清俊，王文亮，等 . 2011. 直投式酸奶发酵剂制备关键技术[J]. 中国酿造(10)：17 - 19.

童睿 . 2008. 乳酸菌快速检测方法的建立[D]. 沈阳：辽宁师范大学 .

王博彦，金其荣 . 2007. 发酵有机酸生产与应用手册[M]. 北京：中国轻工业出版社 .

王继韶，李颖 . 2007. 常用实验设计与优化方法及其在发酵实验中的应用[J]. 实验室科学(1)：60 - 62.

王朋朋 . 2010. 蛋白酶产生菌的筛选及固态发酵生产优质蛋白原料的研究[D]. 郑州：河南农业大学 .

王帅 . 2008. L-谷氨酸发酵高产菌选育及其发酵优化的研究[D]. 无锡：江南大学 .

王伟，王世英，朱宝成 . 2014. 液体发酵法发酵豆粕产蛋白酶条件的优化[J]. 江苏农业科学，42(8)：273 - 275.

王学锋 . 2010. 优选酿酒酵母活性干粉的制备[D]. 杨凌：西北农林科技大学 .

王艳萍，许女，赵江，等 . 2007. 乳酸菌直投发酵剂培养与冷干条件的优化[J]. 食品科技(2)：41 - 45.

韦荣霞 . 2013. 生淀粉糖化酶的分离纯化及酶学性质研究[D]. 无锡：江南大学 .

文连奎，张俊艳 . 2010. 食品新产品开发[M]. 北京：化学工业出版社 .

吴根福 . 2006. 发酵工程实验指导[M]. 北京：高等教育出版社 .

夏青，阚翠妹 . 2009. 食品厂用酵母发酵力测定方法[J]. 粮食与食品工业，16(4)：44 - 45.

肖怀秋，李玉珍 . 2010. 微生物培养基优化方法研究进展[J]. 酿酒科技(1)：90 - 94.

胥海东，王永泽，王金华 . 2011. 枯草芽孢杆菌产蛋白酶的发酵培养基优化[J]. 食品与发酵科技，47(4)：77 - 81.

徐颖 . 2007. 高产 α - 淀粉酶生产菌的筛选鉴定及其酶学性质的研究[D]. 成都：四川大学 .

旭日花 . 2011. 双歧杆菌胞外多糖的结构解析及调节肠黏膜免疫功能研究[D]. 北京：中国农业大学 .

闫志宇，李术娜，李红亚，等 . 2015. 产角蛋白酶菌株 *Bacillus subtilis* A1 - 2 液体发酵产酶条件的优化[J]. 饲料工业，36(15)：18 - 23.

阎宝清 . 2014. 刺糖多孢菌发酵培养基优化及发酵工艺研究[D]. 长沙：湖南师范大学 .

颜景宗，谭学良 . 2009. 山西老陈醋酿造工艺研究[J]. 中国调味品，34(6)：69 - 72.

杨芳，陈宁，张克旭 . 2006. 甘蔗糖蜜发酵生产谷氨酸的研究[J]. 现代食品科技，22(3)：45 - 47.

杨国伟 . 2011. 发酵食品加工与检测[M]. 北京：化学工业出版社 .

姚辉，张建华，毛忠贵 . 2013. 谷氨酸棒状杆菌的谷氨酸分泌模式初探[J]. 食品与发酵工业，39(5)：54 - 56.

叶生梅，旷瑞，耿陈龙，等 . 2011. 固定化酵母发酵啤酒实验研究[J]. 食品科技，36(8)：123 - 126.

詹莉 . 2008. 枯草芽孢杆菌弹性蛋白酶的纯化[D]. 郑州：河南农业大学 .

张辉，李海梅，程建军，等 . 2007. 鲁氏酵母和球拟酵母活性干酵母的制备研究[J]. 食品工业科技(8)：64 - 66.

张丽 . 2012. 纳豆加工工艺研究和产品开发[D]. 济南：山东轻工业学院 .

张强 . 2007. 小麦酿造黑啤酒工艺研究[D]. 合肥：合肥工业大学 .

张欣 . 2012. 纳豆生产优良菌株的筛选研究[J]. 安徽农业科学，40(22)：11415 - 11417.

周红丽，张滨，刘素纯 . 2012. 食品微生物检验实验技术[M]. 北京：中国计量出版社 .

朱旭芬 . 2011. 现代微生物学实验技术[M]. 杭州：浙江大学出版社 .

朱雅红，桂仲争．2009. 蛹虫草液体菌种通气发酵培养及其营养成分分析[J]. 食品与生物技术学报，28(5)：699－704.

KANG B C, LEE S Y, CHANG H N. 1993. Production of *Bacillus thuringiensis* spore in total cell retention culture and two-stage continuous culture using an internal ceramic filter system[J]. Biotechnology and Bioengineering(42)：1107－1112.

LEE J, LEE S Y, PARK S, et al. 1999. Control of fed-batch fermentations[J]. Biotechnology advances(1)：29－48.

MARTIN B, JOFRE A, GARRIGA M, et al. 2006. Rapid quantitative detection of Lactobacillus sakei in meat and fermented sausages by Real-Time PCR[J]. Applied and Environmental Microbiology(9)：6040－6048.

PARK B G, LEE W G, CHANG Y K, et al. 1999. Long term operation of continuous high cell density culture of *Saccharomyces cerevisiae* with membrane filtration and on line cell concentration monitoring[J]. Bioprocess Engineering(2)：97－100.

RUAS-MADIEDO P, GUEIMONDE M, de los Reyes-Gavilán C G, et al. 2006. Short communication：Effect of exopolysaccharide isolated from "Viili" on the adhesion of probiotics and pathogens to intestinal mucus[J]. Journal of dairy science(7)：2355－2358.

WEN Z Y, Jiang Y, CHEN F. 2002. High cell density culture of the diatom nitzschia laevis for eicosapentaenoic acid production：fed-batch development[J]. Process Biochemistry(12)：1447－1450.

附录 I 常用酸碱指示剂

精确称取指示剂粉末0.1g，移至研钵中，分数次加入适量的0.01mol/L NaOH溶液（附表1），仔细研磨直至溶解为止，最终用蒸馏水稀释至250mL，配成0.04%指示剂溶液。甲基红及酚红溶液应稀释至500mL，故最终质量浓度为0.02%。

附表1 酸碱指示剂的配制

指示剂(0.1g)		应加0.01mol/L	颜色变化		有效
中文名称	英文名称	NaOH/mL	酸性	碱性	pH 范围
甲基红	Methyl red	37.0	红	黄	4.2~6.8
甲酚红	Cresol red	26.2	黄	红	7.2~8.8
间甲酚紫(酸域)	Meta-cresol purple	26.2	红	黄	1.2~2.8
间甲酚紫(碱域)	Meta-cresol purple	26.2	黄	紫	7.4~9.0
氯酚红	Chlorophenol red	23.6	黄	红	4.8~6.4
溴酚蓝	Bromophenol blue	14.9	黄	蓝	3.0~4.6
溴酚红	Bromophenol red	19.5	黄	红	5.2~6.8
溴甲酚绿	Bromocresol green	14.3	黄	红	3.8~5.4
溴甲酚紫	Bromocresol purple	18.5	黄	紫	5.2~6.8
溴百里酚蓝	Bromothymol blue	16.0	黄	蓝	6.0~7.6
酚红	Phenol red	28.2	黄	红	6.8~8.4
百里酚蓝(碱域)	Thymol blue	21.5	黄	蓝	8.0~9.6
百里酚蓝(酸域)	Thymol blue	21.5	红	黄	1.2~2.8
茜素黄-R	Alizarin yellow-R	0.1%水溶液	黄	红	10.1~12.0
酚酞	Phenol phthalein	90%乙醇溶解	无色	红	8.2~9.8
百里酚酞	Thymol-phthalein	90%乙醇溶解	无色	蓝	9.3~10.5

附录Ⅱ 常用缓冲试剂

1. 磷酸氢二钠－柠檬酸缓冲液（pH＝2.6～7.6）

pH	0.1mol/L 柠檬酸溶液/mL	0.2mol/L Na_2HPO_4溶液/mL	pH	0.1mol/L 柠檬酸溶液/mL	0.2mol/L Na_2HPO_4溶液/mL
2.6	89.10	10.90	5.2	46.40	53.60
2.8	84.15	15.85	5.4	44.25	55.75
3.0	79.45	20.55	5.6	42.00	58.00
3.2	75.30	24.70	5.8	39.55	60.45
3.4	71.50	28.50	6.0	36.85	63.15
3.6	67.80	32.20	6.2	33.90	66.10
3.8	64.50	35.50	6.4	30.75	69.25
4.0	61.45	38.55	6.6	27.25	72.75
4.2	58.60	41.40	6.8	22.75	77.25
4.4	55.90	44.10	7.0	17.65	82.35
4.6	53.25	46.75	7.2	13.05	86.95
4.8	50.70	49.30	7.4	9.15	90.85
5.0	48.50	51.50	7.6	6.35	93.65

注：0.1mol/L 柠檬酸溶液，$C_6H_8O_7 \cdot H_2O_2$ 1.01g/L；0.2mol/L Na_2HPO_4溶液，$Na_2HPO_4 \cdot 2H_2O$ 35.61g/L。

2. 柠檬酸－柠檬酸三钠缓冲溶液（0.1mol/L pH＝3.0～6.2）

pH	0.1mol/L 柠檬酸溶液/mL	0.1mol/L 柠檬酸三钠溶液/mL	pH	0.1mol/L 柠檬酸溶液/mL	0.1mol/L 柠檬酸三钠溶液/mL
3.0	82.0	18.0	4.8	40.0	60.0
3.2	77.5	22.5	5.0	35.5	65.0
3.4	73.0	27.0	5.2	30.0	69.5
3.6	68.5	31.5	5.4	25.5	74.5
3.8	63.5	36.5	5.6	21.0	79.0
4.0	59.5	41.0	5.8	16.0	84.0
4.2	54.0	46.0	6.0	11.5	88.5
4.4	49.5	50.5	6.2	8.0	92.0
4.6	44.5	55.5			

注：0.1mol/L 柠檬酸溶液，$C_6H_8O_7 \cdot H_2O$ 21.01g/L；0.1mol/L 柠檬酸三钠溶液，$Na_3C_6H_5O_7 \cdot 2H_2O$ 29.4g/L。

3. 乙酸－乙酸钠缓冲溶液（0.2mol/L，pH＝3.7～5.8）（18℃）

pH	0.2mol/L NaAc 溶液/mL	0.2mol/L HAc 溶液/mL	pH	0.1mol/L NaAc 溶液/mL	0.2mol/L HAc 溶液/mL
3.7	10.0	90.0	4.8	59.0	41.0
3.8	12.5	88.0	5.0	70.0	30.0
4.0	18.0	82.0	5.2	79.0	21.0
4.2	26.5	73.5	5.4	86.0	14.0
4.4	37.0	63.0	5.6	91.0	9.0
4.6	49.0	51.0	5.8	94.0	6.0

注：0.2mol/L 乙酸钠溶液，$NaAc \cdot 3H_2O$ 27.22g/L；0.2mol/L 乙酸溶液，冰乙酸 11.7mL/L。

4. 丁二酸－氢氧化钠缓冲溶液（pH＝3.8～6.0）（25℃）

pH	0.2mol/L 丁二酸溶液/mL	0.2mol/L NaOH 溶液/mL	水/mL	pH	0.2mol/L 丁二酸溶液/mL	0.2mol/L NaOH 溶液/mL	水/mL
3.8	25	7.5	67.5	5.0	25	26.7	48.3
4.0	25	10.0	65.0	5.2	25	30.3	44.7
4.2	25	13.3	61.7	5.4	25	34.2	40.8
4.4	25	16.7	58.3	5.6	25	37.5	37.5
4.6	25	20.0	55.0	5.8	25	40.7	34.3
4.8	25	23.5	51.5	6.0	25	43.5	31.5

注：0.2mol/L 丁二酸溶液，$C_4H_6O_2$ 362g/L。

5. 磷酸氢二钠－磷酸二氢钠缓冲溶液（0.2mol/L，pH＝5.8～8.0）（25℃）

pH	0.2mol/L Na_2HPO_4溶液/mL	0.2mol/L NaH_2PO_4溶液/mL	pH	0.2mol/L Na_2HPO_4溶液/mL	0.2mol/L NaH_2PO_4溶液/mL
5.8	8.0	92.0	7.0	61.0	39.0
6.0	12.3	87.0	7.2	72.0	28.0
6.2	18.5	81.5	7.4	81.0	19.0
6.4	26.5	73.5	7.6	87.0	13.0
6.6	37.5	62.5	7.8	91.5	8.5
6.8	49.0	51.0	8.0	94.7	5.3

注：0.2mol/L Na_2HPO_4溶液，$Na_2HPO_4 \cdot 2H_2O$ 35.61g/L 或 $Na_2HPO_4 \cdot 12H_2O$ 71.64g/L；0.2mol/L NaH_2PO_4溶液，$NaH_2PO_4 \cdot H_2O$ 27.6g/L 或 $NaH_2PO_4 \cdot 2H_2O$ 31.21g/L。

6. Tris-HCl 缓冲溶液(0.05mol/L，pH =7~9)

pH 23℃	pH 37℃	0.1mol/L HCl 溶液(x)/mL	pH 23℃	pH 37℃	0.1mol/L HCl 溶液(x)/mL
7.20	7.05	45.0	8.23	8.10	22.5
7.36	7.22	42.5	8.32	8.18	20.0
7.51	7.40	40.0	8.40	8.27	17.5
7.66	7.52	37.5	8.50	8.37	15.0
7.77	7.63	35.0	8.62	8.48	12.5
7.87	7.73	32.5	8.74	8.60	10.0
7.96	7.82	30.0	8.92	8.78	7.5
8.05	7.90	27.5	9.10	8.95	5
8.14	8.00	25.0			

注：25mL 0.2mol/L 三羟甲基氨基甲烷溶液(24.23g/L) + xmL 0.1mol/L HCl 溶液，加水至 100mL。

7. 巴比妥－盐酸缓冲溶液(pH =6.8~9.6)(18℃)

pH	0.2mol/L HCl 溶液(x)/mL	pH	0.2mol/L HCl 溶液(x)/mL	pH	0.2mol/L HCl 溶液(x)/mL
6.8	18.4	7.8	11.47	8.8	2.52
7.0	17.8	8.0	9.39	9.0	1.65
7.2	16.7	8.2	7.21	9.2	1.13
7.4	15.3	8.4	5.21	9.4	0.70
7.6	13.4	8.6	3.82	9.6	0.35

注：100mL 0.04mol/L 巴比妥溶液(8.25g/L) + xmL 0.2mol/L HCl 溶液混合。

8. 硼砂－氢氧化钠缓冲溶液(0.05mol/L 硼酸)(pH =9.3~10.1)

pH	0.2mol/L NaOH 溶液(x)/mL	水/mL	pH	0.2mol/L NaOH 溶液(x)/mL	水/mL
9.3	3.0	72.0	9.8	17.0	58.0
9.4	5.5	69.5	10.0	21.5	53.5
9.6	11.5	63.5	10.1	23.0	52.0

注：25mL 0.05mol/L 硼砂溶液(19.07g/L) + xmL 0.2mol/L NaOH 溶液，加水稀释至 100mL。

9. 广范围缓冲溶液(pH=2.6~12.0)(18℃)

pH	0.2mol/L NaOH 溶液(x)/mL	水 /mL	pH	0.2mol/L NaOH 溶液(x)/mL	水 /mL	pH	0.2mol/L NaOH 溶液(x)/mL	水 /mL
2.6	2.0	898.0	5.8	36.5	863.5	9.0	72.7	827.3
2.8	4.3	895.7	6.0	48.9	861.1	9.2	74.0	826.0
3.0	6.4	893.7	6.2	41.2	858.8	9.4	76.9	824.1
3.2	8.3	891.0	6.4	43.5	856.5	9.6	78.6	822.4
3.4	10.1	889.9	6..6	46.0	854.0	9.8	79.3	820.7
3.6	11.8	888.2	6.8	48.3	851.7	10.0	80.8	819.2
3.8	13.7	886.3	7.0	50.6	849.4	10.2	82.0	818.0
4.0	15.5	884.5	7.2	52.9	847.1	10.4	82.9	817.1
4.2	17.6	882.4	7.4	55.8	844.2	10.6	83.9	816.1
4.4	19.9	880.1	7.6	58.5	841.4	10.8	84.9	815.1
4.6	22.4	877.6	7.8	61.7	838.3	11.0	86.0	814.0
4.8	24.8	875.2	8.0	63.7	836.3	11.2	87.7	812.3
5.0	27.1	872.9	8.2	65.6	834.4	11.4	89.7	810.3
5.2	29.5	870.5	8.4	67.5	832.5	11.6	92.0	808.0
5.4	31.8	868.2	8.6	69.3	830.7	11.8	96.0	805.0
5.6	34.2	865.8	8.8	71.0	929.0	12.0	99.6	800.4

注：混合液 A 6.008g 柠檬酸，3.893g KH_2PO_4，1.769g 硼酸和 5.266g 巴比妥加蒸馏水定容至1 000mL，每100mL 混合溶液 A + xmL 0.2mol/L NaOH 溶液，加水至1 000mL。

附录Ⅲ　常见化学消毒剂

名　称	主要性质	质量或体积及使用法	用途
甲醛（福尔马林）（市售含量37%~40%）	挥发慢，刺激性强	10mL/m^2加热熏蒸，或采用甲醛100份＋高锰酸钾1份，产生黄色浓烟，密闭房间熏蒸6~24h	接种室消毒，不适于食品生产场所的消毒
乙醇	消毒力不强，对芽孢无效	70%~75%	皮肤消毒
石炭酸（苯酚）	杀菌力强，有特殊气味	3%~5%	接种室（喷雾）、器皿消毒，不适合食品加工用具及食品生产场所的消毒
来苏尔（煤粉皂液）	杀菌力强，有特殊气味	3%~5%	接种室消毒，擦洗桌面及器械，不适于食品生产场所的消毒
新洁尔灭	易溶于水，刺激性小，稳定，对芽孢无效，遇肥皂或其他合成洗涤剂效果减弱	0.25%	皮肤及器皿消毒
乙酸	浓烈酸味	5~10mL/m^3加等量水蒸发	接种室消毒
高锰酸钾液	强氧化剂，稳定	0.1%	皮肤及器皿消毒（应随用随配）
硫黄	粉末，通过燃烧产生SO_2，杀菌，腐蚀金属	15g硫黄/m^3熏蒸	空气消毒
生石灰	杀菌力强，腐蚀性大	1%~3%	消毒地面及排泄物
漂白粉	白色粉末，有效氯易挥发，有氯味，腐蚀金属及棉织品，刺激皮肤，易潮解	2%~5%	喷洒接种室或培养室

附录Ⅳ 常用培养基

1. 营养琼脂培养基(牛肉膏蛋白胨培养基)

成分：蛋白胨 10g，牛肉膏 3g，NaCl 5g，琼脂 15~20g，蒸馏水 1 000mL，pH 7.0~7.2。

制法：将除琼脂外的各成分溶解于蒸馏水中，校正 pH 值，加入琼脂(液体培养基不加)，融化后分装于烧瓶内，121℃高压灭菌 20min 备用。

2. 马铃薯葡萄糖琼脂培养基(PDA)

成分：马铃薯(去皮)200g，葡萄糖(或蔗糖)20g，琼脂 20g，水 1 000mL。

制法：pH 值自然。将马铃薯去皮、洗净，切成小块，称取 200g 加入 1 000mL 蒸馏水，煮沸 20~30min，用纱布过滤，滤液补足水至 1 000mL，再加入糖和琼脂，融化后分装，121℃灭菌 20min。

另外，用少量乙醇溶解 0.1g 氯霉素，加入 1 000mL 培养基中，分装灭菌后可用于食品中霉菌和酵母菌计数、分离。

3. 豆芽汁蔗糖(葡萄糖)培养基

成分：黄豆芽 100g，蔗糖(葡萄糖)50g，琼脂 1.5~2g，水 100mL，自然 pH。

制法：称取新鲜黄豆芽 10g，置于烧杯中，再加入 100mL 水，小火煮沸 30min，用纱布过滤，补足失水，即制成 10% 豆芽汁。配制时，按每 100mL 10% 豆芽汁加入 5g 葡萄糖，煮沸后加入 2g 琼脂，继续加热融化，补足失水。分装后 121℃灭菌 20min。

4. 麦芽汁琼脂培养基

成分：优质大麦或小麦，蒸馏水，碘液。

制法：取优质大麦或小麦若干，浸泡 6~12h，置于深约 2cm 的木盘上摊平，上盖纱布，每日早、中、晚各淋水一次，麦根伸长至麦粒 2 倍时，停止发芽晾干或烘干。

称取 300g 麦芽磨碎，加 1 000mL 水，38℃保温 2h，再升温至 45℃，30min，再提高到 50℃，30min，再升至 60℃，糖化 1~1.5h。

取糖化液少许，加碘液 1~2 滴，如不为蓝色，说明糖化完毕，用文火煮 30min，四层纱布过滤。如滤液不清，可用一个鸡蛋清加水约 20mL 调匀，搅打至起沫，倒入糖化液中搅拌煮沸再过滤，即可得澄清麦芽汁。用波美计检测糖化液浓度，加水稀释至 10 倍，调 pH 5~6，用于酵母菌培养；稀释至 5~6 倍，调 pH 7.2，可用于培养细菌，121℃灭菌 20min。

5. MRS 培养基

成分：蛋白胨 10g，牛肉膏 10g，酵母粉 5g，K_2HPO_4 2g，柠檬酸二铵 2g，乙酸钠 5g，葡萄糖 20g，吐温 80 1mL，$MgSO_4 \cdot 7H_2O$ 0.58g，$MnSO_4 \cdot 4H_2O$ 0.25g，蒸馏水 1 000mL。固体培养基添加琼脂 15~20g。

制法：将以上成分加入到蒸馏水中，加热使完全溶解，调 pH 6.2~6.4，分装于锥形瓶中，121℃灭菌 15min。

注意：将 MTS 培养基用乙酸调节 pH 值至 5.4，制成酸化 MRS。

6. 改良 MRS 培养基

成分：蛋白胨 10g，牛肉膏 10g，酵母膏 5g，$K_2HPO_4 \cdot 3H_2O$ 1g，柠檬酸三铵 3g，无水乙酸钠 5g，麦芽糖 20g，$MgSO_4 \cdot 7H_2O$ 0.58g，$MnSO_4 \cdot 4H_2O$ 0.25g，吐温 80 1mL，加水至 1 000mL。

制法：将以上成分加入到蒸馏水中，加热使完全溶解，调 pH 值至 6.4，121℃灭菌 20 min。

7. 察氏培养基

成分：$NaNO_3$ 2g，K_2HPO_4 1g，$MgSO_4 \cdot 7H_2O$ 0.5g，KCl 0.5g，$FeSO_4 \cdot 7H_2O$ 0.01g，蔗糖 30g，琼脂 15~20g，蒸馏水 1 000mL，自然 pH。

制法：加热溶解，分装后 121℃灭菌 20min。

8. YEPD 培养基

成分：蛋白胨 20g，酵母浸粉 10g，葡萄糖 20g，水 1 000mL，自然 pH。

制法：加热溶解，分装后 121℃灭菌 20min。